高等职业教育土建类"十四五"系列教材

市政工程计量与计价

SHIZHENG

GONGCHENG
JILIANG YU JIJIA

主　编 ◎ 王伟英

副主编 ◎ 王婷静　张金玉

孙　莉　李　梦

陈　明

主　审 ◎ 汪一江

U0641567

P

电子课件
（仅限教师）

华中科技大学出版社
http://press.hust.edu.cn
中国·武汉

内 容 简 介

本书以《上海市市政工程预算定额(2016)》《上海市城镇给排水工程预算定额 第二册 城镇排水管道工程(2016)》以及《上海市室外排水管道工程预算组合定额(2020)》为主要编制依据,主要包括计量计价基础知识、土方工程、道路工程、市政管道工程、桥梁工程、措施项目、建设工程工程量清单计价规范等。

本书既可作为高职院校工程造价专业、市政工程施工专业的教材,也可作为工程造价人员及从事与工程造价相关工作的人员的培训教材或参考书。

图书在版编目(CIP)数据

市政工程计量与计价 / 王伟英主编. -- 武汉 : 华中科技大学出版社,2025.5. -- ISBN 978-7-5772-1743-7

Ⅰ. TU723.3

中国国家版本馆 CIP 数据核字第 202558HP09 号

市政工程计量与计价
Shizheng Gongcheng Jiliang yu Jijia

王伟英　主编

策划编辑：康　序

责任编辑：陈元玉　毛雪菲

封面设计：岸　壳

责任校对：李　弋

责任监印：曾　婷

出版发行：华中科技大学出版社(中国·武汉)　　　电话：(027)81321913

　　　　　武汉市东湖新技术开发区华工科技园　　　邮编：430223

录　　排：武汉三月禾文化传播有限公司

印　　刷：武汉市洪林印务有限公司

开　　本：787mm×1092mm　1/16

印　　张：17.5

字　　数：443 千字

版　　次：2025 年 5 月第 1 版第 1 次印刷

定　　价：55.00 元

市政工程计量与计价课程是工程造价专业的核心课程,也是相关专业的限定选修课。开设该课程的目的是使学生掌握市政工程计量与计价的基本知识、施工图预算编制、工程量清单编制的基本技能,熟悉市政工程各阶段的造价控制方法,培养学生市政工程造价编制与管理的基本职业能力。

本书以《上海市市政工程预算定额(2016)》《上海市城镇给排水工程预算定额 第二册 城镇排水管道工程(2016)》以及《上海市室外排水管道工程预算组合定额(2020)》为主要编制依据,内容的选取紧紧围绕市政工程计量与计价职业能力的培养,结合本专业学生对本课程相关理论知识的需要,同时融合了二级造价工程师对知识、技能和相关素养的要求。

本书内容组织以市政工程计量与计价的主要工程类型和市政工程的建设程序为主线,主要包括计量计价基础知识、土方工程、道路工程、市政管道工程、桥梁工程、措施项目、建设工程工程量清单计价规范等。以任务为引领,通过任务整合相关知识、技能,充分体现任务引领型课程的特点。

本书由上海建设管理职业技术学院王伟英担任主编,上海城建职业学院王婷静、上海城建职业学院张金玉、上海城建职业学院孙莉、上海建设管理职业技术学院李梦、上海建设管理职业技术学院陈明担任副主编,由原就职于上海市建筑建材业市场管理总站的汪一江高级工程师担任主审。

本书在编写过程中参阅了很多专家、学者论著中的有关资料,并从中引用了部分图片和实例,在此谨向原著作者表示衷心的感谢。

为了方便教学,本书还配有电子课件等资料,任课教师可以发邮件至 hust-tujian@163.com 索取。

本书编写虽经推敲核证,但限于编者的专业水平和实践经验,加上编写时间仓促,难免有疏漏和不妥之处,敬请广大读者指正。

编　者
2024 年 12 月

目录
Contents

项目 1

计量计价基础知识

JILIANG JIJIA JICHU ZHISHI

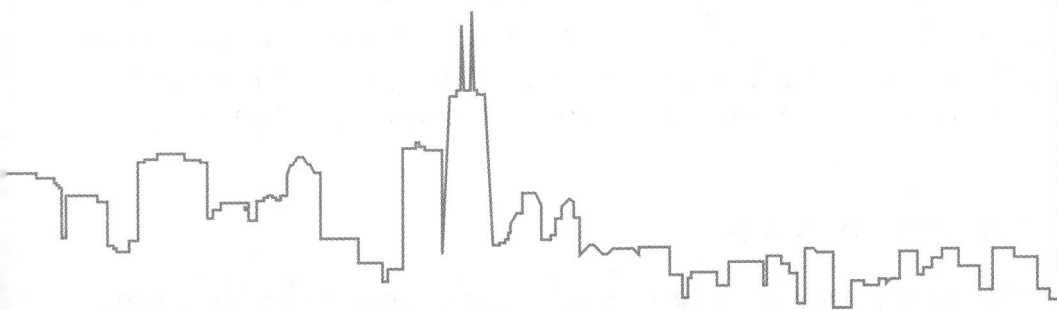

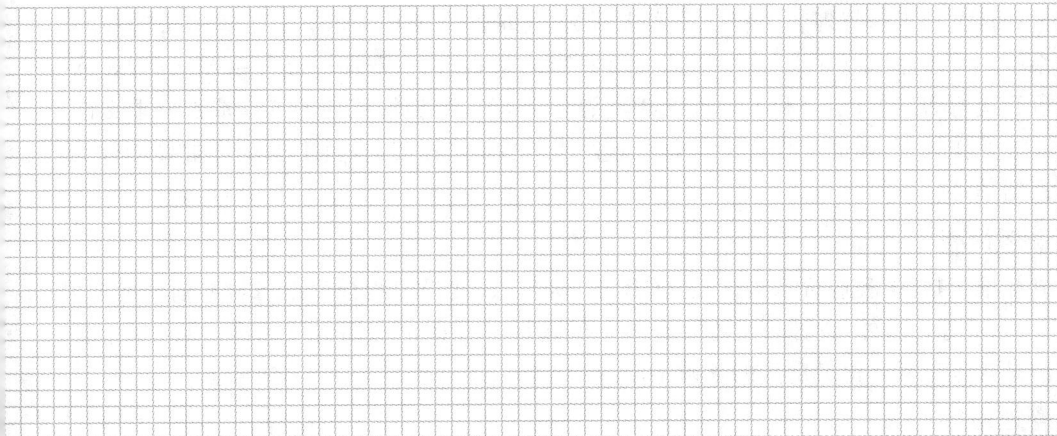

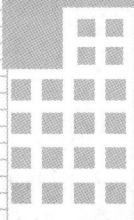

任务 **1**
我国现行工程计价体系

我国的工程造价管理体系可划分为工程造价管理的相关法律法规体系、工程造价管理标准体系、工程定额体系和工程计价信息体系四个主要部分。法律法规是实施工程造价管理的制度依据和重要前提;工程造价管理的标准是在法律法规的要求下,规范工程造价管理的核心技术要求;工程定额通过提供国家、行业、地方定额的参考性依据和数据来指导企业的定额编制,起到规范管理和科学计价的作用;工程计价信息是市场经济体制下进行造价信息传递和形成造价成果文件的重要支撑。从工程造价管理体系的总体架构看,前两项工程造价管理的相关法律法规体系、工程造价管理标准体系属于工程造价宏观管理的范畴;后两项工程定额体系、工程计价信息体系属于工程造价微观管理的范畴。工程造价管理体系中的工程造价管理标准体系、工程定额体系和工程计价信息体系是工程计价的主要依据。

一、工程造价管理标准体系

工程造价管理标准泛指除应以法律、法规进行管理和规范的内容外,应以国家标准、行业标准进行规范的工程管理和工程造价咨询行为、质量的有关技术内容。工程造价管理的标准体系按照管理性质可分为:统一工程造价管理的基本术语、费用构成等基础标准;规范工程造价管理行为、项目划分和工程量计算规则等管理性规范;规范各类工程造价成果文件编制的业务操作规程;规范工程造价咨询质量和档案的质量标准;规范工程造价指数发布及信息交换的信息标准等。

1. 基础标准

基础标准包括《工程造价术语标准》(GB/T 50875)、《建设工程计价设备材料划分标准》(GB/T 50531)等。此外,我国目前还没有统一的建设工程造价费用构成标准,而这一标准的制定应是规范工程计价最重要的基础工作。

2. 管理规范

管理规范包括《建设工程工程量清单计价规范》(GB 50500)、《建设工程造价咨询规范》

（GB/T 51095）、《建设工程造价鉴定规范》（GB/T 51262）、《建筑工程建筑面积计算规范》（GB/T 50353）以及不同专业的建设工程工程量计算规范等。建设工程工程量计算规范由《房屋建筑与装饰工程工程量计算规范》（GB 50854）、《仿古建筑工程工程量计算规范》（GB 50855）、《通用安装工程工程量计算规范》（GB 50856）、《市政工程工程量计算规范》（GB 50857）、《园林绿化工程工程量计算规范》（GB 50858）、《矿山工程工程量计算规范》（GB 50859）、《构筑物工程工程量计算规范》（GB 50860）、《城市轨道交通工程工程量计算规范》（GB 50861）、《爆破工程工程量计算规范》（GB 50862）组成。同时，也包括各专业部委发布的各类清单计价、工程量计算规范，如《水利工程工程量清单计价规范》（GB 50501）、《水运工程工程量清单计价规范》（JTS 271）以及各省市发布的公路工程工程量清单计价规范等。

3. 操作规程

操作规程主要包括中国建设工程造价管理协会陆续发布的各类成果文件编审的操作规程：《建设项目投资估算编审规程》（CECA/GC-1）、《建设项目设计概算编审规程》（CECA/GC-2）、《建设项目施工图预算编审规程》（CECA/GC-5）、《建设项目工程结算编审规程》（CECA/GC-3）、《建设项目工程竣工决算编制规程》（CECA/GC-9）、《建设工程招标控制价编审规程》（CECA/GC-6）、《建设工程造价鉴定规程》（CECA/GC-8）、《工程造价咨询企业服务清单》（CCEA/GC-11）、《建设项目全过程造价咨询规程》（CECA/GC-4）。其中，《建设项目全过程造价咨询规程》（CECA/GC-4）是我国最早发布的涉及建设项目全过程工程咨询的标准之一。

4. 质量管理标准

质量管理标准主要包括《建设工程造价咨询成果文件质量标准》（CECA/GC-7）。该标准编制的目的是对工程造价咨询成果文件和过程文件的组成、表现形式、质量管理要素、成果质量标准等进行规范。

5. 信息管理规范

信息管理规范主要包括《建设工程人工材料设备机械数据标准》（GB/T 50851）和《建设工程造价指标指数分类与测算标准》（GB/T 51290）等。

二、工程定额体系

定额是一种规定的额度，广义地说，是处理特定事物的数量界限。在现代社会经济生活中，定额几乎无处不在。就生产领域来说，工时定额、原材料消耗定额、原材料和成品半成品储备定额、流动资金定额等都是企业管理的重要基础。在工程建设领域也存在多种定额，它是工程计价的重要依据。

建设工程定额是工程建设中各类定额的总称。为对建设工程定额有一个全面的了解，可以按照不同的原则和方法对其进行科学的分类。

1. 按生产要素内容分类

1）人工定额

人工定额，也称劳动定额，是指在正常的施工技术和组织条件下，完成单位合格产品所必须的人工消耗量标准。

2）材料消耗定额

材料消耗定额是指在合理和节约使用材料的条件下,生产单位合格产品所必须消耗的一定规格的材料、成品、半成品和水、电等资源的数量标准。

3）施工机械台班使用定额

施工机械台班使用定额,也称施工机械台班消耗定额,是指施工机械在正常施工条件下完成单位合格产品所必须的工作时间。它反映了合理地、均衡地组织劳动和使用机械时该机械在单位时间内的生产效率。

2. 按编制程序和用途分类

1）施工定额

施工定额是以同一性质的施工过程——工序作为研究对象,表示生产产品数量与时间消耗综合关系编制的定额。施工定额是施工企业(建筑安装企业)组织生产和加强管理在企业内部使用的一种定额,属于企业定额的性质。施工定额是建设工程定额中分项最细、定额子目最多的一种定额,也是建设工程定额中的基础性定额。施工定额由人工定额、材料消耗定额和施工机械台班使用定额所组成。

施工定额是施工企业进行施工组织、成本管理、经济核算和投标报价的重要依据。施工定额直接应用于施工项目的管理,用来编制施工作业计划、签发施工任务单、签发限额领料单,以及结算计件工资或计量奖励工资等。施工定额和施工生产结合紧密,施工定额的定额水平反映施工企业生产与组织的技术水平和管理水平。施工定额也是编制预算定额的基础。

2）预算定额

预算定额是以建筑物或构筑物各个分部分项工程为对象编制的定额。预算定额是以施工定额为基础综合扩大编制的,同时也是编制概算定额的基础。其中的人工、材料和机械台班的消耗水平根据施工定额综合取定,预算定额项目的综合程度大于施工定额。预算定额是编制施工图预算的主要依据,是编制单位估价表、确定工程造价、控制建设工程投资的基础和依据。与施工定额不同,预算定额是社会性的,而施工定额则是企业性的。

3）概算定额

概算定额是以扩大的分部分项工程为对象编制的定额。概算定额是编制扩大初步设计概算、确定建设项目投资额的依据。概算定额一般是在预算定额的基础上综合扩大而成的,每一综合分项概算定额都包含了数项预算定额。

4）概算指标

概算指标是概算定额的扩大与合并,它是以整个建筑物和构筑物为对象,以更为扩大的计量单位来编制的。概算指标的设定和初步设计的深度相适应,一般是在预算定额和概算定额的基础上编制的,是设计单位编制设计概算或建设单位编制年度投资计划的依据,也可作为编制投资估算指标的基础。

5）投资估算指标

投资估算指标通常是以独立的单项工程或完整的工程项目为对象,编制确定的生产要素消耗的数量标准或项目费用标准,是根据已建工程或现有工程的价格数据和资料,经分析、归纳和整理后编制而成的。投资估算指标是在项目建议书和可行性研究阶段编制投资估算、计算投资需要量时使用的一种指标,是合理确定建设工程项目投资的基础。

各种定额间关系的比较见表1-1。

表 1-1 各种定额关系的比较

主要区别	施工定额	预算定额	概算定额	概算指标	投资估算指标
对象	施工过程或基本工序	分项工程或结构构件	扩大的分项工程或扩大的结构构件	单位工程	建设项目、单项工程、单位工程
用途	编制施工预算	编制施工图预算	编制扩大初步设计概算	编制初步设计概算	编制投资估算
项目划分	最细	细	较粗	粗	很粗
定额水平	平均先进	平均			
定额性质	生产性定额	计价性定额			

3.按编制单位和适用范围分类

1）国家定额

国家定额是指由国家建设行政主管部门组织，依据有关国家标准和规范，综合全国工程建设的技术与管理状况等编制并发布的，在全国范围内使用的定额。

2）行业定额

行业定额是指由行业建设行政主管部门组织，依据有关行业标准和规范，考虑行业工程建设特点等情况编制并发布的，在本行业范围内使用的定额。

3）地区定额

地区定额是指由地区建设行政主管部门组织，考虑地区工程建设特点等情况编制并发布的，在本地区范围内使用的定额。

4）企业定额

企业定额是指由施工企业自行组织，主要根据企业的自身情况，包括人员素质、机械装备程度、技术和管理水平等编制并发布的，在本企业内部使用的定额。

4.按投资的费用性质分类

按照投资的费用性质，建设工程定额分为建筑工程定额、设备安装工程定额、建筑安装工程费用定额、工具、器具定额以及工程建设其他费用定额等。

1）建筑工程定额

建筑工程定额是建筑工程的施工定额、预算定额、概算定额和概算指标的统称。建筑工程一般理解为房屋和构筑物工程。建筑工程定额在整个建设工程定额中占有突出的地位。

2）设备安装工程定额

设备安装工程定额是设备安装工程的施工定额、预算定额、概算定额和概算指标的统称。设备安装工程一般是指对需要安装的设备进行定位、组合、校正、调试等工作的工程。在通用定额中，有时把建筑工程定额和安装工程定额合二为一，统称为建筑安装工程定额。建筑安装工程定额属于直接工程费定额，其内容仅包括施工过程中人工、材料、机械台班消耗的数量标准。

3）建筑安装工程费用定额

建筑安装工程费用定额一般包括两部分内容：措施费定额和间接费定额。

4）工具、器具定额

工具、器具定额是为新建或扩建项目在投产运转时首次配置的工具、器具数量标准。工具和器具是指按照有关规定不够固定资产标准而起劳动手段作用的工具、器具和生产用家具。

5）工程建设其他费用定额

工程建设其他费用定额是独立于建筑安装工程定额、设备和工器具购置之外的其他费用开支的标准。其他费用定额是按各项独立费用分别编制的，以便合理控制这些费用的开支。

三、工程量清单计价体系

按照工程量清单计价的一般原理，工程量清单应是载明建设工程项目名称、项目特征、计量单位和工程数量等内容的明细清单，且项目设置应随着建设项目的进展不断细化。根据《住房城乡建设部关于进一步推进工程造价管理改革的指导意见》（建标〔2014〕142 号）的要求，清单计价方式应遵循"完善工程项目划分，建立多层级工程量清单，形成以清单计价规范和各专（行）业工程量计算规范配套使用的清单规范体系，满足不同设计深度、不同复杂程度、不同承包方式及不同管理需求下工程计价的需要"的原则。但由于我国目前使用的建设工程工程量清单计价规范主要适用于施工图完成后进行发包的阶段，因此将工程量清单的项目设置分为分部分项工程项目、措施项目、其他项目以及规费和税金项目四大类。工程量清单又可分为招标工程量清单和已标价工程量清单。其中，由招标人根据国家标准、招标文件、设计文件以及施工现场实际情况编制的称为招标工程量清单；作为投标文件组成部分的已标明价格并经承包人确认的称为已标价工程量清单。招标工程量清单应由具有编制能力的招标人或受其委托的工程造价咨询人、招标代理人编制。采用工程量清单方式招标时，招标工程量清单必须作为招标文件的组成部分，其准确性和完整性由招标人负责。招标工程量清单应以单位（项）工程为单位编制，由分部分项工程项目清单、措施项目清单、其他项目清单、规费和税金项目清单组成。

工程量清单计价方法是随着我国建设领域市场化改革的不断深入，自 2003 年起在全国开始推广的一种计价方法。其实质在于突出自由市场形成工程交易价格的本质，在招标人提供统一工程量清单的基础上，各投标人进行自主竞价，由招标人择优选择中标人，并形成最终的合同价格。在这种计价方法下，合同价格更能体现出市场交易的真实水平，并且能更合理地分配合同履行过程中可能出现的各种风险，从而提升承发包双方的履约效率。

1. 工程量清单计价的适用范围

清单计价适用于建设工程发承包及其实施阶段的计价活动。使用国有资金投资的建设工程，必须采用工程量清单计价；使用非国有资金投资的建设工程，宜采用工程量清单计价；不使用工程量清单计价的建设工程，应执行清单计价规范中除工程量清单等专门性规定外的其他规定。

国有资金投资的项目包括全部使用国有资金（含国家融资资金）投资或国有资金投资为主的工程建设项目。

（1）国有资金投资的工程建设项目。

① 使用各级财政预算资金的项目。

② 使用纳入财政管理的各种政府性专项建设资金的项目。

③ 使用国有企事业单位自有资金，并且国有资产投资者实际拥有控制权的项目。

（2）国家融资资金投资的工程建设项目。

① 使用国家发行债券所筹资金的项目。

② 使用国家对外借款或者担保所筹资金的项目。

③ 使用国家政策性贷款的项目。

④ 国家授权投资主体融资的项目。

⑤ 国家特许的融资项目。

（3）国有资金（含国家融资资金）为主的工程建设项目是指国有资金占投资总额50％以上，或虽不足50％但国有投资者实质上拥有控股权的工程建设项目。

2. 工程量清单计价的作用

1）提供一个平等的竞争条件

采用施工图预算来投标报价，由于设计图纸的缺陷，不同施工企业的人员对图纸的理解不一，因此计算出的工程量也不同，报价就更相去甚远，还容易产生纠纷。而工程量清单报价就为投标者提供了一个平等竞争的条件，在相同的工程量基础上，由企业根据自身的实力来填报不同的单价。投标人的这种自主报价，使得企业的优势体现在投标报价中，可在一定程度上规范建筑市场秩序，确保工程质量。

2）满足市场经济条件下竞争的需要

招投标过程就是竞争的过程，招标人提供工程量清单，投标人根据自身情况确定综合单价，利用单价与工程量逐项计算每个项目的合价，再分别填入工程量清单表内，最后计算出投标总价。单价成了决定性的因素，定高了不能中标，定低了又要承担过大的风险。单价的高低直接取决于企业管理水平和技术水平的高低，这种局面促进了企业整体实力的竞争，有利于我国建设市场的快速发展。

3）有利于提高工程计价效率，能真正实现快速报价

采用工程量清单计价方式，避免了传统计价方式下，招标人与投标人在工程量计算上的重复工作。各投标人以招标人提供的工程量清单为统一平台，结合自身的管理水平和施工方案进行报价，促进了各投标人企业定额的完善和工程造价信息的积累和整理，符合现代工程建设中快速报价的要求。

四、有利于工程款的拨付和工程价款的最终结算

中标后，业主要与中标单位签订施工合同，中标价就是确定合同价的基础，而投标清单上的单价就成了拨付工程款的依据。业主根据施工企业完成的工程量，可以很容易地确定进度款的拨付额。工程竣工后，根据设计变更、工程量增减等，业主也很容易地确定工程的最终造价，可在某种程度上减少业主与施工单位之间的纠纷。

五、有利于业主对投资的控制

采用施工图预算形式,业主对因设计变更、工程量的增减所引起的工程造价变化不够敏感,往往等到竣工结算时才知道这些变化对项目投资的影响有多大,但此时常常是为时已晚。而采用工程量清单报价的方式则可对投资变化一目了然,在进行设计变更时,业主能马上知道它对工程造价的影响,从而根据投资情况来决定是否变更或进行方案比较,以决定最恰当的处理方法。

任务 2
上海市市政工程预算定额介绍

学习活动 1　预算定额的组成

一、预算定额的组成内容

1.组成内容

不同时期、不同专业和不同地区的预算定额,在内容上虽不完全相同,但其组成结构和基本内容变化不大,主要包括目录、总说明、分部(章)说明(或分册、章说明)、分项工程表头说明、定额项目表。

有些定额为方便使用,将工程量计算规则编入定额,作为确定预算工程量的依据,与预算定额配套应用。

(1)目录:主要便于查找,罗列总说明、各类工程的分部分项定额的顺序以及注明页数。

(2)总说明:是综合说明定额的编制原则、指导思想和编制依据,适用范围以及定额的作用,同时说明定额中人工、材料、机械台班耗用量的编制方法,定额采用的材料规格指标与允许换算的原则,以及使用定额时必须遵守的规则。定额中还说明在编制时已经考虑和没有考虑的因素和有关规定、使用方法。因此,在使用定额时应当先了解并熟悉这部分内容。

(3)分部(章)说明(或分册、章说明):是预算定额的重要内容,是对各分部工程的重点说明,包括定额中允许换算的界限和增减系数的规定等。

(4)分项工程表头说明及定额项目表:分项工程表头说明列于定额项目表的上方,说明该分项工程所包含的主要工序和工作内容;定额项目表是预算定额最重要部分,其包括分项工程名称、类别、规格、定额的计量单位,以及人工、材料、机械台班的消耗量指标,供编制预算时使用。

2.《上海市市政工程预算定额 第一册 道路、桥梁、隧道工程(SHA 1-31(01)—2016)》简介

为了更详尽地了解市政工程预算定额的组成内容,特对《上海市市政工程预算定额 第

一册 道路、桥梁、隧道工程(SHA 1-31(01)—2016)》(以下简称 2016 市政定额或本定额)作一简介,使学生尽快了解预算定额。

2016 市政定额中的总说明是对各分册定额中带有共性问题的规定说明,对于正确应用定额具有重要作用。要想熟练且准确地运用定额,必须透彻地理解这些说明。

定额总说明是涉及定额使用方面的全面性规定和解释,共有 19 条,其大致内容如下。

第一条

《上海市市政工程预算定额》(以下简称本定额)是根据上海市城乡建设和交通委员会《关于同意修编〈上海市建设工程预算定额〉的批复》(沪建交〔2012〕1057 号)的有关规定,在《上海市市政工程预算定额(2000)》及《市政工程消耗量定额》(ZYA 1-31—2015)的基础上,按国家标准的建设工程计价、计量规范,包括项目划分、项目名称、计量单位、工程量计算规则等与本市建设工程实际相衔接,并结合多年来"新技术、新工艺、新材料、新设备"和工厂化预制拼装技术的推广应用,而编制的量价完全分离的定额。

第二条

本定额是完成规定计量单位分部分项工程所需的人工、材料、施工机械台班的消耗量标准;是编制施工图预算、招标控制价的依据;是确定合同价、结算价、调解工程价款争议的基础;也是编制本市建设工程概算定额、估算指标与技术经济指标的基础;可作为工程投标报价或企业定额的参考依据。

第三条

本定额是上海市市政工程专业统一定额。适用于新建、扩建、改建及大修工程。

第四条

本定额是依据国家及上海市强制性标准、推荐性标准、设计规范、施工验收规范、质量评定标准、安全操作规程,并参考有代表性的工程设计、施工资料和其他资料编制的。

第五条

本定额共分七册,见表 1-2。

表 1-2　工程定额分册内容汇总表

分册编号	分册名称	包含章节	包含子目
第一分册	土方工程	挖方工程、回填方及土方运输、余土弃置	共 3 章 73 条子目
第二分册	道路工程	路基处理、道路基层、道路面层、人行道及其他、交通管理设施	共 5 章 226 条子目
第三分册	桥涵工程	桩基工程、基坑与边坡支护工程、现浇混凝土工程、现场预制混凝土构件、预制混凝土构件安装及运输、砌筑工程、钢结构工程、其他工程	共 8 章 295 条子目
第四分册	隧道工程	盾构掘进、管节顶升、地下连续墙、地下混凝土结构、防水及其他、金属构件制作	共 6 章 169 条子目
第五分册	钢筋工程	普通钢筋工程、预应力钢筋工程	共 2 章 39 条子目
第六分册	拆除工程	翻挖老路、拆除各类构筑物、其他工程	共 3 章 37 条子目
第七分册	措施项目	临时工程、脚手架工程、混凝土模板及支架、混凝土输送及泵管安拆使用、围堰、便道及便桥、洞内临时设施、施工排水降水、工程监测监控、大型机械设备安拆及场外运输	共 10 章 275 条子目

第六条

本定额是按照正常的施工条件,目前多数企业的施工机械装备程度,合理的施工工期、施工工艺、劳动组织编制的,反映上海市市政工程的社会平均消耗水平。

第七条

本定额人工不分工种和技术等级,均以综合工日表示。人工消耗量内容包括基本用工、辅助用工、超运距用工及人工幅度差。

第八条

本定额隧道盾构掘进及垂直顶升按每工日六小时工作制计算,其他均按每工日八小时工作制计算。

第九条

本定额中的材料分为主要材料和辅助材料。凡能计量的材料、成品、半成品均按品种、规格逐一列出用量,并计入相应的损耗。其损耗的内容和范围包括从工地仓库、现场集中堆放地点或现场加工地点至操作或安装地点的现场运输损耗、施工操作损耗、施工现场堆放损耗。

如定额子目 04-5-1-1 道路构造钢筋,其定额单位为 1 t,材料消耗量中热轧带肋钢筋(HRB400)$\Phi<10$ 为 0.2358 t,热轧带肋钢筋(HRB400)$\Phi>10$ 为 0.7892 t,钢筋消耗总量为 1.025 t,其中 0.025 t 为损耗量。

第十条

本定额中的周转性材料(如钢模板、钢管支撑、木模板、脚手架等)已按规定的材料周转次数摊销计入定额内,并包括回库维修的消耗量。

第十一条

本定额中除桥涵工程预制构件和隧道工程管片的场内运输需按相应定额计算外,其他材料、成品、半成品 150 m 的场内运输费用均已包含在相应定额中。

第十二条

本定额的机械台班消耗量已考虑了机械幅度差内容。定额中机械类型、规格是在正常施工条件下,按常用机械类型进行合理配置。

第十三条

本定额中难以计量的零星材料和小型施工机械已综合为"其他材料费"和"其他机械费",分别以占该项目材料费之和、机械费之和的百分率计算。

例 1-1 某道路工程需摊铺厂拌粉煤灰粗粒径三渣基层(厚度 35 cm)500 m²,试计算该项目的其他材料费。

解 查 2016 市政预算定额 04-2-2-18 可知,该项目每铺设 100 m²,人工、材料、机械的消耗量见表 1-3,假设人材机的单价采用 2021 年 5 月的市场参考价。

表 1-3 人工、材料、机械的消耗量计算表

名称	单位	数量	单价/元
综合人工(土建)	工日	6.2645	150
水	m³	3.500	4.53
厂拌粉煤灰粗粒径三渣 50～70	t	83.5380	128.58
其他材料费	%	0.5000	
钢轮振动压路机 20 t	台班	0.0833	1535.18

根据定额总说明第十三条规定:定额中难以计量的零星材料综合为其他材料费,以占该项目材料费之和的百分率计算。故其他材料费的计算见表1-4。

表1-4　其他材料费计算表

名称	单位	数量	单价/元	合价/元
综合人工(土建)	工日	6.2645		
水	m³	3.500	4.53	15.86
厂拌粉煤灰粗粒径三渣50~70	t	83.5380	128.58	10741.32
其他材料费	%	0.5000		53.79
钢轮振动压路机 20 t	台班	0.0833		

摊铺每 100 m² 的其他材料费=(15.86+10741.32)×0.5%=53.79(元)

则摊铺 500 m² 的其他材料费=53.79/100×500=268.95(元)

第十四条

本定额的工作内容已扼要说明了主要施工工序,次要工序已考虑在定额内。

第十五条

本定额中混凝土按预拌混凝土考虑,砂浆按预拌砂浆考虑。混凝土及砂浆强度等级与设计强度等级不同时,可按设计强度等级进行换算。定额中的混凝土养护除另有说明外,均按自然养护考虑。

第十六条

本定额中混凝土模板及支架定额均列入《措施项目》册,钢筋定额列入《钢筋工程》册。

第十七条

凡本定额包含的项目,应按本定额项目执行。本定额缺项部分,可按其他专业定额工料机消耗量计算直接费,并按市政定额费率表取费。

第十八条

本定额中注有"××以内"或"××以下"者,均包括"××"本身;"××以外"或"××以上"者,均不包括"××"本身。

如深度 3 m 以内,意思是指深度≤3 m;深度 3 m 以外,意思是指深度>3 m。

第十九条

凡本说明未尽事宜,详见各册说明和附录。

第二十条　补充说明部分

1.模板采用原则

平面以工具式钢模为主,异形以木模为主。特殊部位(如桥梁钢筋混凝土防撞墙)采用定型钢模。

2.道路基层所用的石灰土、二灰土、水泥稳定碎石、粉煤灰三渣均采用厂拌。道路沥青面层所用的粗、中、细粒沥青混凝土、改性沥青混凝土(SMA)、透水沥青混凝土(OGFC)、黑色碎石均采用厂拌。

3.关于带括号消耗量的说明

(1)套用相关定额计取单价类(即计量不计价),应纳入总材料费中计算其他材料费。

①隧道分册吊装子目中的盾构钢托架、盾构子目中的金属构件(钢管栏杆、钢枕轨、钢

支撑、金属支架、钢走道板等）。

② 桥梁分册的挂篮及扇形支架安拆子目中的挂篮及扇形支架。

（2）子目中带"（ ）"的土方类是计算土源费的依据,不纳入总材料费中计算其他材料费。例如,围堰子目中的土方、间隔填土中的土方。

（3）交通管理设施子目中带"（ ）"的主材,不纳入总材料费中计算其他材料费。例如,标志标牌、视线诱导器、环形检测器、值警亭、护栏、架空线安装、信号灯架及灯杆安装、信号机安装、信号灯安装、配管配线、防撞设施、警示柱、减速垄、路名牌、摄像机、照相机、可变信息情报板等。

（4）工厂预制成品构件类,应纳入总材料费中计算其他材料费。例如,方桩、板桩、混凝土管桩、钢管桩、根植桩、预制混凝土构件安装、钢结构安装、桥梁伸缩缝、隔声屏障板材、盾构掘进子目中的管片等。

二、计算规则总则

《上海市市政工程预算定额 第一册 道路、桥梁、隧道工程（SHA 1-31(01)—2016）》为上海市统一的市政工程预(结)算工程量计算规则。该规则适用于上海市行政区域范围内的市政工程编制工程预(结)算及工程量清单,也适用于工程设计变更后的工程量计算。本规则与本定额相配套,作为确定市政工程造价消耗量的依据。

市政工程工程量计算除依据本定额及本规则各项规定外,尚应依据以下文件:

（1）经审定的施工设计图及其说明;

（2）经审定的施工组织设计或施工技术措施方案;

（3）经审定的其他有关技术经济文件。

本规则的计算尺寸,以设计图纸表示的尺寸或设计图纸能读出的尺寸为准。除另有规定外,工程量的计量单位应按下列规定计算:

（1）以体积计算的为立方米(m^3);

（2）以面积计算的为平方米(m^2);

（3）以长度计算的为米(m);

（4）以重量计算的为吨或千克(t 或 kg);

（5）以座(台、套、组或个)计算的为座(台、套、组或个)。

汇总工程量时,其准确度取值:m^3、m^2、m 小数点取两位,t、kg 小数点取三位,座(台、套、组或个)取整数。

学习活动 2　定额的应用

在预算定额的初步应用中要用到具体预算定额,现以《上海市市政工程预算定额(2016)》为基础来介绍定额的初步应用。

一、市政工程预算定额的项目划分及定额编号

项目划分首先根据工程类别确定，从第一册到第七册共七册内容来划分册；每册又根据此类工程的不同部位、性质等分成若干章；每章又根据施工方法、规格、厚度等分成许多项目（子目），即 04-册-章-子目。

例 1-2　根据定额编号 04-2-3-22 说出各编号意义及项目名称。

答　"04"表示市政工程

　　　"2"表示第二册，道路工程

　　　"3"表示第三章，道路面层

　　　"22"表示第 22 个子目，即水泥混凝土路面（厚度为 22 cm）

例 1-3　根据项目名称"机械摊铺粗粒式沥青混凝土路面（厚度为 8 cm）"查找定额编号。

答　道路工程为第二册

　　　道路面层为第三章

　　　然后再查找具体子目，即定额编号为 04-2-3-8

在实际使用中可以根据施工图纸列出工程项目，然后查找定额编号，并确定该定额的数量消耗标准；也可以根据定额编号，核对工程名称及校验定额套用是否正确。

二、预算定额的直接套用

定额的直接套用，即施工图中的项目名称、规格、施工方法与定额项目中的名称、规格、施工方法完全相同，可直接应用定额进行有关计算。

例 1-4　某工程需机械摊铺粗粒式沥青混凝土路面（厚度为 8 cm）。

请问：

（1）定额编号是什么？定额单位是什么？

答　查 2016 定额可知，定额编号为 04-2-3-8，定额单位为 100 m^2。

（2）定额中的工作内容是什么？

答　本定额的工作内容为清扫浮松杂物、放样、凿边、烘工具、遮护各种井盖、铺筑、碾压、封边、清理场地。

（3）定额中需消耗哪些主要材料？其数量消耗标准是多少？

答　需消耗的主要材料及其消耗量为

　　　粗粒式沥青混凝土（AC-25）：19.2038（t/100 m^2）

　　　乳化沥青：30.9000（kg/100 m^2）

　　　重质柴油：1.26（kg/100 m^2）

　　　水：0.1375（m^3/100 m^2）

（4）定额中使用哪种机械？该机械台班的消耗量是多少？

答　该项目使用

钢轮振动压路机(10 t),其消耗量为 0.0536(台班/100 m²)

沥青混凝土摊铺机(带自动找平,8 t),其消耗量为 0.0498(台班/100 m²)

为了正确应用预算定额,必须注意以下事项。

首先,要学习预算定额的总说明、分章说明等。对说明中指出的编制原则、依据、适用范围、已经考虑和没有考虑的因素,以及其他有关问题的说明,都要通晓和熟悉。其次,还要了解定额项目中所包括的工程内容,人工、材料、机械台班耗用数量与计量单位,以及附注的规定,都要通过日常工作实践,逐步加深理解。

定额项目套用,必须根据施工图纸、设计要求、操作方法来确定套用项目。套用时,工程项目的内容与套用定额项目必须完全相符,否则应视不同情况,分别加以换算。在换算时,必须符合定额中有关规定,在允许的范围内进行。

注意区别定额中的"以内""以上""以下",按照习惯,凡定额中注有"以内""以下"都包括其本身在内,而注有"以外""以上"者,则不包括其本身。

三、定额的换算

在定额的应用中,如工程项目与定额项目名称相同,但其厚度、材料规格等不同时,定额中又允许调整的,便可以对定额进行换算,现通过三个例子对定额的三种换算方法加以说明。

1. 厚度增减的换算

例 1-5　已知某工程需机械摊铺粗粒式沥青混凝土路面(厚度为 9 cm),求其定额消耗量是多少?

解　根据定额 04-2-3-8 和 04-2-3-9,将 8 cm 厚再增加 1 cm 厚的消耗量,求得此施工项目的消耗量指标。

综合人工:1.2070＋0.0808＝1.2878(工日/100 m²)

粗粒式沥青混凝土(AC-25):19.2038＋2.4005＝21.6043(t/100 m²)

重质柴油:1.2600＋0.1575＝1.4175(kg/100 m²)

水:0.1375＋0.0126＝0.1501(m³/100 m²)

钢轮振动压路机:0.0536＋0.0048＝0.0584(台班/100 m²)

沥青混凝土摊铺机:0.0498＋0.0066＝0.0564(台班/100 m²)

2. 设计配合比与定额标明配合比不同时定额的换算

例 1-6　某工程需进行道碴间隔回填土,其道碴:土的设计比例为 0.5:2.5,求按此比例的定额消耗量是多少?

解　从定额 04-1-2-18 可知,道碴间隔回填土中的道碴:土的定额中的配合比为 1:2,其道碴(50～70 mm)和土(松方)的消耗量分别为 0.6089 t/m³、1.0766 m³/m³。

则设计配合比改变后,道碴的标准消耗量设为 X,

$$\frac{1}{0.5} = \frac{0.6089}{X}$$

$$X=0.6089\times0.5/1=0.3045(t/m^3)$$

土(土方)的标准消耗量设为 y，

$$\frac{2}{2.5}=\frac{1.0766}{y}$$

$$y=1.0766\times2.5/2=1.3458(m^3/m^3)$$

而其他综合人工、机械台班的消耗量标准不变，仍为

综合人工：0.4030(工日/m³)

内燃夯实机：0.0539(台班/m³)

3.定额中规定可以乘以系数的有关换算

例 1-7　某排水管道工程需开挖直沟槽，现需翻挖 8 cm 粗粒式、2 cm 细粒式沥青混凝土路面，求此项目的定额消耗量是多少？

解　根据《2016市政预算定额》第六册拆除工程说明第二条规定：沟槽、基坑需翻挖道路面层及基层时，人工数量乘以 1.20 系数。根据 04-6-1-1 翻挖沥青柏油类路面(厚 10 cm)，

综合人工消耗量为 0.0550×1.20=0.0660(工日/m²)

而其他的材料和机械的消耗量不变，即

风镐凿子：0.0200(根/m²)

电动空气压缩机 6 m³/min：0.0063(台班/m²)

风镐：0.0126(台班/m²)

任务 3
市政工程造价的组成内容和计算程序

熟悉市政工程造价的组成内容是正确计算造价的前提和基础。市政工程造价内容由直接费、企业管理费和利润、安全文明施工费、施工措施费、增值税组成。

学习活动 1　市政工程造价的组成内容

一、直接费

直接费指施工过程中的耗费,构成工程实体和部分有助于工程形成的各项费用(包括人工费、材料及工程设备费、施工机具使用费和土方、泥浆外运费),直接费中不包含增值税可抵扣进项税额。

1. 人工费

人工费应由支付给从事工程建设施工的生产工人和附属生产单位工人的各项费用组成。

$$人工费 = \sum(定额工日消耗量 \times 人工工日单价)$$

(1)定额工日消耗量是指在正常施工条件下,生产工人完成单位合格产品所必须消耗的用工数量,包括基本工、其他工等。定额工日按八小时计算。

(2)人工工日单价是指施工企业平均技术熟练程度的生产工人在每个工作日(国家法定工作时间内)按规定从事施工作业应得的日工资总额。

工日单价可采用本市建筑建材业工程造价信息平台所公布的建设工程人工价格信息确定,或参照建筑劳务市场人工价格确定。

2023 年 4 月 14 日上海市住房和城乡建设管理委员会、上海市发展和改革委员会、上海市财政局颁布了沪建标定联〔2023〕120 号文,《关于调整本市建设工程规费项目设置等相关事项的通知》中提到,将施工现场作业人员养老保险、医疗保险(含生育保险)、失业保险、工伤保险和住房公积金列入人工单价。

2. 材料及工程设备费

(1)材料费应由工程施工过程中耗费的原材料、辅助材料、构配件、零件、半成品或成品的费用组成。

$$材料费 = \sum(定额材料消耗量 \times 材料单价)$$

① 定额材料消耗量是指在正常施工条件下,完成单位合格产品所必须消耗(或摊销)的材料数量,包括主要材料、辅助材料、周转性材料、其他材料等。

② 材料单价是指单位材料价格以及供货单位运至工地所需费用之和。材料单价包括材料原价、运杂费和运输损耗费。

材料单价可采用本市建筑建材业工程造价信息平台所公布的建设工程材料价格信息确定,或参照建筑、建材市场建材价格确定。

(2)工程设备费应由构成永久工程一部分的机电设备、金属结构设备、仪器装置及其他类似的设备和装置的费用组成。工程设备费的计算方法应符合以下规定。

① 工程设备费=$\sum$(工程设备量×工程设备单价),工程设备单价包括设备原价和运杂费。

② 工程设备单价可采用本市建筑建材业工程造价信息平台所公布的建设工程设备价格信息确定,或参照建设市场工程设备价格确定。

(3)工程排污费按本市相关规定计入建设工程材料价格信息发布的水费价格内。

3. 施工机具使用费

施工机具使用费应由工程施工作业所发生的施工机械、仪器仪表使用费或其租赁费组成。施工机具使用费的计算方法应符合以下规定。

(1)施工机械使用费=$\sum$(施工机械台班消耗量×施工机械摊销台班单价)。

施工机械摊销台班单价包括折旧费、大修理费、经常修理费、安拆费及场外运输费(大型机械除外)、机上和其他操作人员人工费、燃料动力费、车船使用税、保险费及年检费等。

① 折旧费:指机械设备在规定的使用期限内,陆续收回其原值及购置费的时间价值。

② 大修理费:指施工机械按规定的大修理间隔台班进行必要的大修理,以恢复其正常功能所需的费用。

③ 经常修理费:指机械设备除大修理以外的各级保养和临时故障排除所需的费用。其包括为保障机械正常运转所需替换设备与随机配备的工具附具的摊销和维护费用,机械运转及日常保养所需润滑、擦拭的材料费用以及机械停滞期间的维护保养费用等。

④ 安拆费及场外运输费:安拆费指施工机械在施工现场进行安装与拆卸所需人工、材料、机械和试运转费用以及机械辅助设施的折旧、搭设、拆除等费用;场外运输费指施工机械整体或分体自停放地点运至施工现场或由一施工地点运至另一施工地点的运输、装卸、辅助材料以及架线费用。

安拆费及场外运输费根据施工机械的机型不同,有三种计算方式:计入台班单价、单独计算和不计算。

a. 对于工地间移动较为频繁的小型机械及部分中型机械,其安拆费及场外运输费应计入台班单价内。

b. 对于移动有一定难度的特大型(包括少数中型)机械,其安拆费及场外运输费应单独计算,如塔式起重机(含自升式塔式起重机)、柴油打桩机、静力压桩机、施工电梯、潜水钻孔机、混凝土搅拌站、履带式挖掘机、履带式推土机、履带式起重机、强夯机械、压路机、转盘钻孔机等。

在单独计算安拆费及场外运输费时,根据施工机械的机型、类别,还应计算辅助设备(包括基础、底座、固定锚桩、行走轨道枕木等)的折旧、搭设和拆除等费用,如塔式起重机的基础及轨道铺拆费。

c. 对于不需安装、拆卸且自身又能开行的机械和固定在车间不需安拆运输的机械,不计算安拆费和场外运输费。

⑤ 机上和其他操作人员人工费:指机上司机(司炉)及其他操作人员在单位工作日内所发生的各项费用。

⑥ 燃料动力费:指施工机械在运转作业中所耗用的固体燃料(煤、木材)、液体燃料(汽油、柴油)及电力等所发生的费用,一般包括汽油、柴油、电、煤、木材、水等。

⑦ 其他费用:指施工机械按照国家有关部门规定应交纳的车船使用税、保险费及年检费等。

(2)施工机械摊销台班单价可采用本市建筑建材业工程造价信息平台所公布的建设工程施工机械台班价格信息确定,或依据国家施工机械台班费用编制规则规定自行测算确定。

(3)施工机械租赁费=∑(施工机械台班消耗量×施工机械租赁台班单价)。

(4)施工机械租赁台班单价可采用本市建筑建材业工程造价信息平台所公布的建设工程施工机械租赁台班价格信息确定,或参照建设市场施工机械租赁台班价格信息确定。

(5)仪器仪表使用费=∑(仪器仪表台班消耗量×仪器仪表摊销台班单价),仪器仪表摊销台班单价包括工程使用的仪器仪表摊销费和维修费。

(6)仪器仪表摊销台班单价可采用本市建筑建材业工程造价信息平台所公布的建设工程仪器仪表摊销台班价格信息确定,或依据国家施工机械台班费用编制规则规定自行测算确定。

(7)有关说明。

盾构掘进机台班费中未包括二类费用,其燃料动力费、人工费已列入相应的盾构掘进定额子目内。盾构机的场外运输费,由承发包双方根据工程的实际情况在合同中约定。

顶管机械台班费中的安拆费及场外运输费,由承发包双方根据工程特点及市场情况,在合同中约定。

4. 土方、泥浆外运费

承发包双方根据市政工程特点及市场情况,参照工程造价管理机构发布的市场价格信息,按合同约定外运或来源单价乘以定额规定的计算数量来计算费用。土方、泥浆外运费列入直接费内。土方来源费不计算其他费用,按合同约定的单价和核定数量列入税前计算。

二、企业管理费和利润

(1)企业管理费是指建筑安装企业组织施工生产和经营管理所需的费用。

企业管理费包括管理人员工资、办公费、差旅交通费、固定资产使用费、工具用具使用费、劳动保险和职工福利费、劳动保护费、材料采购和保管费、检验试验费(内容包括《建筑工程检测试验技术管理规范》(JGJ 190—2010)所要求的检验、试验、复测、复验等费用;不包括新结构、新材料的试验费,以及对构件做破坏性试验及其他特殊要求检验试验的费用和建设单位委托检测机构进行检测的费用)、工会经费、职工教育经费、财产保险费、财务费、房产税、车船使用税、土地使用税、印花税、技术转让费、技术开发费、投标费、业务招待费、绿化费、广告费、公证费、法律顾问费、审计费、咨询费、保险费等。

（2）利润是指工程施工企业在完成所承包工程后所获得的盈利。

（3）企业管理费和利润的计算方法应符合以下规定。

企业管理费和利润的内容组成与《上海市建设工程工程量清单计价应用规则》中的企业管理费和利润的内容组成相统一。企业管理费中不包括增值税可抵扣进项税额,但已包括城市维护建设税、教育费附加、地方教育附加和河道管理费等附加税。

2023 年 4 月 14 日上海市住房和城乡建设管理委员会、上海市发展和改革委员会、上海市财政局颁布了沪建标定联〔2023〕120 号文,《关于调整本市建设工程规费项目设置等相关事项的通知》中提到,将管理人员养老保险、医疗保险(含生育保险)、失业保险、工伤保险和住房公积金列入企业管理费。

企业管理费和利润,以人工费为基数,乘以企业管理费和利润的费率计算。

$$企业管理费和利润＝人工费×企业管理费和利润的费率$$

（4）企业管理费和利润的费率由工程造价管理部门发布,各专业工程的企业管理费和利润的费率应在合同中约定(参见项目 7 文件资料 1)。

三、安全文明施工费

2023 年 9 月 22 日上海市住房和城乡建设管理委员会、上海市发展和改革委员会、上海市财政局颁布了沪建标定联〔2023〕486 号文,《关于发布本市建设工程概算相关费率的通知》中提到,安全文明施工费以"直接费中的人工费、材料费、机械费及零星工程费之和"为基数,乘以相应的费率计算(费率详见表 1-5)。

$$安全文明施工费＝直接费中的人工费、材料费、机械费及零星工程费之和$$
$$×安全文明施工费的费率$$

表 1-5　安全文明施工费费率

工程类别		费率/（%）
房屋建筑工程		3.05
市政工程	道路工程	2.59
	桥涵及护岸工程	3.00
	隧道工程	1.78
轨道交通工程	车站、区间	2.06
园林工程		1.60
燃气工程		2.43
独立装饰装修工程		2.35

续表

工程类别		费率/(%)
房屋修缮工程	成套改造	3.01
	修缮改造	2.30
民防工程(单建式)		3.00
给水管道工程		2.61
排水管道工程		2.58
给排水构筑物工程		2.20

注:① 房屋建筑工程的费率包含安装工程。
　　② 轨道交通工程中的安装工程,不计取安全文明施工费。
　　③ 民防工程费率适用单建式民防工程,结建式民防工程参照房屋建筑工程费率。

市政工程(道路)安全文明施工项目清单内容详见表 1-6,市政工程(桥涵及护岸)安全文明施工项目清单内容详见表 1-7,排水管道工程安全文明施工项目清单内容详见表 1-8,其他专业的安全文明施工项目清单内容详见项目 7 文件资料 1,具体工作内容及包含范围可在市住房城乡建设管理委网站"上海市建设市场信息服务平台"查询。各行业主管部门应加强建设工程现场安全文明施工措施的监管,加大查处力度,切实提升建设工程施工现场安全文明程度。

表 1-6 　市政工程(道路)安全文明施工项目清单

序号	实施类别	
1	环境保护	垃圾处理
2		噪声控制
3		扬尘控制
4		光污染控制
5	文明施工	边界设置
6		出入门及两侧设置
7		管线保护
8		施工区域设置
9		现场消防设置
10		智能化设置
11	临时设施	办公区设置
12		宿舍设施
13		食堂生活设施
14		现场厕所设施
15		施工现场临时用电
16	安全施工	作业人员必要的安全防护

表 1-7　市政工程（桥涵及护岸）安全文明施工项目清单

序号	实施类别	
1	环境保护	垃圾处理
2		噪声控制
3		扬尘控制
4		光污染控制
5	文明施工	边界设置
6		出入门及两侧设置
7		管线保护
8		施工区域设置
9		现场消防设置
10		智能化设置
11	临时设施	办公区设置
12		宿舍设施
13		食堂生活设施
14		现场厕所设施
15		施工现场临时用电
16	安全施工	临边洞口交叉高处作业防护
17		桥面人行便道
18		作业人员必要的安全防护

表 1-8　排水管道工程安全文明施工项目清单

序号	实施类别	
1	环境保护	垃圾处理
2		噪声控制
3		扬尘控制
4		光污染控制
5		其他污染控制
6	文明施工	边界设置
7		出入门及两侧设置
8		管线保护
9		施工区域设置
10		现场消防设置
11		智能化设置

序号	实施类别	
12	临时设施	办公区设置
13		宿舍设施
14		食堂生活设施
15		现场厕所设施
16		施工现场临时用电
17	安全施工	临边洞口交叉高处作业防护
18		作业人员必要的安全防护
19		有限空间防护

四、施工措施费

施工措施费是指施工企业为完成市政工程所承担的社会义务,进行施工准备及制定施工方案所发生的所有措施费用(不包括已列定额子目及企业管理费所包括的费用)。

施工措施费一般包括:施工便道养护费、冬雨季施工增加费、夜间施工增加费、施工干扰费、代办建设单位费用(代办临时接水、接电费,港监及交通纠察费用)、原有建筑物、构筑物、公用管线等设施的保护、加固、搬迁等措施费、工程监理费、特殊条件下施工技术措施费、赶工措施费、工程保险费及其他等。

施工措施费的计算,由承发包双方遵照政府颁发的有关法律、法令、规章和有关部门的规定,以及招标文件和批准的施工组织设计所指定的施工方案等所发生的措施费用,根据市政工程特点及市场情况,并参照工程造价管理机构发布的市场信息价格,最终以报价的形式在合同中约定费用。

施工措施费中不包括增值税可抵扣进项税额。

五、增值税

增值税即为当期销项税额,当期销项税额＝税前工程造价×增值税税率,增值税税率为 9%。

学习活动2　市政工程造价计算程序表

为进一步深化本市建设工程造价改革,根据《上海市人民政府关于修改〈上海市建设工程文明施工管理规定〉的决定》(沪府令第 23 号)、《文明施工标准》(DG/TJ 08-2102—2019)

及《关于调整本市建设工程规费项目设置等相关事项的通知》(沪建标定联〔2023〕120 号)的相关规定,市住房城乡建设管理委、市发展改革委、市财政局对建设工程概算相关费率进行了重新测算,上海市建设工程施工费用计算顺序表也相应做了调整,变化如下。

(1) 本市建设工程费用组成中取消规费项目单列。将施工现场作业人员养老保险、医疗保险(含生育保险)、失业保险、工伤保险和住房公积金列入人工单价;管理人员养老保险、医疗保险(含生育保险)、失业保险、工伤保险和住房公积金列入企业管理费。

(2)《上海市建设工程工程量清单计价应用规则(2014)》做相应调整。安全文明施工费、其他措施项目费的计算基数调整为分部分项工程费中的人工费、材料费、机械费与单价措施费中的人工费、材料费、机械费之和。

(3) 本市造价管理部门及时调整人工信息价,每月在市住房城乡建设管理委网站"上海市建设市场信息服务平台"同步发布包含规费和不包含规费的人工价格,供市场各方主体参考。

(4) 此通知自 2023 年 10 月 1 日起施行。2023 年 10 月 1 日起发布招标公告的建设工程应执行本通知规定。2023 年 10 月 1 日前已发布招标公告或签订合同的项目,仍按原招标文件或合同条款执行。

上海市建设工程施工费用计算顺序表见表 1-9。

表 1-9　上海市建设工程施工费用计算顺序表

序号	项目		计算式	备注
1	直接费		按定额子目规定计算	
(1)	人工费		按定额工日耗量×约定单价	
(2)	材料费		按定额材料耗量×约定单价	不包含增值税可抵扣进项税额
(3)	施工机具使用费		按定额台班耗量×约定单价	同上
2	企业管理费和利润		∑人工费×约定费率	同上
3	措施费	安全文明施工费	直接费×约定费率	同上
		施工措施费	报价方式计取	由双方合同约定,不包含增值税可抵扣进项税额
4	人工、材料、施工机具差价		按合同约定	由双方合同约定,材料、施工机具使用费中不含增值税可抵扣进项税额
5	小计		1+2+3+4	
6	增值税		5×增值税税率	按国家规定计取
7	合计		5+6	

注:施工措施费是指夜间施工、非夜间施工照明、二次搬运、冬雨季施工、地上、地下设施、建筑物的临时保护设施、已完工程及设备保护等其他措施项目费用。

例 1-8　某市政道路工程,假设人工费 400 万元,材料费 1200 万元,施工机具使用费 500 万元,工料机差价暂不考虑。企业管理费率和利润率合计为 28.39%,安全文明施工费率为 2.59%,其他施工措施费共计 120 万元,增值税税率为 9%,请根据有关文件规定计算该工程的总费用(保留四位小数)。

解 根据上海市建设工程施工费用计算顺序表,计算见表 1-10。

表 1-10 某市政道路工程施工费用计算顺序表

序号	项目		计算式	金额/万元
1	直接费		400＋1200＋500	2100
(1)	人工费			400
(2)	材料费			1200
(3)	施工机具使用费			500
2	企业管理费和利润		Σ人工费×约定费率＝400×28.39％	113.56
3	措施费	安全文明施工费	直接费×约定费率＝2100×2.59％	54.39
		施工措施费		120
4	人工、材料、施工机具差价			0
5	小计		1＋2＋3＋4	2387.95
6	增值税		5×增值税税率＝2387.95×9％	214.9155
7	合计		5＋6	2602.8655

学习活动3 施工图预算编制的一般方法

施工图预算是确定建筑安装工程预算造价的文件,也是确定市政工程预算造价的文件。市政工程施工图预算是在施工图设计完成以后,以施工图为依据,根据市政工程预算定额以及相应取费标准和人工、材料、机械台班的市场价格进行编制的。它是施工图设计文件的重要组成部分。

施工图纸是工程设计的最终成果,它必须对计划建造的工程作出具体的描绘和叙述,包括工程的确切位置、各工程部位的形状和尺寸、选用的材料和做法、达到的技术质量要求等。由于施工单位是按照图纸进行施工并交付工程产品,因此,根据施工图纸计算的工程造价能更接近于实际造价。在我国现阶段,施工图预算是确定市政工程造价的主要形式。

一、市政工程施工图预算编制的依据

市政工程施工图预算的编制,应严格遵守国家现行的有关政策、制度和规定,以及上海市有关工程造价管理的文件规定、工程量计算规则、定额单价和取费标准等。要编制一份正确的市政工程施工图预算,一般应依据下列技术文件、资料及有关规定。

1. 经有关部门批准的市政工程建设项目的审批文件和设计文件

市政工程建设项目的审批文件和设计文件包括建设项目的计划任务书和主管部门的有

关规定,经主管部门批准的初步设计和技术设计的全套图纸和说明书,以及有关地质勘探资料。

2. 经批准的施工组织设计和施工方案及技术措施等

一般大中型市政工程项目都应编制施工组织设计和施工方案及技术措施。施工组织设计是由施工单位根据工程特点、现场情况等各种有关条件编制的,用来确定施工方案、布置现场、安排进度。

施工组织设计和施工方案必须由建设单位批准后,才能作为计算工程费用的依据。对于那些影响工程费用的特殊因素,如果单凭图纸和定额无法提供,那么只能按施工组织设计或施工方案及技术措施等的要求来补充和计算,这一点在编制市政工程预算时应特别注意。

3.《上海市市政工程预算定额(2016)》

施工图预算的编制,应严格遵守上海市有关工程造价管理的文件规定、工程量计算规则、市场单价和取费标准等。《上海市市政工程预算定额(2016)》及其施工费用计算规则是施工图预算编制的主要依据。

4. 有关标准定型图集以及各种预算手册、材料手册、产品样本等资料

编制施工图预算时往往需要一些如重量、面积、外形尺寸等数据,就必须通过查阅有关的标准图集和手册等工具书才能得到。所以有关的标准定型图集、手册和产品样本也是编制市政工程施工图预算的依据之一。

5. 合同要约中的部分条款

合同要约中的部分条款也是编制市政工程施工图预算的重要依据。如合同要约中对市政工程造价的计算或结算方式、甲乙双方的责任和义务及针对具体工程的特殊要求等,都作出了具体规定。在编制施工图预算时,应遵守这些规定。

6. 有关市政工程的施工技术验收规范和操作规程等

总之,施工图纸是编制市政工程施工图预算的主要依据。但许多图纸以外的因素对造价有很大的影响,对这些资料和情况掌握得越具体越全面,就越能合理地编制市政工程施工图预算。

二、市政工程施工图预算编制的程序

市政工程施工图预算的编制是一项复杂而又细致的工作,具有较强的政策性、科学性和经济性,有一定的编制程序和一套科学的方法。由于条件、工作习惯、编制者水平等的不同,在编制中有的环节和手法各异,但基本的程序和方法是一致的。其编制程序一般如下。

1. 准备资料,熟悉施工图纸及施工组织设计

编制市政工程施工图预算以前,应针对所要编制的预算工程内容准备资料,并对施工图纸进行一次全面检查,包括检查施工图纸是否完整,图面意图是否明确,尺寸是否清楚整齐,有无施工说明等。

施工图预算与施工条件和所采用的施工方法有着密切关系,所以在编制市政工程施工图预算以前,还应熟悉施工组织设计和施工方案,了解设计意图和施工方法,明了工程全貌。

2. 了解施工现场

为把市政工程施工图预算编制得比较切合实际,正确反映客观情况,必须深入施工现场进行勘察,全面了解施工环境及条件,包括地形、地物、地上杆线、地下管线的干扰,地面交通,拆迁的干扰,施工场地的布置等。只有掌握了第一手资料,才能编制出较为全面、合理的市政工程施工图预算。

3. 熟悉市政工程预算定额的使用方法

《上海市市政工程预算定额(2016)》是由上海市建设和管理委员会批准并于 2017 年 6 月 1 日开始执行的地方性定额,在编制市政工程施工图预算时应严格遵守。所以在编制预算前必须熟悉并掌握该定额的使用范围、具体内容、工程量计算规则和计算方法等,才能编制出正确的施工图预算。

4. 计算工程量

计算工程量是编制市政工程施工图预算的一项重要工作。实际上,编制市政工程施工图预算,大部分时间是花在看图和计算工程量上。所谓工程量,是指以物理计量单位或自然计量单位表示的市政各分项工程的数量。物理计量单位一般是指以公制度量表示的长度、面积、体积和重量等,如浇筑混凝土以"立方米"为计量单位;管道以"米"为计量单位等;自然计量单位是指以物体的自然数为计量单位表示的工程量,如设备安装以"台""套"等为计量单位。

对于具体市政工程,计算工程量的主要依据是施工图纸,应首先确定本施工图预算所采用的市政工程预算定额。在计算过程中应注意以下几点。

(1)要严格按照定额项目的要求和工程量计算规则,根据图示尺寸和数量进行计算,不能随意扩大或缩小各部位尺寸,对按图逐个点清的零部配件不能任意增加或减少。

(2)为便于核对,应将该工程划分为若干个分项工程,并根据施工图,结合施工方案的有关内容,列出本工程预算的细目和定额编号,然后按照一定的顺序,由下而上、由外而内、由左而右依次进行计算。在计算过程中,如发现有新增的项目或外加的项目,应随时补充进去,以免事后遗忘。对于需要另编补充定额的项目,要在工程量计算表中加以注明所在图页,便于在计价时查图作补充单价。对于与其他各页图纸没有关联的,也可以按分页图纸逐张清算,以减少部分图纸数量,集中精力计算比较复杂的部分。

工程量计算顺序,不一定拘泥于固定格式,预算人员可根据自己的经验和习惯,以及工程的繁简不同,选择最合适的形式和顺序。总之,要求计算层次清楚,有条不紊,计算式简明易懂,目的是要达到计算准确、不错不漏,易于检查复核。

在计算各分项工程量时,应在计算表中注明中心线、地段、结构部位、位置等。计算工程量是整个市政工程施工图预算编制过程中最繁重、花费时间最长的一个环节,它直接影响到预算编制的准确性,因此必须在工程量计算上狠下工夫,以保证预算编制质量。

5. 编制预算表,计算工程人工费、材料费、机械费

编制预算表就是把已经算好的分项工程数量及计算单位,按照定额分部顺序整理并填写到工程预算表上;然后再以预算定额或单位估价表中的相应分项工程定额的编号和单价填到预算表上;再将工程量与定额单价相乘进行汇总累计,得出分部工程的预算造价;最后将各分部预算造价相加,即得出单位工程项目预算的直接费用。

6. 计算各项费用, 确定工程预算造价

计算出工程人工费、材料费、机械费后, 还应按照《上海市建设工程施工费用计算规则（市政工程专业说明)》中的有关规定来计取企业管理费和利润、安全文明施工费、施工措施费、增值税等各类费用, 并汇总计算出工程预算造价。

7. 复核

复核是对整个预算编制过程及结果进行的一次全面检查, 应对所列工程项目、工程量计算结果、套用单价、取费标准以及数字计算等进行全面复核, 以保证施工图预算正确无误。

8. 编写编制说明, 填写封面

复核确认无误后, 就可以编写市政工程施工图预算的编制说明, 把预算表格不能反映的一些事项以及编制预算时需要说明的问题用文字表达出来, 供审批单位在审查预算时参考。编制说明的主要内容包括施工图预算编制的依据、套用单价需补充说明的问题、施工过程中还可能发生的变化、预算与概算的对比以及其他事项等。

施工图预算书的封面没有统一规定的格式, 但一般应包括工程编号、工程名称、工程量、预算总造价、编制单位、编制日期、编制人等。

最后, 将预算书封面、编制说明、工程预算书、计算依据等, 按照顺序编排并装订成册, 请有关负责人审阅签字并加盖单位公章, 市政工程施工图预算才算完成。

项目 2

土方工程

TUFANG GONGCHENG

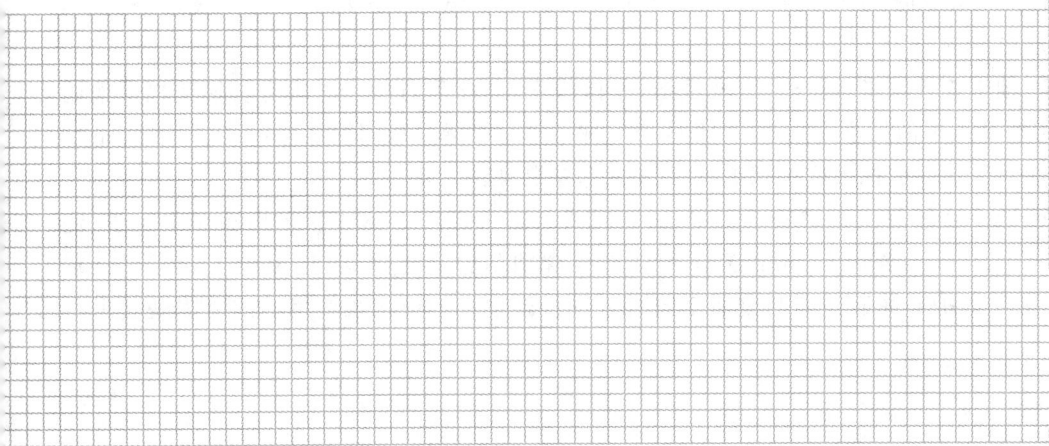

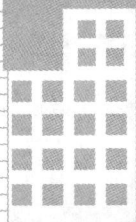

《土方工程分册》是《市政工程预算定额》中第一分册,包括挖方工程、回填方及土方运输、余土弃置,共三章组成。

本分册定额适用于道路工程(含道路交通管理设施)、桥涵工程及隧道工程。

任务 1
挖方工程

一、定额说明

(1) 人工挖土定额综合了干湿土比例,深度取定为 2 m。机械挖基坑土方定额适用于 0～6 m,若深度超过 6 m 时,每增加 1 m 按机械挖土定额递增 18% 计算。

(2) 挖土机在路基箱板上施工时,按机械挖土定额乘以 1.25 系数计算。

(3) 挖淤泥、流砂定额的开挖深度按 6 m 以内综合取定。

(4) 导墙开挖套用"无支护机械挖沟槽土方(深 3 m 以内)"定额。

(5) 大型支撑基坑开挖定额适用于跨度大于 8 m 围护结构的基坑开挖。支撑安拆需打拔中心稳定桩,可另行计算。

(6) 大型支撑基坑开挖定额按两边停机考虑。当施工场地狭小,起重设备单面施工时,基坑深度 15 m 以内,基坑宽度≤15 m,履带式起重机械 15 t 调整为 25 t;基坑宽度＞15 m,履带式起重机械 25 t 调整为 40 t。

(7) 地下连续墙采用铣槽机(铣接法)成槽施工,如需配备冲击重锤配合铣槽机成槽施工,则另增加人工消耗量为 0.0015 工日/m³、冲击重锤机械台班消耗量为 0.0007 台班/m³。

(8) 地下连续墙挖土成槽施工,定额中未包括新建集土坑。

(9) 地下连续墙挖土成槽定额中,护壁泥浆取定:深度 45 m 以内采用膨润土泥浆(比重为 1.055 t/m³);深度 60 m 以内采用新型复合纳基膨润土泥浆(比重为 1.021 t/m³)。当设计采用的护壁泥浆材料与定额不同时可进行调整。护壁泥浆使用后的废浆处理另行计算。

二、定额子目

1. 耕地填土前处理

填土前,在原地面上的杂草、树根、农作物残根、腐蚀土、垃圾等必须全部清除。在水稻田地段修筑填土路堤时,应先挖纵、横明沟,疏干积水,挖掉淤泥和清除稻根及腐殖土,压实后再填筑土方。在深耕地段,必要时应翻挖松土,打碎土块,然后分层回填、找平、压实。定额中编制了挖腐植土子目。

2. 人工挖土方

人工挖土方定额按土壤类别分为一、二类土、三类土、四类土,分别套用相应的定额。挖土土壤分类表见表2-1。

人工挖土定额综合了干湿土比例,深度取定为 2 m。

表 2-1　挖土土壤分类表

土壤分类	土壤名称	鉴别方法
一、二类土	粉土、砂土(粉砂、细砂、中砂、粗砂、砾砂)、粉质黏土、弱中盐渍土、软土(淤泥质土、泥炭、泥炭质土)、软塑红黏土、冲填土	用锹、少许用镐,条锄挖掘,机械能全部直接铲挖满载者
三类土	黏土、碎石土(圆砾、角砾)、混合土、可塑红黏土、硬塑红黏土、强盐渍土、素填土、压实填土	主要用镐、条锄,少许用锹开挖。机械需部分刨松方能铲挖满载者或可直接铲挖但不能满载者
四类土	碎石土(卵石、碎石、漂石、块石)、坚硬红黏土、超盐渍土、杂填土	全部用镐、条锄挖掘,少许用撬棍开挖。机械需普遍刨松方能铲挖满载者

3. 机械挖土方

因为机械挖土方采用机械开挖,不同类别的土方工效差距不大,所以定额中不分土壤类别综合取定。

机械挖基坑土方定额适用于 0~6 m,若深度超过 6 m 时,每增加 1 m 按机械挖土定额递增 18% 计算。

4. 机械挖淤泥、流砂

机械挖淤泥、流砂定额,开挖深度按 6 m 以内综合取定。其中,挖流砂子目适用于不打井点而局部出现流砂的工程。挖淤泥、流砂工程量均按水抽干后的实挖体积计算(抽水另按抽水子目计算),其中,挖流砂不包括涌砂数量,涌砂数量可以另行计算。

5. 除草

除草定额按人工除草考虑,单位以平方米计算。采用机械除草时,定额不作调整。

6. 挖树根

挖树根定额按树根的直径划分子目,树根直径以地面以上 20 cm 处为准。

三、工程量计算规则

（1）底宽≤7 m 且底长>3 倍底宽为沟槽；底长≤3 倍底宽且底面积≤150 m² 为基坑；超出上述范围则为一般土方。

例 2-1　举例说明见表 2-2。

表 2-2　挖土类型判定示例表

序号	底宽/m	底长/m	底面积/m²	挖土类型
1	6	20		挖沟槽
2	7	20	140	挖基坑
3	8	20	160	挖一般土方

如表 2-2 所示：

序号 1，当底宽 6 m，底长 20 m 时，则底长>3 倍底宽，属于挖沟槽土方；

序号 2，当底宽 7 m，底长 20 m 时，则底长≤3 倍底宽且底面积为 140 m²≤150 m²，属于挖基坑土方；

序号 3，当底宽 8 m，底长 20 m 时，上述两种情形均不符合，故属于挖一般土方。

（2）基坑及沟槽挖方的底宽，按结构物基础外边线每侧增加工作面宽度 50 cm 计算（见图 2-1）。

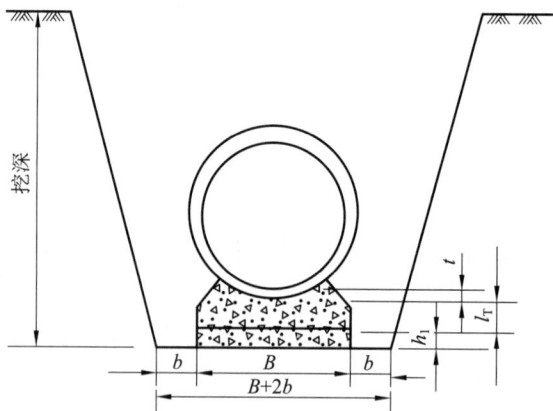

图 2-1　挖沟槽示意图（图中 b=50 cm）

（3）地下连续墙成槽土方量，按连续墙设计长度、宽度和槽深（加超深 0.5 m）以立方米计算。

（4）挖土方按天然密实体积计算；挖淤泥、流砂工程量按实挖体积计算；填方按压实后的体积以立方米计算。

（5）挖土放坡应按设计或施工组织设计计算，设计或施工组织设计无规定时，可按表2-3计算。

表 2-3 放坡系数表

土壤类型	放坡起点深度/m	人工开挖	机械开挖		
			在沟槽侧、坑内作业	在沟槽侧、坑边上作业	顺沟槽方向坑上作业
一、二类土	1.2	1:0.50	1:0.33	1:0.75	1:0.50
三类土	1.5	1:0.33	1:0.25	1:0.67	1:0.33
四类土	2.0	1:0.25	1:0.10	1:0.33	1:0.25

沟槽、基坑中土壤类别不同时,分别按其放坡起点、放坡系数,依不同土壤类别的厚度进行加权平均计算;挖土交叉处(见图 2-2)产生的重复工程量不扣除;原槽、坑做基础垫层时,放坡自垫层上表面开始计算。

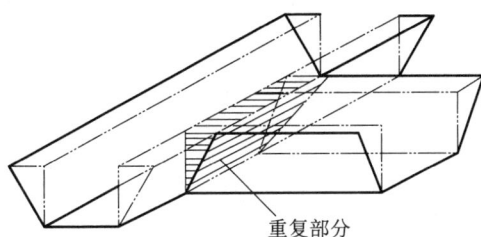

图 2-2 挖土交叉处示意图

桥梁墩台基坑(见图 2-3)土方开挖一般采用大开挖施工,四面放坡,基坑则形成上大下小的截头方椎体,可引用下列公式计算其体积:

$$V = H/6[AB + ab + (A + a)(B + b)]$$

式中:V——基坑挖土体积(m^3);

　　　H——基坑深度(原地面至基坑底的高度)(m);

　　　A、B、a、b——分别表示基坑上下底的长和宽(m)。

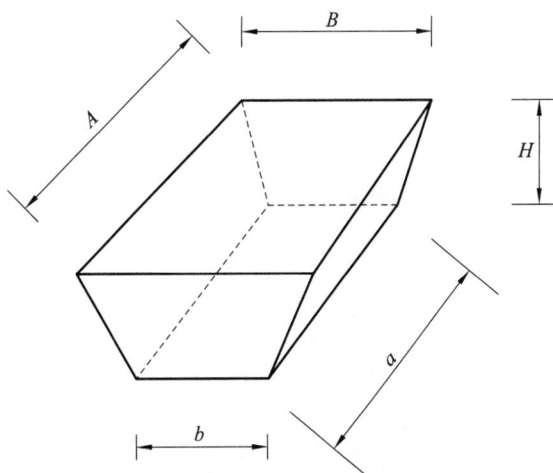

图 2-3 桥梁墩台基坑示意图

例 2-2 设定开挖某桥梁桥台基坑土方,土壤类别为一、二类土,采用人工开挖。已知基础底宽 5 m,长 12 m,深度 2 m,计算基坑挖土方工程量。

解　查表 2-3 可知，当土壤类别为一、二类土，采用人工开挖时，放坡系数为 1:0.5，故基坑土方计算过程如下：

$$a = 5 + 0.5 \times 2 = 6 \text{ (m)}$$
$$A = 6 + 2 \times 0.5 \times 2 = 8 \text{ (m)}$$
$$b = 12 + 0.5 \times 2 = 13 \text{ (m)}$$
$$B = 13 + 2 \times 0.5 \times 2 = 15 \text{ (m)}$$
$$V = H/6 [AB + ab + (A+a)(B+b)]$$
$$= 2/6 [8 \times 15 + 6 \times 13 + (8+6) \times (15+13)]$$
$$= 196.67 \text{ (m}^3\text{)}$$

任务2
回填方及土方运输

一、定额说明

(1)填土土方是指可利用方,不包括耕植土、流砂、淤泥等。

(2)二灰填筑、粉煤灰间隔填土和道碴间隔填土的设计比例与定额不同时,其材料可以换算。

(3)土方场内运输自卸汽车装运土定额,挖掘机挖土直接装车时,不计轮胎式装载机。

二、定额子目

1. 填土方

填土方定额中根据不同的技术标准和施工工艺,分别编制了人行道填土和车行道填土子目。人行道填土不分密实度综合取定;车行道填土按不同的密实度要求分为90%、93%、95%、98%四个子目。

人行道填土定额中采用人工填筑,手扶振动压路机压实。车行道填土定额中也采用人工填筑,但压实方法按不同的密实度要求分别采用光轮压路机(密实度为90%、93%)和钢轮振动压路机(密实度为95%、98%)压实。

填土土方是指可利用方,不包括耕植土、流砂、淤泥等,填方按压实后的体积以立方米计算。

2. 填筑粉煤灰路堤

填筑粉煤灰路堤是指利用发电厂排出的湿灰或调湿灰,全部或部分地替代土壤填筑的路堤。粉煤灰路堤具有自重轻、强度高、施工简便、施工受雨水影响小的优点。填筑粉煤灰等轻质路堤,可减轻路堤自重,减少路堤沉降及提高路堤的稳定安全系数。

粉煤灰路堤的施工程序为放样、分层摊铺、洒水、碾压、清理场地。粉煤灰分层摊铺和碾压时,应先铺筑路堤两侧边坡护土,然后再铺中间粉煤灰,要做到及时摊铺、及时碾压,以防止水分的蒸发和雨水的渗入。摊铺前,宜将粉煤灰的含水量控制在最佳含水量的±10%范围内。每层压实厚度一般为 20 cm。

在填筑粉煤灰路堤定额中,根据不同的技术标准和施工工艺,分别编制了人行道填筑和车行道填筑子目。人行道填筑不分密实度综合取定;车行道填筑按不同的密实度要求分为90%、93%、95%、98%四个子目。

人行道填筑定额中采用人工填筑、手扶振动压路机压实的施工方法;车行道填筑定额中也采用人工填筑,但压实方法按不同的密实度要求分别采用光轮压路机(密实度为 90%、93%)和钢轮振动压路机(密实度为 95%、98%)压实。

3. 填筑石灰、粉煤灰路堤(二灰填筑)

二灰填筑定额中石灰与粉煤灰的重量比为 5:95。该定额采用拖拉机拌和、人工摊铺、轮胎式装载机配合、钢轮振动压路机碾压的施工方法进行编制。定额中的石灰为磨细生石灰,采用的施工方法为现场拌和施工。

二灰填筑是在粉煤灰中掺入石灰粉,按重量比石灰:粉煤灰为5:95,用机械翻拌均匀。拌匀后进行摊铺,摊铺时应分层压实,一般每层厚度为 20 cm,最后采用压路机碾压。

二灰填筑的设计比例与定额不同时,其材料可以换算。

4. 间隔填土

间隔填土特别适用于填土较厚的地段,作为湿软土基处理的一种方法。可采用一层透水性较好的材料、一层土的间隔填筑的施工方法,每层压实厚度一般为 20 cm 左右。定额中分别编制了道碴间隔填土(道碴:土=1:2)和粉煤灰间隔填土(粉煤灰:土=1:1或 1:2)的子目。定额材料消耗量中列出了土方(松方)的数量,便于大家在编制预算时进行土方平衡。

粉煤灰间隔填土和道碴间隔填土的设计比例与定额不同时,其材料可以换算。

5. 沟槽及基坑填筑

沟槽及基坑填筑定额中分别编制了回填土、回填黄砂、回填粉煤灰、回填砾石砂四个子目。

6. 土方场内运输

土方场内运输定额中分别编制了双轮斗车运土(运距 50 m 以内和每±50 m)、装载机装运土(运距 50 m 以内和每±10 m)子目和 12 t 自卸汽车装运土(运距 1 km 以内装运土和每增加 1 km)子目。编制预算时,可根据不同的运输方法、运距套用相应的定额计算。

土方场内运输自卸汽车装运土定额,挖掘机挖土直接装车时,不计轮胎式装载机。

7. 平整场地和薄滚碾压

在一般情况下,平整场地和薄滚碾压这两个子目可以一并套用,计算单位均为平方米。

三、工程量计算规则

(1)填方有密实度要求时,土方挖、填平衡及缺土时外来土方,应按土方体积变化系数来计算回填土方数量,见表2-4。

单位工程中应考虑土方挖、填平衡。当挖方可作为利用方时,应作平衡处理;当挖方不能作为可利用方及土方平衡后发生余土时,可以作为外运处理。挖填平衡后,仍缺土时则需要计算外来土方数量。

挖土现场运输定额及填土现场运输定额中均已考虑土方体积变化。

表 2-4 土方的体积变化系数表

土方密实度	土类		
	填方	天然密实方	松方
90%	1	1.135	1.498
93%	1	1.165	1.538
95%	1	1.185	1.564
98%	1	1.220	1.610

例 2-3 某道路工程车行道路基挖土 1300 m³（天然密实方），挖土可利用方量为 800 m³；设计图纸路基填土数量为 2000 m³（密实度为 98%）；采用机械挖土，土方场内运输采用装载机（运距 100 m），挖、填土采用现场平衡，其余采用外来土方。

要求计算土方平衡、外运土方、缺土外来土方的数量。

解 （1）填土数量为 2000 m³（密实度为 98%），查表 2-4，密实度 98% 填方与天然密实方的填土土方体积变化系数为 1.22，路基工程填土所需天然密实方体积为 2000×1.22 = 2440(m³)，而可利用方为 800 m³，则缺土外来土方数量 = 2440－800 = 1640(m³)（天然密实方）。

（2）外运土方数量 = 1300－800 = 500(m³)。

（3）套用道路工程定额：机械挖土方 1300 m³；车行道填土方（密实度为 98%）2000 m³；土方外运 500 m³，另外计算 1640 m³ 外来土方的费用。

土方项目计算结果表见表 2-5。

表 2-5 土方项目计算结果表

序号	项目名称	定额编号	单位	数量
1	机械挖土方	04-1-1-5	m³	1300
2	车行道填土方（密实度为 98%）	04-1-2-5	m³	2000
3	土方场内运输（装载机装运土，运距 100 m）	04-1-2-21 换	m³	800
4	土方场外运输	04-1-3-1	m³	500
5	购买土方	04-1-3-1	m³	1640

此处需注意，车行道填土方的数量必须是 2000 m³，而不是 2440 m³，因为定额中填土方，其土的状态是压实方，而不是天然方。

（2）土方场内运距按挖方中心至填（堆）方中心的距离计算。

例 2-4 假设有Ⅰ、Ⅱ、Ⅲ、Ⅳ四处经横断面土方平衡后，Ⅰ、Ⅱ、Ⅲ处为挖方，Ⅳ处为填方，需要填方数为 200 m³，Ⅰ、Ⅱ、Ⅲ处运至Ⅳ处的土方量分别为 20 m³、80 m³、100 m³，运距分别为 50 m、70 m 和 90 m，求加权平均运距。

解 加权平均运距为(20×50＋80×70＋100×90)/(20＋80＋100) = 78(m)

（3）土路基填、挖土方量计算：按道路设计横断面图（见图 2-4）进行计算，通常采用积距法及土方量表进行计算。一般先用积距法计算各个断面的挖、填方面积,再用土方数量计算表(见表2-6)计算挖、填方工程量,进行土方平衡。

$$A = (ab + cd + ef + gh + \cdots) \times l = 积距 \times l$$

式中:A——断面面积(m^2);

　　l——横断面所划分三角形或梯形的高度,通常为1 m或2 m等距。

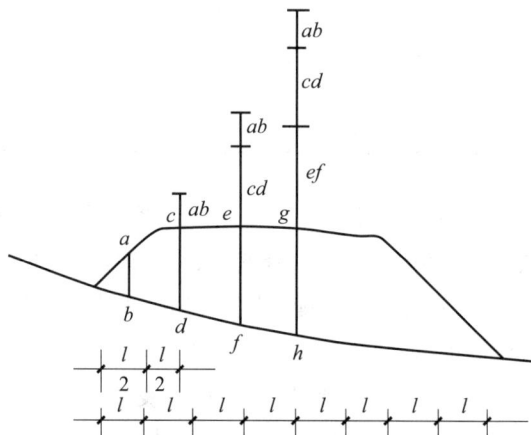

图2-4　土方断面面积计算

表2-6　土方数量计算表

桩号	挖土面积/m²	填土面积/m²	距离/m	挖土平均面积/m²	填土平均面积/m²	挖土数量/m³	填土数量/m³

在进行土方平衡的场内运输时,应尽可能遵循就近原则。

例2-5　某道路工程,三个桩号分别为0+000、0+200、0+400,挖土面积分别为25 m²、45 m²、20 m²,填土面积分别为40 m²、50 m²、0 m²,求该区段的挖方量及填方量。

解　该区段的挖方量及填方量见表2-7。

表2-7　土方数量计算表

桩号	挖土面积/m²	填土面积/m²	距离/m	挖土平均面积/m²	填土平均面积/m²	挖土数量/m³	填土数量/m³
0+000	25	40					
			200	35	45	7000	9000
0+200	45	50					
			200	32.5	25	6500	5000
0+400	20	0					
总计						13500	14000

任务 **3**
余土弃置

一、定额说明

1. 土方场外运输

土方场外运输按立方米计算,容重按天然密实方容重 1.8 t/m³ 计算。

2. 泥浆场外运输

泥浆场外运输按立方米计算。

二、工程量计算规则

（1）钻孔灌注桩按成孔实土体积计算。

（2）水力机械顶管、水力出土盾构掘进按掘进实土体积计算。

（3）水力出土沉井下沉按沉井下沉挖土数量的实土体积计算。

（4）树根桩按成孔实土体积计算。

（5）地下连续墙成槽土方量按连续墙设计长度、宽度和槽深（加超深 0.5 m）以立方米计算；地下连续墙废浆外运按挖土成槽定额中泥浆护壁数量折算成实土体积计算。

项目 3

道路工程

DAOLU GONGCHENG

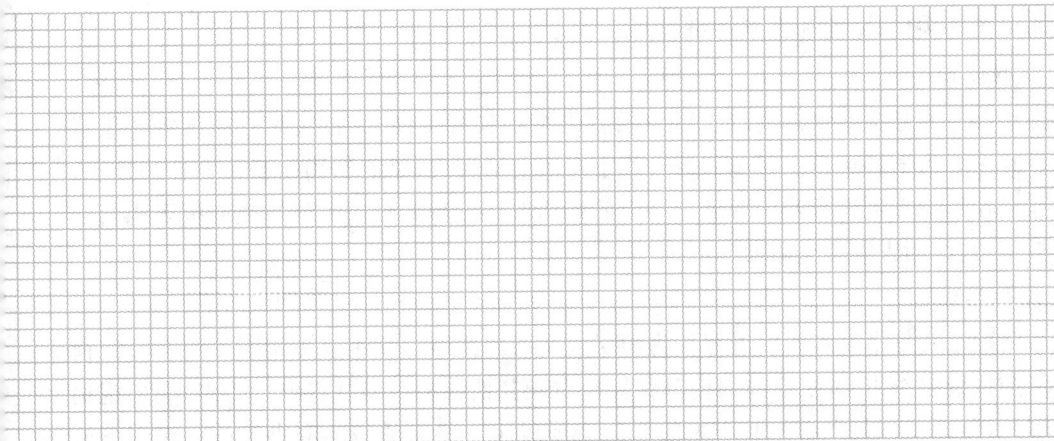

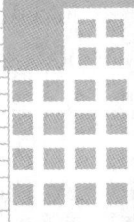

《道路工程分册》是《市政工程预算定额》的第二分册,包括路基处理、道路基层、道路面层、人行道及其他、交通管理设施,共五章组成。

本分册定额适用于城镇范围内的新建、扩建、改建的市政道路工程(含道路交通管理设施工程)。

任务 1 道路工程施工图识读及列项

学习活动 1 道路工程基础知识

一、城市道路分类

城市道路分类的方法很多,如按路面力学性质、按交通功能、按道路平面及横向布置等进行分类。

1. 按路面力学性质分类

道路可分为柔性、刚性和半刚性路面。

1) 柔性路面

柔性路面主要是指除水泥混凝土以外的各类基层和各类沥青面层、碎石面层等所组成的路面。其主要力学特点为在行车荷载作用下弯沉变形较大,路面结构本身抗弯拉强度小,在重复荷载作用下产生累积残余变形。路面的破坏取决于荷载作用下所产生的极限垂直变形和弯拉应力,如沥青混凝土路面。

2) 刚性路面

刚性路面主要是指用水泥混凝土作为面层或基层的路面。其主要力学特点为在行车荷载作用下产生板体作用,其抗弯拉强度和弹性模量较其他各种路面材料要大得多,故呈现出较大的刚性,路面在荷载作用下所产生的弯沉变形极小。路面的破坏取决于荷载作用下所产生的疲劳弯拉应力,如水泥混凝土路面。

3）半刚性路面

半刚性路面主要是指以沥青混合料作为面层,水硬性无机结合料稳定类材料作为基层的路面。这种半刚性基层材料在前期的力学特性呈柔性,而后期趋于刚性,如水泥或石灰粉煤灰稳定粒料类基层的沥青路面。

2. 按交通功能分类

道路可分为快速路、主干路、次干路、支路。

1）快速路

快速路是城市大容量、长距离、快速交通的通道,具有四条及以上的车道。快速路对向车行道之间应设中央分隔带,其进出口应全部采用全立交或部分立交。

2）主干路

主干路是城市道路网的骨架,为连接各区的干路和与外省市相通的交通干路,以交通功能为主。自行车交通量大时,应采用机动车与非机动车分隔形式。

3）次干路

次干路是城市的交通干路,以区域性交通功能为主,起集散交通的作用,兼有服务功能。

4）支路

支路是居住区、工业区或其他类地区的通道,为连接次干路与街坊路的道路,解决局部地区交通,以服务功能为主。

3. 按道路平面及横向布置分类

道路可分为单幅路、双幅路、三幅路、四幅路(见图 3-1)。

(1)单幅路:机动车与非机动车混合行驶。

(2)双幅路:机动车与非机动车分流向混合行驶。

(3)三幅路:机动车与非机动车分道行驶,非机动车分流向行驶。

(4)四幅路:机动车与非机动车分道、分流向行驶。

二、道路工程平面及断面图

1. 道路工程平面图

道路在平面上的投影称为道路工程平面图。它是根据城市道路的使用任务、性质和交通量,以及所经过地区的地形、地质等自然条件来决定城市道路的空间位置、线形与尺寸,按一定比例绘制的带状路线图。

1）图示主要内容

道路工程平面图包括指北针、房屋、桥梁、河流、已建道路、街坊里巷、洪道河堤、林带植树、高低压电力线、通讯线和地面所见的各种地貌;地下各种隐蔽设施,如上下水、雨污水、煤气、热力管道、地下电缆、地铁及地下防空设施等;另外还有平面线型、路线桩号、转弯角及半径、平曲线和缓和曲线等。

2）编制预算中的主要作用

道路工程平面图提供了道路直线段长度、交叉口转弯角及半径、路幅宽度等数据,可用于计算道路各结构层的面积,并按各结构层套用相应的定额。

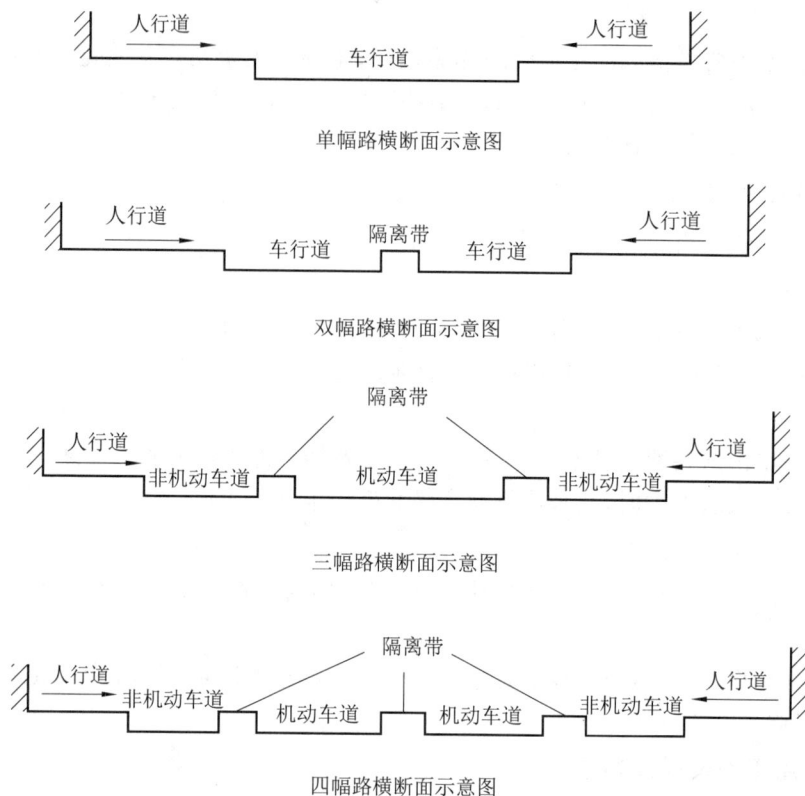

人行道 → 　车行道　 ← 人行道

单幅路横断面示意图

人行道 → 　车行道　隔离带　车行道　 ← 人行道

双幅路横断面示意图

隔离带

人行道 → 　非机动车道　机动车道　非机动车道　 ← 人行道

三幅路横断面示意图

隔离带

人行道 → 　非机动车道　机动车道　机动车道　非机动车道　 ← 人行道

四幅路横断面示意图

图 3-1　道路横断面示意图

2. 道路工程纵断面图

沿道路中心线方向剖切的截面为道路纵断面图,它反映了道路表面的起伏状况和路面以下的各种结构层。

1) 图示主要内容

道路纵断面图主要利用距离和高程两个数据来表示,其中纵向表示高程,横向表示距离。主要反映了直线、竖曲线、原地面高程、桩号设计路面高程、纵向坡度与距离等信息。

2) 编制预算中的主要作用

道路纵断面图通过比较原地面标高和设计标高,反映了路基的挖填方情况。当设计标高高于原地面标高时,路基为填方;当设计标高低于原地面标高时,路基为挖方。

3. 道路工程横断面图

垂直于道路中心线方向剖切的截面为道路横断面图。道路工程横断面图可分为标准设计横断面图和有地面线设计带帽的横断面图。

1) 图示主要内容

道路横断面图反映了道路的横断面布置、形状、宽度和结构层等内容。

2) 编制预算中的主要作用

道路横断面图为路基土石方计算与路面各结构层计算提供了断面资料。

三、道路工程基本组成

道路是一种带状构筑物,主要承受汽车荷载的反复作用和经受各种自然因素的长期影响。路基、路面是道路工程的主要组成部分。路面按其组成的结构层次从下至上可分为垫层、基层和面层。

1.路基

1)路基的作用

路基是路面的基础,是按照路线位置和一定的技术要求,用土石填筑或在原地面开挖而成的,贯穿道路全线的道路主体结构。

2)路基的基本形式

路基按填挖形式可分为路堤、路堑和半填半挖路基(见图3-2)。高于天然地面的填方路基称为路堤,低于天然地面的挖方路基称为路堑,介于二者之间的称为半填半挖路基。

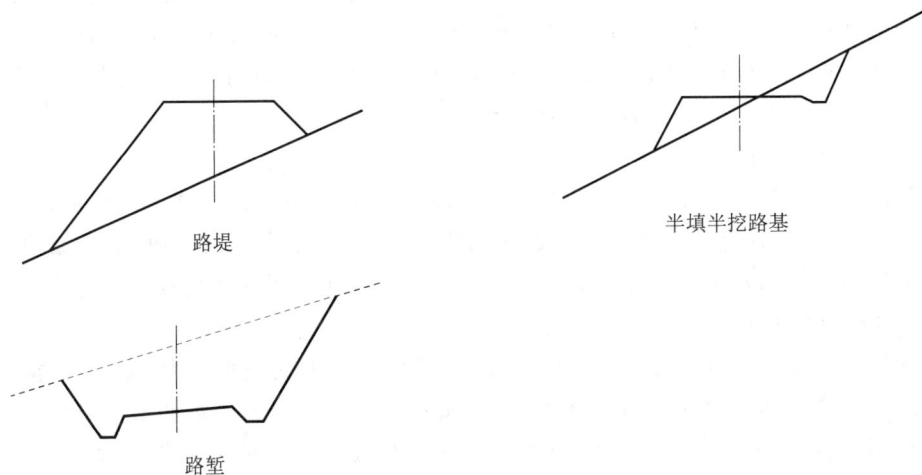

图 3-2　路基的形式

3)对路基的基本要求

路基是道路的重要组成部分,没有稳定的路基就没有稳固的路面。路基应具有以下特点。

(1)具有合理的断面形式和尺寸,是指路基的断面形式和尺寸应与道路的功能要求,以及道路所经过地区的地形、地物、地质等情况相适应。

(2)具有足够的强度,是指路基在荷载作用下具有足够的抗变形破坏能力。路基在行车荷载、路面自重和计算断面以上的路基土体自重作用下,会产生一定的变形。路基强度是指在上述荷载作用下所产生的变形,不得超过允许的变形。

(3)具有足够的整体稳定性,路基是在原地面上填筑或挖筑而成的,它改变了原地面的天然平衡状态。在工程地质不良地区,修建路基可能加剧原地面的不平衡状态,有可能产生路基整体下滑、边坡塌陷、路基沉降等过大的整体变形甚至破坏,即路基失去整体稳定性。因此,必须采取必要措施,保证其整体稳定性。

（4）具有足够的水温稳定性，是指路基在水温不利的情况下，其强度不致降低过大而影响道路的正常使用。路基在水温变化时，其强度变化小，则称水温稳定性好。

2. 路面

1）对路面结构的要求

路面工程是指在路基表面上用各种不同材料或混合料分层铺筑而成的一种层状结构物。路面应具有下列性能。

（1）具有足够的强度和刚度。

强度是指路面结构的整体及其各个组成部分都必须具有与行车荷载相适应的，使路面在车辆荷载作用下不致产生变形或破坏的能力。车辆行驶时，既对路面产生竖向压力，又使路面承受纵向水平力。由于发动机的机械震动和车辆悬挂系统的相对运动，路面受到车辆震动力和冲击力的作用，并且在车轮后面还会产生真空吸力。在这些外力的综合作用下，路面会逐渐出现磨损、开裂、坑槽、沉陷和波浪等破坏，严重时甚至影响正常行驶。因此，路面应具有足够的强度。

刚度是指路面抵抗变形的能力。路面结构整体或某一部分刚度不足，即使强度足够，在车轮荷载的作用下也会产生过量的变形，而形成车辙、沉陷或波浪等破坏。因此，不仅要研究路面结构的应力和强度之间的关系，还要研究荷载与变形或应力与应变之间的关系，使整个路面结构及其各个组成部分的变形量控制在容许范围内。

（2）具有足够的稳定性。

路面的稳定性是指在外界各种因素影响下，路面保持其本身结构强度的性能，路面强度的变化幅度愈小，则稳定性愈好。没有足够的稳定性，路面也会形成车辙、沉陷或波浪等破坏而影响通行和使用寿命。路面稳定性通常分为水稳定性、干稳定性、温度稳定性。

（3）具有足够的耐久性。

耐久性是指路面具有足够的抗疲劳强度、抗老化和抗形变积累能力。路面结构要承受行车荷载和冷热、干湿气候因素的反复作用，由此而逐渐产生疲劳破坏和塑性形变累积。另外，路面材料还可能由于老化而导致破坏。这些都将缩短路面的使用年限，增加养护工作量。因此，路面应具有足够的耐久性。

（4）具有足够的平整度。

路面平整度是路面使用质量的一项重要指标。路面不平整时，行车颠簸且前进阻力和震动冲击力都大，导致行车速度、舒适性和安全性大大降低，机件损坏严重，轮胎磨损和油料消耗都迅速增加。不平整的路面会积水，从而加速路面的破坏。所有这些都使路面的经济效益降低。因此，越是高等级的路面，平整度要求也越高。

（5）具有足够的抗滑性。

车辆行驶时，车轮与路面之间应具有足够的摩阻力，以保证行车的安全性。

（6）具有尽可能低的扬尘性。

汽车在路面上行驶时，车轮后面所产生的真空吸力会将路面面层或其中的细料吸起而产生扬尘。扬尘不仅增加汽车机件的磨损，影响环境和旅行的舒适性，而且恶化驾驶员的视距条件，容易酿成行车事故。因此，路面应具有尽可能低的扬尘性。

2）路面结构层

（1）垫层。

垫层是设置在土基和基层之间的结构层。其主要功能是改善土基的温度和湿度状况，以保证面层和基层的强度和稳定性，不受冻胀翻浆的影响。此外，垫层还能扩散由面层和基层传来的车轮荷载垂直作用力，减小土基的应力和变形，而且它能阻止路基土嵌入基层中，影响基层结构的性能。

修筑垫层的材料，强度不一定很高，但水稳定性和隔热性要好。常用的有碎石垫层、砾石砂垫层。

（2）基层。

基层主要承受由面层传来的车辆荷载垂直力，并把它扩散到垫层和土基中。基层可分两层铺筑，其上层仍称为基层，下层则称为底基层。

基层应有足够的强度和刚度，还应有平整的表面以保证面层厚度均匀，基层受大气的影响比较小，但因表层可能透水及地下水的侵入，要求基层有足够的水稳性。常用的有石灰土基层、二灰稳定碎石基层、水泥稳定碎石基层、二灰土基层、粉煤灰三渣基层。

（3）面层。

面层是修筑在基层上的表面层次，用于保证汽车以一定的速度安全、舒适且经济地运行。面层是直接与行车和大气接触的表面层次，它承受行车荷载的垂直力、水平力和冲击力作用以及雨水和气温变化的不利影响。

面层应具备较高的结构强度、刚度和稳定性，而且应当耐磨、不透水，其表面还应有良好的抗滑性和平整度。常用的有水泥混凝土面层、沥青混凝土面层。

学习活动2 道路工程列项

一、路基处理

本章定额包括掺白灰、掺水泥、抛石挤淤、袋装砂井、塑料排水板、塑料套管现浇混凝土桩、水泥土搅拌桩、粉喷桩、高压水泥旋喷桩、树根桩、地基注浆、褥垫层、土工合成材料、路基排水。

1.掺石灰

1）零填掺石灰

零填掺石灰土路基定额中编制了石灰含量7%和石灰含量每增减1%的子目。采用推土机推土、摊铺，拖拉机拌和，光轮压路机碾压的施工方法进行编制。零填掺石灰土路基厚度一般为30 cm，分两层施工，每层15 cm。定额中是按立方米计算的，已经考虑了分层摊铺的因素。

零填掺石灰土路基的施工工序为机械推土、加灰翻拌、闷料、翻松铺筑、找平、碾压整理、清理场地。施工时，先将第一层15 cm原状土按松铺系数要求，用机械将土层翻松打碎至所需松铺厚度加以平整；用生石灰粉打成网格后，按15 cm压实厚度的石灰剂量在网格内均匀分布,并用机械基本拌和均匀后,用推土机将石灰土推向路的一端或两侧,拍紧闷料。第二层 15 cm 同样按此方法基本拌匀后,再用压路机碾压。闷料目的是便于土块进一步打碎,在相同剂量下有利于石灰土强度的提高。但闷料时间不宜过短或过长,过短会生成过多的水化热而使土体胀松,时间过长则水化热得不到充分利用,一般闷料 4 小时左右即可对下层石灰土进一步翻松打碎、拌和均匀并整平与面层横坡一致。摊铺时应及时调整路槽顶面标高,尽量做到一次整平,并用压路机碾压。

2)机械掺石灰

在路基土中,就地掺入一定剂量的石灰,按照一定的技术要求,将拌匀的石灰土压实以改善路基土性质的方法。定额中编制了机械掺石灰(石灰含量 8% 和石灰含量每±1%)的子目。机械掺石灰采用推土机推土、拖拉机拌和、压路机碾压的施工方法进行编制。

3)机械掺水泥

在路基土中,掺入一定剂量的 42.5 级水泥,按照一定的技术要求,翻拌均匀、压实以改善路基土性质的方法。定额中编制了机械掺水泥(水泥含量 3% 和水泥含量每±1%)的子目。机械掺水泥采用推土机推土、拖拉机拌和、压路机碾压的施工方法进行编制。

2.袋装砂井

袋装砂井(见图 3-3)是用于软土地基处理的一种竖向排水体,一般采用导管打入法,即先将套管打入土中预定深度,再将丙纶针织袋(比砂井深 2 m 左右)放入孔中,然后边振动边灌砂直至装满为止,徐徐拔出套管,再在地基上铺设排水砂垫层,经填筑路堤、加载预压,促使软基土壤排水固结而加固。

图 3-3 袋装砂井

袋装砂井直径一般为 7~10 cm,即能满足排出孔隙水的要求。定额中按直径为 Φ70 编制,深度为 20 m 以内。袋装砂井的施工程序为孔位放样、机具定位、设置桩尖、打拔钢套管、灌砂、补砂封口等。

3.塑料排水板

塑料排水板(见图 3-4)是设置在软土地基中的竖向排水体,施工方便、简捷,效果亦佳,它是带有孔道的板状物体插入土中形成竖向排水通道,缩短排水距离,加速地基的固结。

塑料排水板的结构形式可分为多孔单一结构和复合结构型。多孔单一结构塑料排水板由两块聚氯乙烯树脂板组成,两板之间有若干个突起物相接触,而其间留有许多孔隙,故透水性好。复合结构型塑料排水板内以聚氯乙烯或聚丙烯作为芯板,外面套上用涤纶类或丙烯类合成纤维制成的滤膜。

图 3-4　塑料排水板

塑料排水板的插设方式一般采用套管式,芯带在套管内随套管一起打入,随后将套管拔起,芯带留在土中。铺设排水板的施工工序为桩机定位、沉没套管、打至设计标高、提升套管、剪断塑料排水板。

此外,还可采用石灰桩等加固措施或采用碎石盲沟、明沟等排水措施来加固地基,排除湿软地基中的水分,改善路基性质。

4.塑料套管混凝土桩

塑料套管混凝土桩(Plastic Tube Cast-in-Place Concrete Pile)(简称套管混凝土桩或 TC 桩或 PTCC 桩)是一种承载力高、不会由于振动挤土断桩、成桩质量可靠、对周围环境影响小、施工快速方便的地基处理方法。其成桩方法为将塑料套管按一定的间距采用专用设备逐根打入需要加固的地基中,套管为底部封闭,顶部开口。待分段区块塑料套管全部打设完毕后,再统一对埋设在地基中的套管内用混凝土连续浇注成桩,套管不再取出,套管与填充物就形成了地基加固桩,桩顶设置桩帽,并铺设垫层和土工格栅(见图 3-5),形成桩承式加筋路堤系统(见图 3-6)。

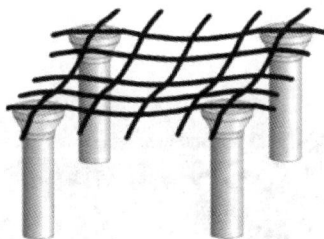

图 3-5　桩帽上铺土工格栅

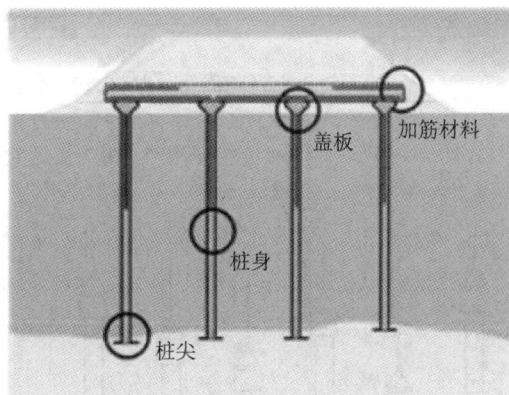

图 3-6　桩承式加筋路堤

TC 桩(见图 3-7)由预制桩尖、螺纹塑料套管、混凝土、桩帽(盖板)等组成。TC 桩与预应力管桩相比可节约造价 15%～25%。

塑料套管混凝土桩定额分为钻孔和混凝土两个子目。塑料套管混凝土桩的施工工艺见图 3-8。

5.水泥土搅拌桩

水泥土搅拌桩(见图 3-9)是用于加固饱和软黏土地基的一种方法,它利用水泥作为固化剂,通过特制的搅拌机械,在地基深处将软土和固化剂进行强制搅拌,利用固化剂和软土之间所产生的一系列物理化学反应,使软土硬结成具有整体性、水稳定性和一定强度的优质地基。加固深度通常超过 5 m,干法加固深度不宜超过 15 m,湿法加固深度不宜超过 20 m。水泥土搅拌桩是用回转的搅拌叶片将压入软土内的水泥浆与周围软土强制拌和形成水泥加固体。

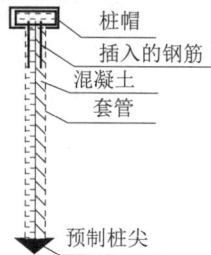

图 3-7　TC 桩组成

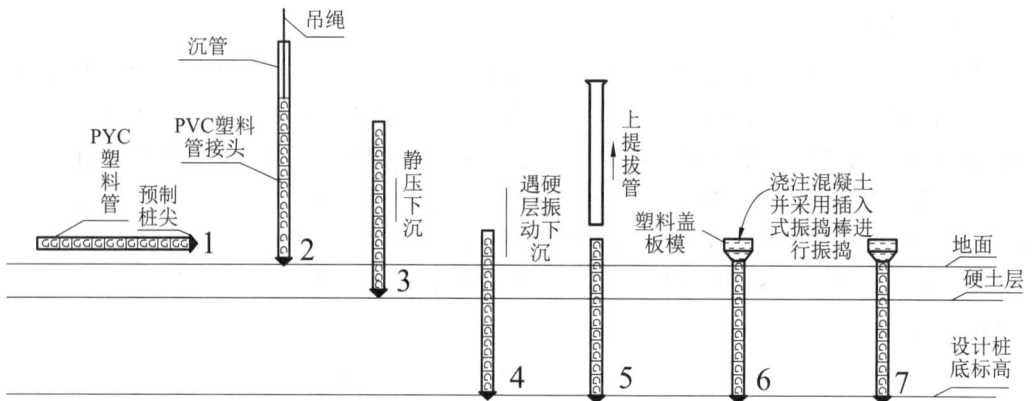

图 3-8　塑料套管混凝土桩的施工工艺
1—接管及安装预制桩尖;2—吊装 PVC 塑料管;3—沉管静压下沉;4—沉管振动下沉;
5—上提拔管;6—安装塑料盖板模,集中浇注混凝土;7—施工完毕

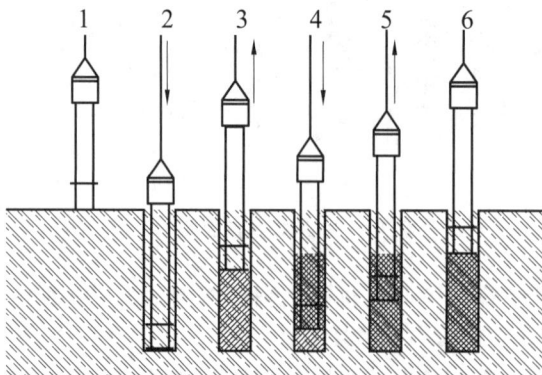

图 3-9　水泥土搅拌桩
1—定位下沉;2—定到设计标高;3—喷浆搅拌上升;4—复搅下沉;5—复搅上升;6—完毕

　　水泥土搅拌桩的施工主要工艺为测量放线、桩机移位、定位、调制水泥浆、输送压浆、搅

拌钻进、喷浆、搅拌、提升等全部操作过程。

水泥土搅拌桩定额分为单轴、二轴、三轴三类，单轴包括钻进空搅、一喷二搅（水泥掺量为13%）两个子目；二轴包括钻进空搅、一喷二搅（水泥掺量为13%）、二喷四搅（水泥掺量为13%）三个子目；三轴包括钻进空搅、一喷一搅（水泥掺量为20%）、水泥掺量每增减±1%三个子目。应根据不同水泥掺量及喷搅的遍数套用定额。

6. 粉喷桩

粉喷桩属于深层搅拌法加固地基方法的一种形式，也称加固土桩。深层搅拌法是加固饱和软黏土地基的一种新颖方法，它是利用水泥、石灰等材料作为固化剂的主剂，通过特制的搅拌机械就地将软土和固化剂（浆液状和粉体状）进行强制搅拌，利用固化剂和软土之间所产生的一系列物理化学反应，使软土硬结成具有整体性、水稳性和一定强度的优质地基。粉喷桩就是采用粉体状固化剂来进行软基搅拌处理的方法。

粉喷桩适合于加固各种成因的饱和软黏土，中国常用于加固淤泥、淤泥质土、粉土和含水量较高的黏性土。加固深度以不超过12 m为宜。

粉喷桩施工程序为定位、预搅下沉、提升喷粉搅拌、重复搅拌、移位。

粉喷桩定额分为水泥掺量每米45 kg和每米增减5 kg两项，粉喷桩断面按Φ500考虑。

粉喷桩工程量按设计截面面积乘以设计长度以立方米计算。

7. 高压水泥旋喷桩

高压水泥旋喷桩用于加固淤泥、淤泥质土、黏土、砂类土及含少量砖瓦砾的人工填土等软土地基。高压旋喷有单重管、双重管、三重管法，最大加固深度不超过45 m。

单管旋喷注浆法是利用钻机把安装在注浆管（单管）底部侧面的特殊喷嘴，置入土层预定深度后，用高压泥浆泵等装置，以20 MPa左右的压力，把浆液从喷嘴中喷射出去冲击破坏土体，使浆液与从土体上崩落下来的土搅拌混合，经过一定时间凝固，便在土中形成一定形状的固结体，这种方法日本称为CCP工法。

双重管旋喷注浆法在注浆管端部侧面有一个同轴双重喷嘴，从内喷嘴喷出20 MPa左右的水泥浆液，从外喷嘴喷出0.7 MPa的压缩空气，在喷射的同时旋转和提升浆管，在土体中形成旋喷桩。双重管法加固直径一般为Φ600~Φ1600。

三重管旋喷注浆法使用的是一种三重注浆管，这种注浆管由三根同轴的不同直径的钢管组成，内管输送压力为20 MPa左右的水流，中管输送压力为0.7 MPa左右的气流，外管输送压力为25 MPa的水泥浆液。高压水、气同轴喷射切割土体，使土体和泥浆液充分拌和，边喷射、边旋转和提升注浆管形成较大直径的旋喷桩。三重管法加固直径一般为Φ1200~Φ2200。

高压水泥旋喷桩的施工程序为定位、钻孔、插管、旋喷、冲洗、移位。

高压水泥旋喷桩适用于地基加固和防渗，或作为稳定基坑和沟槽边坡的支护。

高压水泥旋喷桩定额分为钻孔、单重管喷浆（水泥掺量为25%）、双重管喷浆（水泥掺量为25%）、三重管喷浆（水泥掺量为30%）四项。

高压水泥旋喷桩的工程量计算方法为

（1）钻孔按原地面至桩底底面的距离以延长米计算。

（2）喷浆分为单重管、双重管、三重管，均按设计加固桩截面积乘以设计桩长以立方米计算。

8. 树根桩

树根桩类似小直径的钻孔灌注桩,上海地区常用的树根桩直径为 $\Phi1500\sim\Phi300$,桩长一般为 8~30 m。在市政工程中,树根桩既可作为侧向支护,用于保护建筑物及地下管线,又可作为抗渗隔水帷幕,还可作为小直径的灌注桩承受轴向力,增加地基承载力。

树根桩的施工主要工艺为钻机就位、成孔、清孔、吊放钢筋笼、插入压浆管、填灌碎石、压浆、移位。

树根桩定额分为围护树根桩及承重树根桩两个子目。用于侧向支护及隔水帷幕的套用围护树根桩,用于承重的套用承重树根桩。

树根桩工程量按设计截面面积乘以设计长度以体积计算。树根桩钢筋笼按设计图纸用量套用第四册《桥涵工程》钻孔灌注桩钢筋笼定额计算。

9. 注浆

注浆是用压力泵把水泥浆液或化学浆液注入地基,以改善地基土的物理力学性能的一种地基加固方法。注浆常用于地下工程的防渗堵漏,减少地基的沉降、不均匀沉降,减少土体侧向位移,同时还可以减少施工对地面建筑和地下管线的影响。注浆定额分为分层注浆、压密注浆、路基压密注浆三种。

1) 分层注浆

分层注浆的施工主要程序为钻孔、灌入护壁泥浆、下塑料阀管、分层劈裂注浆等。

分层注浆定额分为钻孔、注浆两项。钻孔按设计图纸规定的深度以米计算,布孔按设计图纸或批准的施工组织设计计算。注浆数量按设计图纸注明体积计算。

2) 压密注浆

压密注浆的施工主要程序为钻孔、灌入护壁泥浆、安插注浆管、分段压密注浆等。

压密注浆定额分为钻孔(人工钻孔、机械钻孔)、注浆两项。钻孔按设计图纸规定的深度以米计算。布孔按设计图纸或批准的施工组织设计计算。

注浆工程量计算方法如下。

(1) 设计图纸明确加固体体积的,应按设计图纸注明的体积计算。

(2) 设计图纸上以布点形式图示土体加固范围的,则按两孔间距的一半作为扩散半径,以布点边线各加扩散半径,形成计算平面计算注浆体积。

(3) 如设计图纸上注浆点在钻孔灌注桩之间,按两注浆孔距的一半作为每孔的扩散半径,以此圆柱体体积为计算注浆体积。

3) 路基压密注浆

由于城市道路车流量的日益增加,一些城市道路年久失修,出现了严重的路面破损现象,如龟裂、断裂、坑槽等。在改造过程中尽量减少对现状交通和周边居民生活造成的影响,尽量缩短工期以取得投资效果。路基压密注浆就是用压送设备将具有充填和胶结性能的浆液材料注入地层中土颗粒的间隙、土层的界面或岩层的裂隙内,使其扩散、胶凝或固化,以增加地层强度、降低地层渗透性、防止地层变形、改善地基的物理力学性质和进行托换技术的地基处理技术。

10. 铺设土工布

铺设土工布等变形小、老化慢的抗拉柔性材料作为路堤的加筋体,可以减少路堤填筑后的地基不均匀沉降,可以提高地基承载能力,同时也不影响排水,大大增强路堤的整体性和稳定性。土工布摊铺应垂直道路中心线,搭接不得少于 20 cm,纵坡段的搭接方式应似瓦鳞状,以利排水。铺设土工布必须顺直平整,紧贴土基表面,不得有皱折、起拱等现象。定额中分别编制了在软土和路基上铺设土工布子目。

11. 路基排水

路基排水是指为保证路基稳定而采取的汇集、排除地表或地下水的措施。

1) 碎石盲沟

盲沟又称渗沟(见图 3-10 和图 3-11),是一种地下排水渠道,用以排除地下水,降低地下水位,即在路基或地基内设置的充填碎、砾石等粗粒材料并铺以倒滤层(有的其中埋设透水管)的排水、截水暗沟。

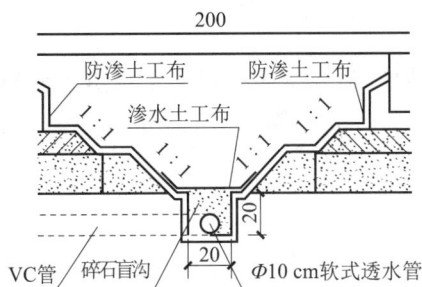

图 3-10　矩形截面盲沟　　　　　图 3-11　梯形截面盲沟

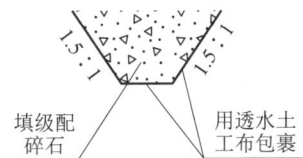

2) 铺设 Φ80 软式透水管

软式透水管(见图 3-12)是一种具有倒滤透(排)水作用的新型管材。它是以防锈弹簧圈支撑管体,形成高抗压软式结构,无纺布内衬过滤,使泥砂杂质不能进入管内,从而实现净渗水的功能。涤纶丝外绕包覆层具有优良吸水性,能迅速收集土体中多余水分。橡胶筋使管壁被覆层与弹簧钢圈管体成为有机整体,具有很好的全方位透水功能,渗透水顺利渗入管内,而泥砂杂质被阻挡在管外,从而达到透水、过滤、排水一气呵成的目的。它具有透水面积大、抗压强度高、铺设要求低、安装连接简单、结构轻便耐用、综合成本低等优点,任何需要用暗排水的地方都可以广泛地使用。

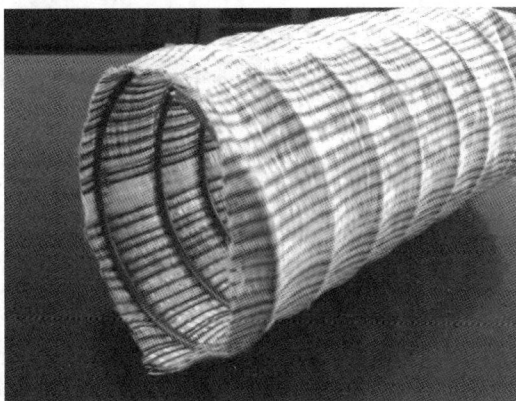

图 3-12　软式透水管

二、道路基层

道路基层定额中包括垫层和基层。本章定额包括路床(槽)整形、砾石砂垫层、碎石垫层、固结渣土基层、石灰稳定土基层、水泥稳定土基层、二灰土基层、粉煤灰三渣基层、水泥稳定碎石基层。

1. 路床(槽)整形

路床(槽)整形的内容包括平均厚度 10 cm 以内的人工挖高填低、整平路床,使其形成设计要求的纵横坡度,并应经压路机碾压密实。定额中车行道路基整修根据土壤类别分为一、二类土和三、四类土两个子目。

2. 砾石砂垫层

砾石砂垫层是设置在路基与基层之间的结构层,主要用于隔离毛细水上升侵入路面基层。设计厚度一般为 15～30 cm,若压实厚度＞20 cm,应分层摊铺,分层碾压。定额中列出了厚度 15 cm 及每增减 1 cm 子目。

3. 碎石垫层

碎石垫层主要用于改善路基工作条件,也可作为整平旧路之用,适用于一般道路。定额中列出了厚度 15 cm 及每增减 1 cm 子目。

4. 固结渣土(HEC)基层

固结渣土(HEC)基层是高强高耐水土体固结剂(High Strength and Water Stability Earth Consolidator)的缩写,它是一种无机水硬性胶凝材料,用于固结一般土体、特殊土体、砂石集料和工业废渣,具有早期强度高,后期强度稳定发展,水稳定性好,耐久性好等特点。在项目建设过程中因建筑拆迁会产生大量的建筑渣土,应用 HEC 这种特殊的胶凝材料能广泛固结各种土体和工业废渣,将建筑渣土转化为道路建筑材料,这不仅能节省大量的市政建设费用,而且避免了对环境造成不良影响。

定额中列出了厚度 20 cm(HEC 掺量为 6％)及每增减 1 cm 子目。

5. 石灰稳定土基层

石灰稳定土基层是由石灰和土按一定比例拌和而成的一种筑路材料的简称。定额中是按厂拌石灰土,石灰含量 10％编制的,列出了厚度 20 cm 及每增减 1 cm 子目。

6. 水泥稳定土基层

水泥稳定土基层是用水泥做结合料所得的混合料的一个广义的名称,它既包括用水泥稳定各种细粒土,也包括用水泥稳定各种中粒土和粗粒土。

在经过粉碎的或原来松散的土中,掺入足量的水泥和水,经拌和得到的混合料在压实和养护后,当其抗压强度符合规定的要求时,称为水泥稳定土。用水泥稳定细粒土得到的强度符合要求的混合料,视所用的土类而定,可简称为水泥土、水泥砂或水泥石屑等。用水泥稳定中粒土和粗粒土得到的强度符合要求的混合料,视所用原材料而定,可简称为水泥碎石、水泥砂砾等。

定额中列出了厚度 20 cm(水泥掺量为 5％)及每增减 1 cm 子目。

7. 二灰土基层

二灰土基层是由粉煤灰、石灰和土按照一定比例拌和而成的一种筑路材料的简称。上海市目前仅用作底基层、垫层或代替石灰处理土使用。定额中选用的是厂拌二灰土(石灰：粉煤灰：土＝1：2：2)。

二灰土压实成型后,能在常温和一定湿度条件下起水硬作用,逐渐形成板体。它的强度在较长时间内将随着龄期而增加,但不耐磨,因其初期承载能力小,在未铺筑其他基层、面层以前,不宜开放交通。二灰土的压实厚度以 10～20 cm 为宜。

定额中列出了厚度 20 cm 及每增减 1 cm 子目。

8. 粉煤灰三渣基层

粉煤灰三渣基层是由熟石灰、粉煤灰和碎石拌和而成,是一种具有水硬性和缓凝性特征的路面结构层材料。在一定的温度、湿度条件下碾压成型后,强度逐步增长形成板体,有一定的抗弯能力和良好的水稳性。

定额中根据目前设计、施工的实际情况,编制了厂拌粉煤灰粗粒径三渣(厚度为 25 cm、35 cm、45 cm 及每增减 1 cm)和厂拌粉煤灰细粒径三渣即小三渣(厚度为 20 cm 及每增减 1 cm)子目。

厂拌粉煤灰粗粒径三渣定额中采用人工摊铺、钢轮振动压路机碾压;厂拌粉煤灰细粒径三渣(5～40 mm)定额中采用水泥稳定碎石摊铺机摊铺、钢轮振动压路机碾压。

9. 水泥稳定碎石基层

水泥稳定碎石基层是由水泥和碎石级配料经拌和、摊铺、振捣、压实、养护后形成的一种新型路基材料,特别在地下水位以下部位,强度能持续增长,从而延长道路的使用寿命。水泥稳定碎石基层的施工工序为:放样、拌制、摊铺、振捣碾压、养护、清理。

水泥稳定碎石基层一般每层的铺筑厚度不宜超过 15 cm,超过 15 cm 时应分层施工。因为水泥稳定碎石在水泥初凝前必须终压成型,所以采用现场拌和,并采用支模后摊铺,摊铺完成后,用平板式振捣器振实,再用轻型压路机初压、重型压路机终压的施工方法。

定额中分为机械摊铺和人工摊铺,列出了厚度 20 cm 及每增减 1 cm 子目。

三、道路面层

道路面层定额中包括沥青透层、沥青黏层、稀浆封层、沥青碎石同步封层、沥青碎石面层、沥青混凝土面层、水泥混凝土面层、钢纤维混凝土面层、混凝土路面锯纹及路面切缝、路面钢筋。

1. 沥青透层

沥青透层用于非沥青类基层表面,增强与上层新铺沥青层的黏结性,减小基层的透水性。所以,沥青透层一般设置在沥青面层和粒料类基层或半刚性基层之间。

透层沥青宜采用慢裂的洒布型乳化沥青,也可采用中、慢凝液体石油沥青或煤沥青,稠度宜通过试洒确定,2000 市政定额中采用乳化沥青。沥青透层施工工序为清扫路面、浇透层油、清理。

2. 沥青黏层

沥青黏层是路面结构之间起黏结作用的结构层,是为了加强路面沥青层与沥青层之间,或沥青层与水泥混凝土面板、沥青稳定碎石基层之间的黏结而洒布的薄沥青层。

沥青黏层的作用在于使各层面之间、面层与构造物之间黏结成一个整体。黏层主要起胶结作用,对材料的要求也主要在黏结强度和抗剪强度方面。

黏层材料通常采用乳化沥青或改性乳化沥青,改性乳化沥青较之乳化沥青在强度方面有较大改善,慢裂乳化沥青洒布后流淌严重,一般采用快裂型的改性乳化沥青较为适宜。

3. 沥青封层

沥青封层是在面层或基层上修筑的沥青表处薄层,用于封闭表面空隙,防止水分侵入面层或基层,延缓面层老化,改善路面外观。修筑在面层上的称为上封层,修筑在基层上的称为下封层。上封层及下封层可采用层铺法或拌和法施工的单层式沥青表面处治,也可采用乳化沥青稀浆封层。

符合下列情况之一时,应在沥青面层上铺筑上封层:

(1) 沥青面层空隙率较大,透水严重;

(2) 有裂缝或已修补的旧沥青路面;

(3) 需加铺磨耗层以改善抗滑性能的旧沥青路面;

(4) 需加铺磨耗层或保护层的新建沥青路面。

符合下列情况之一时,应在沥青面层下铺筑下封层:

(1) 位于多雨地区且沥青面层空隙率较大,透水严重;

(2) 在铺筑基层后,不能及时铺筑沥青面层,且需开放交通。

定额中是按乳化沥青封层的方法来编制的。水泥稳定碎石基层养护结束后,需要进行约 1 cm 的乳化沥青稀浆封层施工,以封闭表面孔隙,防止水分侵入基层。基层检查合格后,并在洒布透层油后,方可进行稀浆封层的铺筑。乳化沥青采用商品购买,在现场使用专门的摊铺机进行摊铺。

4. 沥青碎石同步封层

所谓沥青碎石同步封层,就是用专用设备即碎石同步封层车将碎石及黏结材料(改性沥青或改性乳化沥青)同步铺洒在路面上,通过自然行车碾压形成单层沥青碎石磨耗层,它主要作为路面表处层使用,也可用于低等级公路面层。沥青碎石同步封层技术的最大优点是同步铺洒黏结材料和石料,实现喷洒到路面上的高温黏结料在不降温的条件下及时与碎石结合的效果,从而确保黏结料和石料之间的牢固结合。

5. 沥青碎石面层

沥青碎石混合料是沥青和级配矿料按一定比例拌和而成空隙率较大的混合料,压实后称沥青碎石。上海市常用的沥青碎石为粗粒式(AM-30),用于重交通道路的联结层和一般道路的面层下层或面层上层。沥青碎石层的最小铺筑厚度不得小于 5 cm,一次摊铺的压实厚度不宜超过 15 cm,否则应分层摊铺。定额中取定的基本厚度为 6 cm,并设置了每±1 cm 的定额子目。

6. 沥青混凝土面层

沥青混凝土面层具有行车舒适、噪音低、施工期短、养护维修简便等特点,因此得到了广泛的应用。沥青混凝土混合料根据矿料的最大粒径不同,分为粗粒式、中粒式、细粒式和砂粒式。粗粒式定额基本厚度为 8 cm,中粒式定额基本厚度为 4 cm,细粒式定额基本厚度为 3 cm,砂粒式定额基本厚度为 2 cm。另外,还设置了每±1 cm 或 0.5 cm 的定额子目。

在 2016 定额中又增加了沥青玛蹄脂碎石沥青混凝土、透水沥青混凝土、浇注式沥青混凝土,其定额基本厚度分别为 4 cm、4 cm 和 3 cm,并设置了每±1 cm 或 0.5 cm 的定额子目。沥青混凝土级配编号表见表 3-1。

表 3-1　沥青混凝土级配编号表

材料名称	级配编号
粗粒式沥青混凝土	AC-25
中粒式沥青混凝土	AC-20
细粒式沥青混凝土	AC-13
砂粒式沥青混凝土	AC-5
沥青玛蹄脂碎石沥青混凝土	SMA-13
透水沥青混凝土	OGFC-13
浇注式沥青混凝土	GA-10

沥青混凝土面层定额中施工方法均为机械摊铺,采用钢轮振动压路机碾压。该定额中已综合考虑了进口、国产摊铺机的台班数量,若实际采用进口沥青混凝土摊铺机,机械台班数量不能调整,但机械价格可按实际采用进口机械的台班单价计算。

7. 水泥混凝土面层

水泥混凝土面层定额中将混凝土面层与模板、钢筋分离,模板列入第七册《措施项目》,钢筋列入第五册《钢筋工程》。

1）水泥混凝土面层

水泥混凝土面层是一种选用水泥、粗细集料和水按一定的比例均匀拌制而成的混合料,经摊铺、振实、整平、硬化后而成的一种路面面层。它适用于各种交通的道路。水泥混凝土亦可简称为"混凝土"。

水泥混凝土面层的施工工艺流程简述为基层验收合格→模板安装→混凝土搅拌、运输、摊铺→振捣→安装伸缩缝板、传力杆和钢筋→找平→拉毛、涮纹、养护→切缝、清缝、灌缝→清理场地。该定额中按小型机具配套立模施工法编制。

2）混凝土板的平面尺寸及板厚

混凝土板一般采用矩形,纵向和横向接缝一般为垂直相交,其纵缝两侧的横缝,不得相互错位。纵缝可分为缩缝和施工缝。纵向缩缝间距即板宽,可按路面宽度和每个车道宽度而定,其最大间距不得大于 4.5 m。横缝可分为缩缝、胀缝和施工缝。横向缩缝间距即板长,应根据气候条件、板厚和实践经验确定,一般为 4~5 m,最大不得超过 6 m。板宽与板长之比为 1:1.3 为宜。板的横断面一般采用等厚式,其厚度通过计算确定,最小厚度一般不小于 18 cm。

3）接缝

（1）纵缝。

纵缝是沿行车方向两块混凝土板之间的接缝,通常为假缝,并应设置拉杆。

（2）缩缝。

缩缝是在混凝土浇筑完成后用切缝机进行切缝的接缝,通常为无传力杆的假缝。

（3）胀缝。

胀缝下部应设预制填缝板,中间穿传力杆,上部填封缝料。传力杆在浇筑前必须固定,使其平行于板面及路中心线。若胀缝两侧分两次浇筑,传力杆可用"顶头模板固定法"或"钢支板两侧固定法"来固定。先浇筑传力杆固定的一侧,拆模后校正活动一侧传力杆的顺直度,再浇筑另一侧混凝土。若胀缝两侧需同时浇筑,则宜采用"钢支板两侧固定法"。

（4）施工缝。

每日施工终了或遇浇筑混凝土过程中因故中断时,必须设置横向施工缝,其位置宜设置在缩缝或胀缝处。胀缝处的施工缝同胀缝施工,缩缝处的施工缝必须安放传力杆。

（5）接缝施工。

锯缝缝宽一般为 5～8 mm,缝深按设计规定。如天气干热或温差较大,可先每隔 3～4 块板间隔锯缝,然后逐块补锯。胀缝设置可在预制填缝板上部先套上一条临时性嵌条,抹面后取出,然后将缝边抹成小圆角;亦可先在胀缝两侧锯两条缝,再凿除填缝板上部的水泥混凝土条,然后灌封填料。纵缝可根据施工条件确定锯缝或压缝。

8. 钢纤维混凝土面层

钢纤维混凝土面层是在混凝土中掺入一定量的钢纤维的一种新材料,它可以增强路面的强度和刚度。因为目前钢纤维混凝土的钢纤维含量还没有一个统一的标准,所以在定额中没有列出钢纤维的含量,可根据工程中的实际含量计算。

钢纤维混凝土的施工方法与普通混凝土基本相同,主要需注意以下几点:要尽量缩短运输时间;拌制钢纤维混凝土时宜采用优质减水剂,定额中已包括了减水剂的消耗量,是按混凝土体积的百分比计算的;钢纤维混凝土要采用机械搅拌,搅拌时间比普通混凝土长 1～2 分钟,先干拌后再加水,干拌时间不少于 1.5 分钟;浇筑时要保证均匀性和连续性;采用机械振捣,步骤为平板式振捣器→振动梁整平→金属滚筒整平。

9. 混凝土路面锯纹

为保证混凝土路面达到设计规定的粗糙度、避免汽车打滑、提供轮胎足够的摩阻力、确保汽车的制动距离及降低汽车噪声,使汽车制动性能良好,现普遍在路表面使用路面压痕器横向压痕的方式对路面进行处理。

在混凝土初凝时由人工或机械抹光路面,再用压痕器将混凝土路表面横向压出一道接一道的纹路(纹路宽约 3 mm,深约 2 mm)。压纹时间以混凝土表面无水迹即接近初凝时比较合适。

压痕方法简便适用、易掌握,且能适应车速 80 km/h 以内的行车需要,所以应用广泛。但在高速公路的某些路段,如急弯、陡坡、容易打滑等危险路段和飞机场跑道都要采用刻痕工艺才能满足表面粗糙度的要求。刻痕工艺是在完全凝固的面层上用切槽机切入深 5～6 mm、宽 3 mm、纵向间距 15～20 mm 的横向防滑槽技术。

10. 路面切缝

混凝土路面的缩缝一般用切割工艺,也有要求切割纵缝和胀缝的。当混凝土强度达到设计强度的 25%～30%时,宜用切缝机切割,因为这时收缩应力并未超过其强度范围。切割过早易损坏槽口边缘;过迟时则切割困难,易磨损锯片,费时费工,而且易产生不规则的早期裂缝。

11. 路面钢筋

混凝土路面中除在纵缝处设置拉杆、胀缝处设置传力杆以外,还需设置补强钢筋,如边缘钢筋、角隅钢筋、钢筋网等。混凝土面层钢筋定额中编制了构造筋和钢筋网片子目,除钢筋网片以外,传力杆、边缘(角隅)加固筋、纵向拉杆等钢筋均套用构造筋定额。在2016市政定额中,构造筋和钢筋网片均列入第五册《钢筋工程》中。

四、人行道及其他

人行道及其他定额中包括人行道路基整修、人行道基础、铺筑预制人行道板、现浇人行道、排砌预制侧平石、混凝土块砌边、砖砌挡土墙及踏步、升降窨井、进水口、调换窨井盖座盖板、调换进水口盖座侧石。

1. 人行道路基整修

定额中人行道路基整修根据土壤类别分为一、二类土和三、四类土两个子目。

2. 人行道基础

人行道基础包括非泵送商品混凝土基础、碎石基础、大孔隙水泥稳定碎石基础(CTPB)等子目。定额中取定的厚度为10 cm,并设置了每±1 cm的子目。

3. 铺筑预制人行道板

预制人行道板分为预制混凝土人行道板、彩色预制块、植草砖、透水砖和石材面层(干拌水泥黄砂连接层)。

1) 预制混凝土人行道板

常用规格有490 mm×490 mm×65 mm、490 mm×245 mm×65 mm表面滚花道板;250 mm×250 mm×60 mm压纹道板;250 mm×250 mm×60(50) mm彩色压纹道板;其他镶嵌式道板,不论规格均套用人行道板定额。

2) 彩色预制块

彩色预制块分为连锁型和非连锁型,其人行道结构一般由面层、基层、垫层三部分组成。编制预算时应分别套用相应定额计算。

面层由彩色预制块、接缝砂和整平层(干拌水泥黄砂连接层、黄砂连接层)三部分组合而成。铺筑彩色预制块定额中已包括面层的全部组成。

彩色人行道基层可分为刚性(C20～C30混凝土)、半刚性(级配三渣或水泥稳定碎石)、柔性(级配碎石)三种结构形式。

4. 现浇人行道

现浇人行道包括人行道混凝土面层、斜坡混凝土、透水水泥混凝土面层、透水彩色水泥混凝土面层、洗出石透水水泥混凝土面层。

1) 人行道混凝土面层和斜坡混凝土

人行道混凝土面层和斜坡混凝土的施工程序为放样、混凝土配制、运输、浇筑、抹平、粉面滚眼、养护、清理场地等。定额中不包括基础和模板,需另行计算。

2) 透水水泥混凝土面层

透水水泥混凝土面层(见图3-13)是一种新型绿色建筑材料,主要由透水混凝土专用胶结剂、碎石、水组成。透水水泥混凝土一般为无砂混凝土,它的特点是水泥浆能包裹住碎石,但又不能完全填满石子之间的缝隙,从而实现让水通过这些缝隙透出。

图 3-13   透水水泥混凝土面层

5. 排砌预制侧平石

排砌预制侧平石定额中包括侧石、平石、侧平石、高侧石、高侧平石、石材侧石、石材侧平石、现浇隔离带圆弧侧石等子目。

1)侧石和平石

按其在道路组成中的用途可合并或单独使用。侧平石通常设置在沥青类路面边缘,平石铺在沥青路面与侧石之间形成街沟,侧石支护其外侧人行道或其他组成部分。水泥混凝土路面边缘通常仅设置侧石,同样可起到街沟作用。侧石和平石一般采用水泥混凝土预制块。

(1)预制混凝土侧平石基础施工。

当侧平石结构底面低于路面结构底面标高时,根据设计图放线开挖基槽,整平夯实槽底,摊铺垫层。当侧平石结构底面高于路面结构底面标高时,路床施工宽度应包括侧平石基础宽度,侧平石基础可用相应的路面材料替代。定额中已包括了侧平石的基础和垫层。

(2)侧平石施工。

沥青路面一般在面层施工前排砌侧平石。水泥混凝土一般先施工路面,然后排砌侧石。其通用结构见图 3-14 和图 3-15。

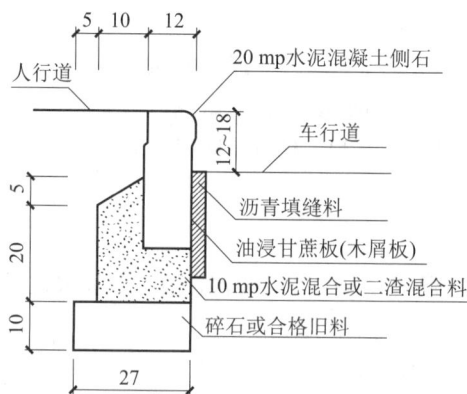

图 3-14   城市道路刚性面层侧平石通用结构图

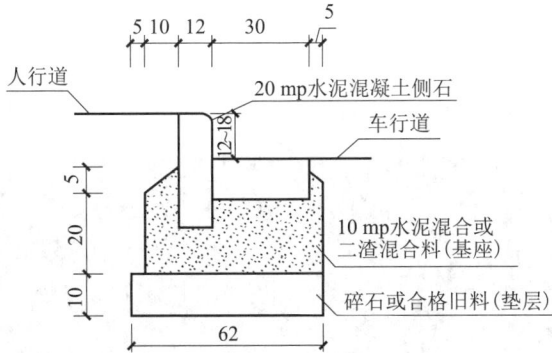

图 3-15 城市道路柔性面层侧平石通用结构

2）高侧平石

高侧平石施工与普通预制侧平石基本相同,只是规格有所不同,高侧石的规格为 1000 mm×400 mm×120 mm,与之相配的平石规格为 1000 mm×300 mm×130 mm,而普通预制侧石和平石的规格均为 1000 mm×300 mm×120 mm。

3）现浇隔离带圆弧侧石

现浇隔离带圆弧侧石定额中已包括了道砟垫层及模板。

6. 混凝土块砌边

混凝土块砌边定额中编制了单排(宽 15 cm)和双排(宽 30 cm)两个子目。混凝土块可采用现场预制或工厂预制,定额中预制混凝土块采用工厂成品编制。

7. 砖砌挡土墙及踏步

砖砌挡土墙及踏步定额包括碎石基础、混凝土基础、砌筑、砂浆抹面等子目。

(1)混凝土基础中未包括模板。

(2)砌筑定额按蒸压灰砂砖砌筑编制。

8. 升降窨井、进水口

在道路改建时通常需要对窨井、进水口及开关箱进行升降,所以定额中编制了不同规格和高度的升降窨井、进水口及开关箱子目。

进水口分为Ⅰ型、Ⅱ型、Ⅲ型、Ⅳ型,Ⅰ、Ⅱ型为侧立式,Ⅲ型为平卧式。侧立式进水口的进水蓖设置在侧石位置上,应与侧石齐顺,进水口盖座面应与人行道面平齐。平卧式进水口设置在平石位置上,座面应与路面及平石平齐,盖座外缘应与侧石紧靠,盖座必须稳固地安放在井身上。

任务 2
路基处理

一、定额规定

（1）袋装砂井直径按 Φ70 mm 编制，当设计砂井直径不同时，中（粗）砂的用量可作调整。

（2）塑料套管桩。

① 混凝土桩帽及垫层可另行套用相关定额计算。

② PVC 塑料套管的环刚度应按设计要求选用。

（3）水泥土搅拌桩。

① 水泥土搅拌桩的水泥掺量按加固土重 1800 kg/m³ 计算，如设计与定额掺量不同时，按每增减 1％子目计算。

② 水泥土搅拌桩如设计采用全断面套打时，套用第三册《桥涵工程》第二节"基坑与边坡支护工程"中的型钢水泥土搅拌墙定额。

③ 水泥土搅拌桩空搅部分，如设计采用低渗量回掺水泥时，其材料可按设计用量增加。

（4）高压旋喷桩（高压喷射注浆桩）。

① 高压旋喷桩成孔子目，定额按双重管旋喷桩机编制。如为单重管或三重管旋喷桩机成孔者，则调整相应机械，但消耗量不变。

② 高压旋喷桩喷浆子目，如设计与定额掺量不同时可以换算，人工、机械不做调整。

（5）树根桩钢筋笼，套用第五册《钢筋工程》钻孔灌注桩钢筋笼定额计算。

（6）地基注浆。

① 压密注浆，注浆子目中注浆管的消耗量为摊销量，若为一次性使用，可进行调整。

② 分层注浆、压密注浆，当设计文件要求的注浆料及用量与定额不同时可作调整，人工、机械不作调整。

③ 路基压密注浆定额中已包括钻孔内容，注浆厚度为 40 cm，当厚度发生变化时，其材料可以换算。

（7）铺设 Φ80 软式透水管，当管材直径与定额不同时，其材料可以换算。

二、工程量计算规则

（1）袋装砂井、塑料排水板，按设计图示尺寸的长度以米计算。

（2）塑料套管桩。

① 塑料套管桩钻孔按设计图纸规定深度以米计算。

② 混凝土数量按设计桩截面面积乘以设计长度以立方米计算。

（3）水泥土搅拌桩按设计桩截面面积乘以桩长计算，如开槽施工，桩长算至槽底。

① 承重桩按设计桩截面面积乘以设计桩长（加 0.4 m）以立方米计算。

② 围护桩若用于基坑加固土体的，按设计加固面积乘以加固深度以立方米计算。

③ 空搅按设计桩截面面积乘以自然地坪至桩顶长度以立方米计算；用于基坑加固土体的空搅部分，按设计加固面积乘以设计深度以立方米计算。

（4）粉喷桩按设计桩截面面积乘以设计长度以立方米计算。

（5）高压水泥旋喷桩。

① 成孔按设计图示规定深度以米计算。

② 喷浆按设计桩截面面积乘以桩长以立方米计算。

③ 喷浆若用于基坑加固土体的，按设计加固面积乘以设计加固深度以立方米计算。

（6）树根桩按设计桩截面面积乘以设计长度以立方米计算。

（7）分层注浆。

① 钻孔按设计图示规定深度以米计算。

② 注浆数量按设计图纸注明体积以立方米计算。

（8）压密注浆。

① 钻孔按设计图示规定深度以米计算。

② 注浆按设计图示尺寸以立方米计算。

a.设计图纸上以布点形式图示土体加固范围的，则按两孔间距的一半作为扩散半径，以布点边线各加扩散半径，形成计算平面从而计算注浆体积。

b.如设计图纸上注浆点在钻孔灌注桩之间，按两注浆孔距的一半作为每孔的扩散半径，以此圆柱体体积为计算注浆体积。

（9）碎石盲沟。

① 横向盲沟长度按实计算，两条横向盲沟的中间距离为 15 m。

② 横向盲沟规格选用如下：按路幅宽度根据表 3-2 选用断面尺寸（宽度×深度）。

表 3-2　盲沟规格选用表

路幅宽 B/m	B≤10.5	10.5<B≤21.0	B>21.0
断面尺寸/(cm×cm)	30×40	40×40	40×60

③ 纵向盲沟按批准的施工组织设计计算，断面尺寸同横向盲沟。

例 3-1 某道路采用路槽法施工，路幅宽度为 20 m，直线段长度为 280 m，车行道宽度为 14 m(3.5 m×4)，人行道宽度为 3 m，全路幅需设置横向盲沟，求横向盲沟工程量。

解 按路幅宽度确定盲沟规格，本例路幅宽度 20 m，则盲沟规格为 40×40 cm。横向盲沟长度按实计算,每隔 15 m 设置一条。

$$280/15+1=19.67(条),采用进一法取整,取 20 条。$$

横向盲沟工程量 $=20\times20\times0.4\times0.4=64(m^3)$

例 3-2 某工程需进行地基加固,采用直径为 $\Phi150$ 的树根桩作为围护桩,长度 8 m,共 20 根,试计算树根桩的混凝土工程量。

解 根据定额计算规则,树根桩混凝土工程量按设计桩截面面积乘以设计长度以体积计算,计算如下:

$$树根桩混凝土工程量=(1/4\times\pi\times0.15^2)\times8\times20=2.83(m^3)$$

例 3-3 结构基础中有 49 m 长的范围采用 $\Phi700$ 单轴单排深层搅拌桩做承重桩,设计每根桩相切,桩长 12 m,原地面标高 4 m,设计桩顶标高 -1.2 m,求桩的混凝土工程量是多少?钻进空搅的工程量又是多少?如果作为围护桩用于基坑加固土体的,假设每根桩的加固面积为 0.4 m^2,加固深度为 10 m,空搅设计深度为 2 m,又该如何计算?

解 根据定额计算规则,深层搅拌桩工程量按设计桩截面面积乘以桩长以立方米计算。桩长计算规定:承重桩桩长按设计桩长增加 40 cm 计算;围护桩用于基坑加固土体的,按设计加固面积乘以加固深度以立方米计算。

(1)作为承重桩时

承重桩混凝土工程量 $=(1/4\times\pi\times0.7^2)\times(12+0.4)\times(49\div0.7)=334.05(m^3)$

(2)空搅按设计桩截面面积乘以自然地坪至桩顶长度以立方米计算。

钻进空搅的工程量 $=(1/4\times\pi\times0.7^2)\times(4+1.2)\times(49\div0.7)=140.08(m^3)$

(3)作为围护桩时

围护桩混凝土工程量 $=0.4\times10\times(49\div0.7)=280(m^3)$

(4)用于基坑加固土体的空搅部分,按设计加固面积乘以设计深度以立方米计算。

用于基坑加固土体的空搅部分工程量 $=0.4\times2\times(49\div0.7)=56(m^3)$

任务 3
道路垫层、基层工程量计算规则

一、定额规定

（1）垫层、底基层的压实厚度大于 20 cm 时，应分层摊铺、分层碾压。

（2）固结渣土、固结土、水泥稳定碎石、就地水泥再生基层的压实厚度大于 25 cm 时，应分层摊铺、分层碾压。

（3）厂拌石灰土中石灰含量为 10%，厂拌二灰土中石灰：粉煤灰：土为1:2:2。如设计配合比与定额标明配合比不同时，有关材料可以调整换算。

二、工程量计算规则

（1）道路基层及垫层以设计长度乘以横断面宽度计算。横断面宽度的计算规则如下：

① 当路堑施工时，按侧石内侧宽度计算；

② 当路堤施工时，按侧石内侧宽度每侧增加 15 cm 计算（设计图纸已注明加宽除外）。

（2）道路基层及垫层应不扣除各种井位所占面积。

（3）除水泥混凝土基层按立方米以体积计算外，其余道路基层均按设计面积计算。

任务 **4**
道路面层工程量计算规则

一、定额规定

(1) 沥青混凝土路面机械摊铺定额已综合考虑了进口和国产摊铺机。

(2) 混凝土路面定额中已综合了塑料薄膜养护、平缝与企口缝的相关内容。

(3) 混凝土路面的传力杆、边缘(角隅)加固筋、纵向拉杆等钢筋,套用第五册《钢筋工程》中相关定额。

(4) 混凝土路面纵缝需切缝时,按纵缝切缝定额计算。

(5) 机械摊铺沥青玛蹄脂碎石沥青混凝土(SMA-13)及透水沥青混凝土(OGFC-13)(空隙率为 20%)定额中石料按辉绿岩计算,沥青玛蹄脂碎石沥青混凝土(SMA-13)的容重为 2.383 t/m³,透水沥青混凝土(OGFC-13)的容重为 2.05 t/m³。如石料采用玄武岩时,容重可作调整。沥青玛蹄脂碎石沥青混凝土(SMA-13)的容重调整为 2.41 t/m³,透水沥青混凝土(OGFC-13)的容重调整为 2.15 t/m³。

(6) 浇注式沥青混凝土 GA-10 适用于钢桥面的桥面铺装。

二、工程量计算规则

(1) 道路面层铺筑按设计面积计算。带平石的面层应扣除平石面积计算,不扣除各种井位所占面积。

(2) 沥青混凝土摊铺如设计要求不允许冷接缝,需两台摊铺机平行操作时,可按定额摊铺机台班数量增加 70% 计算。

交叉口转角面积计算公式如下(指单个扇区):

道路正交时路口转角面积计算(见图 3-16):

$$F=0.2146R^2$$

道路斜交时路口转角面积计算(见图 3-17):

$$F=R^2\left(\tan\frac{\alpha}{2}-0.00873\alpha\right)$$

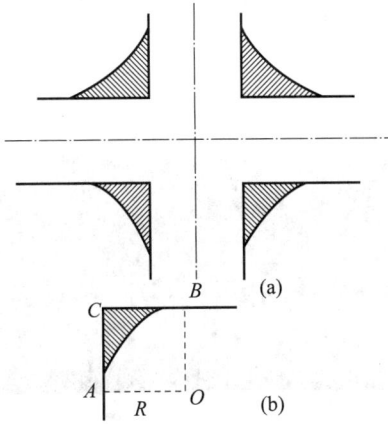

图 3-16　道路正交

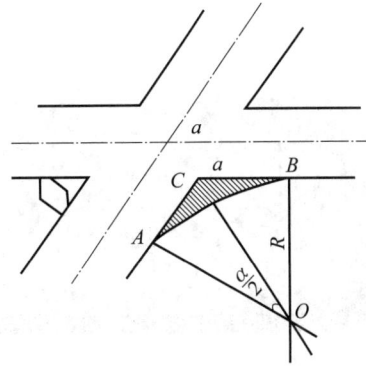

图 3-17　道路斜交

任务 5
道路附属设施工程量计算规则

一、定额规定

（1）升降窨井、进水口及开关箱和调换窨井、进水口盖座、窨井盖板定额中未包括路面修复，发生时套用相关定额计算。

（2）现浇透水水泥混凝土面层、现浇透水彩色水泥混凝土面层及现浇洗出石透水水泥混凝土面层定额，采用现场拌制。

二、工程量计算规则

（1）人行道铺筑按设计面积计算，应扣除种植树穴、侧石所占面积，不扣除各种井位所占面积。

（2）侧平石按设计长度计算，不扣除侧向进水口长度。

例 3-4 市区某次干路的平面图见图 3-18。

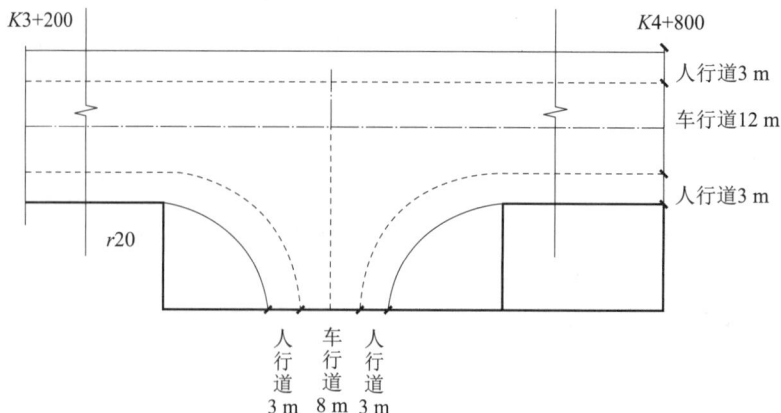

图 3-18 市区某次干路平面图

有关说明：

(1) 工程范围 $K3+200 \sim K4+800$，包括一处交叉口范围；

(2) 交叉口半径为 $r=20$ m；

(3) 本路段采用路槽法施工，土壤类别一、二类土，面层采用机械摊铺。平石宽度为 30 cm，侧石宽度为 12 cm；

(4) 路面结构组成见表 3-3。

表 3-3　某次干路的路面结构组成

车行道结构层	人行道结构层
4 cm 沥青玛蹄脂碎石沥青混凝土（SMA-13）	6 cm 透水性步砖
乳化黏层沥青 PC-3：0.5 L/m²	3 cm 干拌中砂
8 cm 粗粒式沥青混凝土（AC-25C）	15 cm C20 细石混凝土
0.6 cm 稀浆封层	15 cm 级配碎石
乳化透层沥青 PC-2：1.0 L/m²	
40 cm 水泥稳定碎石基层	
20 cm 二灰土	

请计算下列项目的工程量，详见表 3-4：

(1) 车行道路基整修、基层及垫层铺筑；

(2) 车行道面层铺筑；

(3) 排砌侧平石；

(4) 人行道路基整修；

(5) 人行道透水性步砖铺筑。

表 3-4　工程数量计算表

序号	定额编号	分项工程名称	工程量计算式	单位	数量
1	04-2-2-1	车行道路基整修（一、二类土）	道路总长 $L=4800-3200=1600$ m	m²	19611.05
		①主干道直线段	$1600 \times 12 = 19200$		
		②支路直线段	$23 \times 8 = 184$		
		③转角	$0.2146 \times 23^2 \times 2$ 个 $=227.05$		
		小计 $=19611.05$			
2	04-2-2-15	20 cm 二灰土	同车行道路基整修	m²	19611.05
3	04-2-2-18	40 cm 水泥稳定碎石基层	同车行道路基整修	m²	19611.05
4	04-2-4-26	排砌预制侧平石			
		①主干道直线段	$1600+[1600-(23 \times 2+8)]=$ 3146	m	3218.26
		②转角	$\pi \times 23 = 72.26$		
		小计 $=3218.26$			

序号	定额编号	分项工程名称	工程量计算式	单位	数量
5	04-2-3-1	乳化透层沥青	$S_{面层}=S_{基层}-S_{平石}=19611.05-3218.26×0.3=18645.57$	m²	18645.57
6	04-2-3-3 换	稀浆封层 0.6 cm	同上	m²	18645.57
7	04-2-3-8	机械摊铺 8 cm 粗粒式沥青混凝土(AC-25C)	同上	m²	18645.57
8	04-2-3-2	沥青黏层	同上	m²	18645.57
9	04-2-3-14	机械摊铺沥青玛蹄脂碎石沥青混凝土(SMA-13)厚 4 cm 改性沥青混凝土	同上	m²	18645.57
10	04-2-4-1	人行道路基整修(一、二类土)		m²	9640.63
		① 主干道直线段	$[1600-(23×2+8)]×3\ \mathrm{m}+1600×3\ \mathrm{m}=9438$		
		② 转角	$1/2×π×(23^2-20^2)=202.63$		
			小计=9640.63		
11	04-2-4-5 换	15 cm 级配碎石	$S_{碎石基础}=S_{人行道路基整修}-S_{侧石}-S_{树穴}=9640.63-3218.26×0.12=9254.44$	m²	9254.44
12	04-2-4-3 换	15 cm C20 细石混凝土	同上	m²	9254.44
13	04-2-4-13	6 cm 透水性步砖(黄砂连接层)	同上	m²	9254.44

任务 6
道路工程实例

一、任务要求

要求学生能根据单位工程施工图纸、《上海市市政工程预算定额》(2016)以及其他相关资料正确列项,计算定额工程量,编制工程预算书和费用表。

二、方法及步骤

(1) 熟悉施工图纸,了解现场情况。

(2) 熟悉市政工程预算定额和有关文件及资料。

(3) 列出工程项目,计算其相应工程量。

(4) 套用预算定额,求出各分项工程人工、材料、机械台班消耗数量。

(5) 按当地当时市场价确定人工费、材料费和机械费,计算直接费。

(6) 计算其他各项费用,汇总工程预算总造价。

(7) 计算技术经济指标并填写编制说明。

三、工程描述

某道路(见图 3-19)采用路槽法施工,路幅宽度为 20 m,直线段长度为 150 m,车行道宽度为 14 m(3.5 m×4),人行道宽度为 3 m。

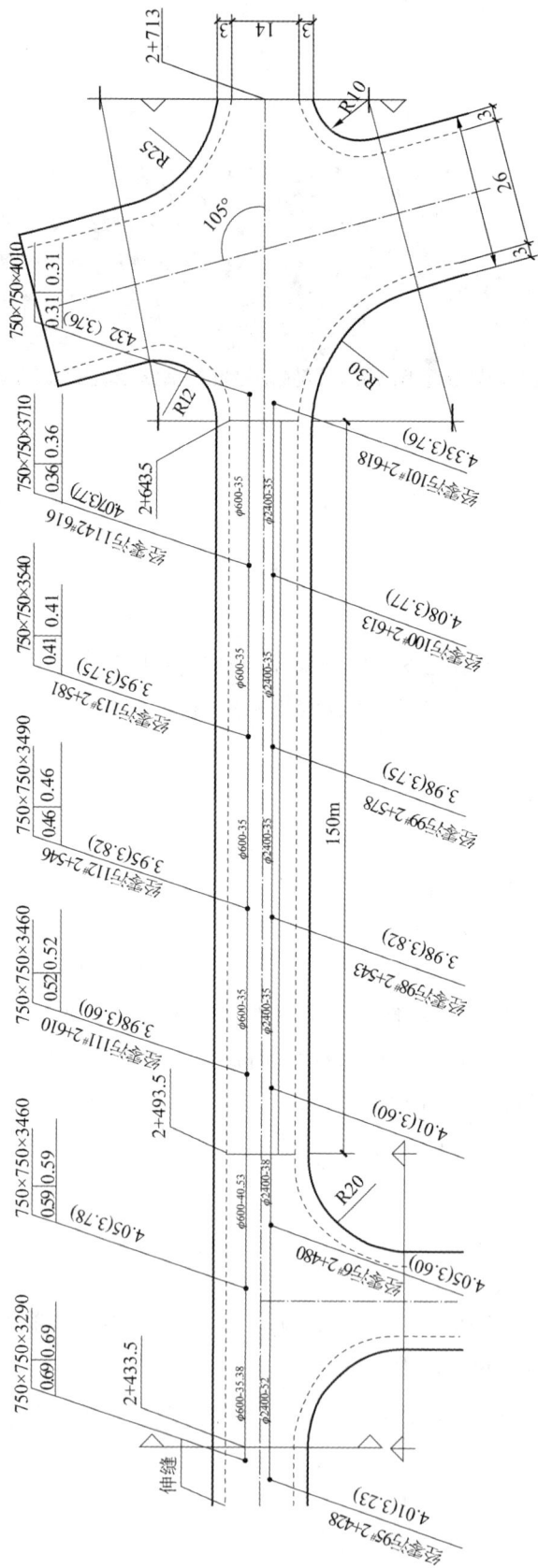

图3-19　某道路平面图

车行道结构层：

细粒式改性沥青玛蹄脂混合料 SMA-13(4 cm)

中粒式改性沥青混凝土 AC-20C(6 cm)

粗粒式沥青混凝土面层 AC-25C(8 cm)

稀浆封层(1 cm)

水泥稳定碎石基层(40 cm,分二层铺筑)

级配碎石垫层(15 cm)

人行道结构层：

连锁型彩色预制块(6 cm)

干拌水泥黄砂垫层(3 cm)

C20 水泥混凝土(10 cm)

级配碎石基础(10 cm)

另外,已知人工挖土方(一、二类土)1800 m^3,车行道填土方(密实度为 90%)628 m^3,人行道填土方 210 m^3,假设挖土均为可利用方,土方现场平衡,如缺土可采用外来土方。

为防止雨水下渗而降低路面结构及路基土的强度,在车行道两侧各设置 1 道纵向盲沟,全路幅设置横向盲沟。盲沟内采用直径 80 mm 软式透水管排水,以排除积水。土方场内运输采用自卸汽车运输,运距 200 米以内。沥青混凝土面层采用机械摊铺。

四、合同有关条款

(1) 以《上海市市政工程预算定额》(2016)为主要编制依据。

(2) 材料价格按 2023 年 11 月市政工程信息价格计算。

(3) 根据发布的道路工程参考费率,企业管理费和利润的费率为 28.39%,安全文明施工费费率为 2.59%。

(4) 土方场外运输按 72 元/m^3 计算。

(5) 施工措施费假定为 8 万元。

五、工程量计算表

某道路工程工程量计算表见表 3-5。

表 3-5　某道路工程工程量计算表

序号	项目	计算公式及说明	工程量计算式	单位	数量
		一、斜交路口			
1	整修车行道路基;垫层;基层				
	转弯角	道路斜交时路口转角面积计算公式:$F=R^2(\tan \alpha/2 - 0.00873\alpha)$	$(15^2+13^2)\times(\tan\frac{105°}{2}-0.00873\times105°)+(28^2+33^2)\times(\tan\frac{75°}{2}-0.00873\times75°)$	m²	363.17
	直线		$(713-643.5)\times14+[(15+13)\times\tan\frac{105°}{2}+(28+33)\times\tan\frac{75°}{2}]\div2\times26$	m²	2055.86
		小计	$363.17+2055.86=2419.03$	m²	2419.03
2	侧平石				
	转弯角		$(15+13)\times\frac{105°}{360°}\times2\pi+(28+33)\times\frac{75°}{360°}\times2\pi$	m	131.13
3	面层	基层面积-平石面积			
			$2419.03-(131.13\times0.30)$	m²	2379.69
4	整修人行道路基				
	转弯角		$\frac{105°}{360°}\pi\times[(15^2-12^2)+(13^2-10^2)]+\frac{75°}{360°}\pi\times[(28^2-25^2)+(33^2-30^2)]$	m²	365.21
5	人行道板	路基面积-侧石面积	$365.21-131.13\times0.12$	m²	349.47
		二、正交路口			
1	整修车行道路基;垫层;基层				
	转弯角	道路正交时路口转角面积计算公式			

序号	项目	计算公式及说明	工程量计算式	单位	数量
		$F=0.2146R^2$	$0.2146\times23^2\times2$	m²	227.05
	直线		$[(493.5-433.5)+23]\times14$	m²	1162.00
			$227.05+1162.00=1389.05$	m²	1389.05
2	侧平石				
	转弯角		$90°/360°\times2\pi\times23\times2$	m	72.22
	直线		$493.5-433.5$	m	60.00
			$72.22+60=132.22$	m	132.22
3	面层	扣除平石面积	$1389.05-132.22\times0.30$	m²	1349.38
4	整修人行道路基				
	转弯角		$1/2\times\pi\times(23^2-20^2)$	m²	202.63
	直线		$(493.5-433.5)\times3$	m²	180.00
			$202.63+180=382.63$	m²	382.63
5	人行道板		$382.63-132.22\times0.12$	m²	366.76

三、直线路段

序号	项目	计算公式及说明	工程量计算式	单位	数量
1	整修车行道路基;垫层;基层		$(643.5-493.5)\times14$	m²	2100.00
2	侧平石		$(643.5-493.5)\times2$	m	300.00
	面层	扣除平石面积	$2100-300\times0.30$	m²	2010
3	整修人行道路基		$150\times2\times3$	m²	900.00
4	人行道板	扣除侧石面积	$900-300\times0.12$	m²	864

四、工程量汇总

土方工程

序号	项目	计算公式及说明	工程量计算式	单位	数量
1	人工挖土方（一、二类）	按道路设计横断面,通常采用积距法及土方表计算	假设都是可利用方	m³	1800.00
2	人行道填土方			m³	210.00
3	车行道填土方（密实度为90%）			m³	628.00
4	土方场内运输（自卸汽车运土,运距200 m以内）	如填土有密实度要求,则要考虑土方体积变化。运距按挖方中心至填方中心的距离加权平均计算	$628\times1.135+210=922.78$	m³	922.78

序号	项目	计算公式及说明	工程量计算式	单位	数量
5	土方场外运输	按挖填平衡后的数量计算。如填土有密实度要求,则要考虑土方体积变化	$1800-922.78=877.22$	m³	877.22
路基处理					
6	碎石盲沟	按路幅宽度确定盲沟规格,本例路幅宽度 20 m,则盲沟规格为 40×40 cm。横向盲沟长度按实计算,每隔 15 m 设置 1 条。本案例未考虑交叉路口部分的工程量。车行道两侧各设置 1 道,规格同横向盲沟	横向盲沟:$(713-433.5)/15+1=19.6$,取 20 条 $20\times20\times0.4\times0.4=64$ 纵向盲沟:$(713-433.5)\times0.4\times0.4\times2=89.44$	m³	153.44
	铺设 $\Phi80$ 软式透水管		$(713-433.5)\times2=559$	m	559
	铺设土工布		$2419.03+1389.05+2100=5908.08$	m²	5908.08
道路基层					
7	车行道路基整修(一、二类)		$2419.03+1389.05+2100=5908.08$	m²	5908.08
8	15 cm 级配碎石垫层	同车行道路基整修	同上	100 m²	59.08
9	40 cm 水泥稳定碎石基层	交叉口按其面积计算公式计算	同上	100 m²	59.08
道路面层					
10	1 cm 稀浆封层	以设计长度乘以横断面宽度计算。横断面宽度以侧石内侧宽度减去平石宽度计算	$2379.69+1349.38+2010=5739.07$	100 m²	57.39
11	8 cm 粗粒式沥青混凝土面层 AC-25C			100 m²	57.39
12	6 cm 中粒式改性沥青混凝土 AC-20C			100 m²	57.39
13	4 cm 细粒式改性沥青玛蹄脂混合料 SMA-13	同上		100 m²	57.39

序号	项目	计算公式及说明	工程量计算式	单位	数量
			人行道及其他		
14	人行道路基整修（一、二类）		365.16＋382.63＋900＝1647.79	m³	1647.79
15	级配碎石基础（10 cm）	按设计面积即设计宽度乘以设计长度加转角面积计算	349.47＋366.76＋864＝1580.23	100 m²	15.80
16	C20 水泥混凝土（10 cm）			100 m²	15.80
17	连锁型彩色预制块（6 cm），干拌水泥黄砂垫层（3 cm）			100 m²	15.80
18	排砌预制侧平石		131.13＋132.22＋300＝563.35	m	563.35

六、预算书

预算书见表 3-6。

表 3-6　预算书

工程名称：××道路工程

序号	编号	名称	单位	工程量	单价/元	合价/元
1	04-1-1-2	人工挖土方　一、二类土	m³	1800	48.02	86436
2	04-1-2-2	填车行道土方　密实度90%	m³	628	7.8	4898.4
3	04-1-2-1	填人行道土方	m³	210	43.42	9118.2
4	04-1-2-23	土方场内运输　自卸汽车　运距1 km以内　装运土	m³	922.78	21.06	19433.75
5	04-1-3-1	土方场外运输	m³	877.22	72	63159.84
6	04-2-1-39	路基排水　碎石盲沟	m³	153.44	262.92	40342.44
7	04-2-1-40	路基排水　铺设Φ80软式透水管	m	559	206.69	115539.71
8	04-2-1-35	土工合成材料　铺设土工布　软土	m²	5908.08	12.7	75032.62
9	04-2-2-1	路床（槽）整形　车行道路基整修一、二类土	m²	5908.08	3.18	18787.69
10	04-2-2-5	碎石垫层　厚15 cm	100 m²	59.081	4484.31	264936.62
11	04-2-2-23 换	机械摊铺厂拌水泥稳定碎石基层厚20 cm 厚度(cm):40	100 m²	59.081	10716.39	633132.89
12	04-2-2-24	机械摊铺厂拌水泥稳定碎石基层±1 cm 水泥稳定碎石掺入水泥5%	100 m²	59.081	10232.45	604541.33

续表

序号	编号	名称	单位	工程量	单价/元	合价/元
13	04-2-3-3 换	稀浆封层 厚 0.8 cm 厚度(cm):1	100 m²	57.391	1186.58	68098.66
14	04-2-3-4	稀浆封层 ±0.1 cm	100 m²	57.391	290.59	16677.16
15	04-2-3-8	机械摊铺粗粒式沥青混凝土(AC-25)厚 8 cm 粗粒式沥青混凝土	100 m²	57.391	10803.2	620003.21
16	04-2-3-10 换	机械摊铺中粒式沥青混凝土(AC-20)厚 4 cm 厚度(cm):6 中粒式沥青混凝土	100 m²	57.391	5699.23	327082.8
17	04-2-3-11	机械摊铺中粒式沥青混凝土(AC-20)±1 cm 中粒式沥青混凝土	100 m²	57.391	2762.77	158557.3
18	04-2-3-14	机械摊铺沥青玛蹄脂碎石沥青混凝土(SMA-13)厚 4 cm 改性沥青混凝土	100 m²	57.391	8414.74	482927.82
19	04-2-4-1	人行道路基整修一、二类土	m²	1647.79	6.08	10018.56
20	04-2-4-5	人行道碎石基础 厚 10 cm	100 m²	15.802	3492.24	55185.42
21	04-2-4-3	人行道基础混凝土 厚 10 cm 预拌混凝土(非泵送型) C20 粒径 5~20	100 m²	15.802	6961.45	110006.92
22	04-2-4-12	铺筑连锁型彩色预制块 干拌水泥黄砂干混砌筑砂浆 DM M10.0	100 m²	15.802	3428.65	54180.56
23	04-2-4-26	排砌预制侧平石 预拌混凝土(非泵送型) C20 粒径 5~20	m	563.35	108.03	60858.7
24	04-7-10-20	压路机(综合)场外运输费	台·次	2	3800	7600
25	04-7-10-21	沥青混凝土摊铺机场外运输费	台·次	1	5083.32	5083.32
26	04-7-10-40	水泥稳定碎石摊铺机场外运输费	台·次	1	5271.9	5271.9
合计			元			3916911.82

七、费用表

费用表见表 3-7。

表 3-7 费用表

工程名称:××道路工程

序号	名称	基数说明	费率/(%)	金额/元
1	直接费	其中人工费＋其中材料费＋施工机具使用费＋其中主材费＋其中设备费		3916911.81
1.1	其中人工费	人工费		441405.21
1.2	其中材料费	材料费		3263559.08

续表

序号	名称	基数说明	费率/(%)	金额/元
1.3	施工机具使用费	机械费		211947.52
1.4	其中主材费	主材费		
1.5	其中设备费	设备费		
1.6	土方泥浆外运费	土方泥浆外运费		63159.84
2	企业管理费和利润	其中人工费	28.39	125314.94
3	安全文明施工费	直接费	2.59	101448.02
4	施工措施费	措施项目合计		80000
5	其他项目费	其他项目费		
6	小计	直接费+企业管理费和利润+ 安全文明施工费+施工措施费+其他项目费		4223674.77
7	税前补差	税前补差		
8	增值税	小计+税前补差	9	380130.73
9	税后补差	税后补差		
10	甲供材料	甲供费		
11	工程造价	小计+税前补差+增值税+税后补差－甲供材料		4603805.5

八、工料机表

工料机表见表3-8。

表3-8 工料机表

工程名称：××道路工程　　　　　　　　　　　　　　　　　　　第1页 共1页

序号	名称	单位	数量	单价/元	合价/元
1	综合人工（土建）市政	工日	1621.37	237	384264.36
2	热轧光圆钢筋（HPB300）$\Phi \leqslant 10$	kg	83.89	4.01	336.17
3	黄砂中粗	t	27.27	178.64	4871.15
4	碎石5～15	t	364.15	150.49	54799.68
5	碎石5～25	t	640.9	150.49	96446.39
6	道碴30～80	t	136.82	93.69	12818.91
7	道碴50～70	t	1336.67	93.2	124582.67
8	石屑	t	47.25	125.24	5917.71
9	矿粉	t	2.28	108.75	248.4
10	乳化沥青	kg	11191.19	3.65	40859.02
11	重质柴油	kg	162.7	6.18	1005.5

序号	名称	单位	数量	单价/元	合价/元
12	软式透水管 Φ80	m	570.18	10.7	6100.93
13	水	m³	656.71	5.82	3822.03
14	涤纶针刺土工布 200g/m²	m²	10174.31	10.36	105405.82
15	预制混凝土侧石 1000×300×120	m	580.25	20.47	11877.73
16	预制混凝土平石 1000×300×120	m	580.25	19.32	11210.44
17	湿拌抹灰砂浆 WP M15.0	m³	0.62	435.52	269.89
18	预拌混凝土(非泵送型)C20 粒径 5～20	m³	201.57	592.23	119378.06
19	中粒式沥青混凝土 AC-20	t	821.34	549.11	451002.61
20	粗粒式沥青混凝土 AC-25	t	1102.12	533.59	588083.25
21	改性沥青混凝土 SMA-13	t	555.26	821.86	456344.1
22	水泥稳定碎石掺入水泥 5%	t	5375.41	215.18	1156658.71
23	其他材料费	元	2743.34	1	2743.34
24	稀浆封层机 2.5～3.5 m	台班	2.46	3856.63	9473.04
25	混凝土振捣器平板式	台班	5.27	10.19	53.67
26	轮胎式装载机 1 m³	台班	4.34	811.09	3517.8
27	自卸汽车 12 t	台班	6.64	1299.2	8631.86
28	液态沥青运输车 4000 L	台班	2.38	838.69	1992.72
29	平地机 150 kW	台班	0.98	1713.25	1680.18
30	手扶式振动压路机 1 t	台班	9.18	76.16	699.23
31	内燃光轮压路机轻型	台班	6.13	661.91	4056.82
32	内燃光轮压路机重型	台班	19.37	1159.89	22469.52
33	轮胎压路机 20 t	台班	3.34	1123.78	3757.91
34	钢轮振动压路机 10 t	台班	7.72	1863.37	14393.97
35	钢轮振动压路机 20 t	台班	6.11	1783.87	10897.66
36	汽车式沥青喷洒机 4000 L	台班	2.38	1967.96	4675.88
37	沥青混凝土摊铺机 8 t 带自动找平	台班	10.09	2999	30257.46
38	水泥稳定碎石摊铺机 WTU95D	台班	3.34	2869.02	9594.01
39	洒水车 8000 L	台班	7.76	600	4654.38
40	土方外运	m³	877.22	72	63159.84
41	内燃光轮压路机进出场费	台次	2	3800	7600
42	沥青混凝土摊铺机进出场费	台次	1	5083.32	5083.32
43	水泥稳定碎石摊铺机进出场费	台次	1	5271.9	5271.9

项目 4

市政管道工程

SHIZHENG GUANDAO GONGCHENG

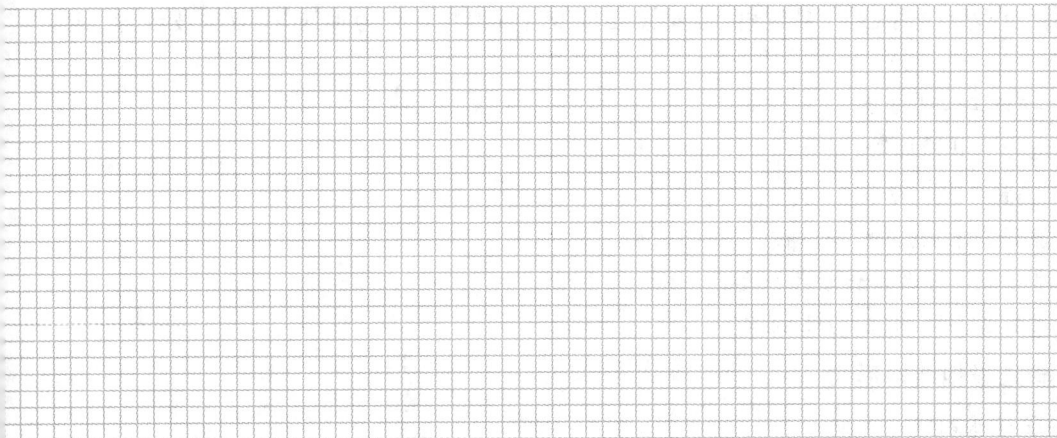

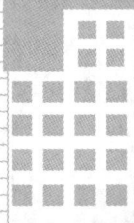

排水工程由管道系统(或称排水管网)和污水处理系统(即污水处理厂)组成，它们是控制水污染的主要设施。管道系统主要包括管道、检查井、水泵站、排水设备等工程设施。市政排水管道工程由排水管道和窨井组成。

任务 1
市政管道工程施工图识读及列项

学习活动 1　管道工程基础知识

一、基础知识

1. 市政管道工程分类

1) 按材质及制品分类

管道分为混凝土管、钢筋混凝土管、塑料管、玻璃纤维增强塑料夹砂管等。

2) 按生产工艺分类

混凝土管分为离心管、悬辊管、丹麦管、PH-48 管；塑料管分为加筋管、双壁波纹管、缠绕管。

3) 按施工工艺分类

管道分为开槽埋管、顶管。

4) 按管口形式分类

管道分为承插式管、企口式管、平口式管。

5) 按雨水、污水排放方式分类

管道分为合流制管、分流制管。

2. 管道设施结构形式

1) 管道基础

(1) 砂垫层。

（2）砾石砂。

（3）混凝土基座。

（4）钢筋混凝土基座。

（5）混凝土管枕。

2）管道接口

（1）刚性接口。

管道刚性接口分为水泥砂浆、有筋细石混凝土。

（2）柔性接口。

管道柔性接口分为水泥砂浆加沥青麻丝、橡胶圈。

3）窨井（检查井）

（1）砖砌直线窨井。

砖砌直线窨井分为混凝土砖砌直线不落底窨井、混凝土砖砌直线落底窨井、钢筋混凝土砖砌直线不落底窨井、钢筋混凝土砖砌直线落底窨井。

（2）转折窨井。

转折窨井分为二通、三通、四通窨井。

（3）现浇混凝土窨井。

4）进水口

（1）里弄进水口（320×220）。

（2）Ⅰ型进水口（400×300）。

（3）Ⅱ型进水口（400×450）。

（4）Ⅲ型进水口（640×500）。

（5）双连Ⅲ型进水口（1450×500）。

二、开槽埋管施工方法

1. 沟槽开挖

1）按开挖方法

沟槽开挖分为人工开挖和机械开挖，应根据沟槽的断面形式、地下管线的复杂程度、施工现场的大小以及机械配备、劳动力等条件确定。

2）开挖断面形式

（1）直槽开挖。

在施工场地狭窄的地区，周围地下管线密集，应采用直槽开挖。

（2）梯形开挖。

施工场地的地形空旷、地下水位较低、土质较好且开挖深度 3 m 以内，同时施工条件许可情况下，可采用梯形开挖。放坡视土质及地下水位而定，以保证边坡的稳定。

（3）混合开挖。

沟槽深度超过 4 m，土质松软且有不同土质的土层，而且面层土质较好，施工环境许可条件下，可采用混合开挖，下部直槽部分设支撑。

2. 沟槽支撑

1）列板支撑

列板支撑适用于深度小于 3 m 的沟槽。列板支撑由横撑板、竖撑板和铁撑柱组成。横撑板采用钢撑板（钢围檩），竖撑板采用木撑板（10 cm×20 cm）和铁撑柱（一般采用 Φ63.5×5～6 的钢管）。

2）钢板桩支撑

钢板桩支撑适用于深度大于等于 3 m 的沟槽，钢板桩形式一般采用槽型钢板桩（6～12 m）和拉森钢板桩（10～20 m）。排列有平排、间隔、咬口、密咬等形式，打桩设备采用柴油打桩机和静力压桩机，打桩应按照《市政工程安全操作规程》进行施工。

3）围护桩支撑

围护桩支撑包括树根桩、深层搅拌桩等，并配合大型支撑系统。

3. 井点降水

1）轻型井点

轻型井点系统由井管、连接管、集水总管及抽水设备组成。定额中规定一套井点设备的井点间距为 1.2 m，50 根井管，相应总管为 60 m。沟槽开挖深度在 6 m 以内时，一般采用轻型井点。

施工顺序为：

（1）井点抽槽，敷设集水总管；

（2）冲孔，沉设井点管，灌填砂滤层，井点管与集水总管连接；

（3）安装抽水设备，连接集水总管；

（4）试抽。

2）喷射井点

喷射井点系统由内管、外管、进水及排水总管、高压水泵和循环水池等组成。定额中规定一套井点设备的井点间距为 2.5 m，30 根井管，相应总管为 75 m。沟槽开挖深度大于 6 m 时，一般采用喷射井点。

施工顺序为：

（1）安装水泵设备及泵的进出水管路；

（2）敷设进水总管和回水总管；

（3）埋设井点管，灌填砂滤料，接通进水总管后及时单根试抽；

（4）接通回水总管，全部试抽。

4. 管道基础

1）砂垫层

砂垫层用于承插式混凝土管（Φ230、Φ300、Φ450）、塑料管（UPVC 管、FRPP 管）、玻璃纤维增强塑料夹砂管（RPM 管）。

2）砾石砂垫层

砾石砂垫层用于承插式混凝土管（Φ230、Φ300、Φ450）、承插式钢筋混凝土管（Φ600～Φ1200）、企口式钢筋混凝土管（Φ1350～Φ2400）、F 型承口式钢筋混凝土管（Φ2200～Φ3000）。

3）混凝土基座

混凝土基座适用于黏性土质中铺设承插式混凝土管及 F 型承口式钢筋混凝土管、承插式钢筋混凝土管、企口式钢筋混凝土管。

4）钢混凝土基础

钢混凝土基础适用于粉性及砂性土质中铺设承插式混凝土管及 F 型承口式钢筋混凝土管。

5）管枕

管枕用于承插式钢筋混凝土管及企口式钢筋混凝土管。

5.管道铺设

1）管道运输

管道运输分为人工滚运及机械运管。机械运管一般采用齿铲运管。

2）卸管

卸管一般采用吊车卸管,起吊时应根据起重设备的机械性能合理选用。

3）排管

排管一般采用从下游往上游排,承插管应承口向上,插口向下;采用手扳葫芦或电动卷扬机进行管节就位。

6.管道接口

1）柔性接口

管道柔性接口分为 O 型橡胶圈、Q 型橡胶圈、齿型橡胶圈及沥青麻丝加水泥砂浆等。钢筋混凝土承插管接口采用 O 型橡胶圈,钢筋混凝土企口管接口采用 Q 型橡胶圈,F 型钢承口式钢筋混凝土管采用齿型橡胶圈。

2）刚性接口

管道刚性接口分为水泥砂浆接口和有筋细石混凝土接口两种。混凝土承插管采用水泥砂浆接口,钢筋混凝土悬辊管、钢筋混凝土离心管采用水泥砂浆接口或有筋细石混凝土接口。

7.管道坞膀及胸腔覆土

1）管道坞膀

（1）混凝土及钢筋混凝土坞膀。

（2）黄砂坞膀。

对于钢筋混凝土承插管和企口管,黄砂坞膀一般回填至管中,但在市区主干道和重要道路施工,且排管工程施工后立即进行道路施工的,黄砂坞膀回填至管顶以上 50 cm。

2）沟槽回填

沟槽回填,对不同的部位应有不同的要求,以达到既保护管道的安全又满足上部承受动、静荷载;既保证施工过程中管道安全又保证上部筑路、放行后的安全。对沟槽回填的部位划分为胸腔（管道两侧）、结构顶部（管顶 50 cm 内）及路床（槽）以下（管顶 50 cm 以上）。

（1）填（覆）土。

填（覆）土应与横列板拆除交替进行,填土达到密实要求后方可拆除板桩,并在空隙间及时灌砂。覆土厚度超过规定的最大与最小覆土厚度时,应对管道进行加固处理。

（2）回填粗砂。

一般在管道敷设后需立即修复高等级路面来恢复交通，应在管道两侧及管顶 50 cm 范围内回填粗砂。

（3）砾石砂间隔填土。

一般在管道敷设后需立即修复高等级路面来恢复交通，应在管顶 50 cm 以上直至道路基层底部范围内采用砾石砂间隔填土。

8.管道闭水试验

管道闭水试验分为磅筒、检查井及管口打压试验三种形式。管口打压试验适用于玻璃纤维增强塑料夹砂排水管道。对于混凝土及钢筋混凝土管道，用作污水管道时，应每段（两检查井之间的管道为一段）进行闭水试验；用作雨水及雨污水合流管道，一般不进行闭水试验，但在流砂地区应对每四节管道中抽查一段。对于塑料排水管，用作污水管时，按每四节管道抽查一段，雨水管道可随机进行闭水试验。

9.封拆头子

闭水试验前将管道管口进行封堵，闭水试验后将封堵拆除。

学习活动 2 　管道工程识图

一、排水管道工程图例

排水管道工程图例见图 4-1。

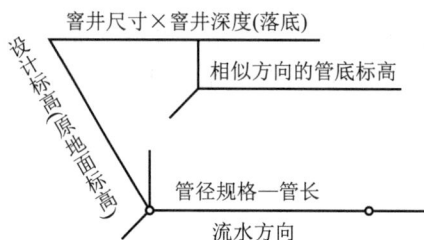

图 4-1　排水管道工程图例

例 4-1 　请根据下面图纸（见图 4-2）所标注信息练习数据的读取。

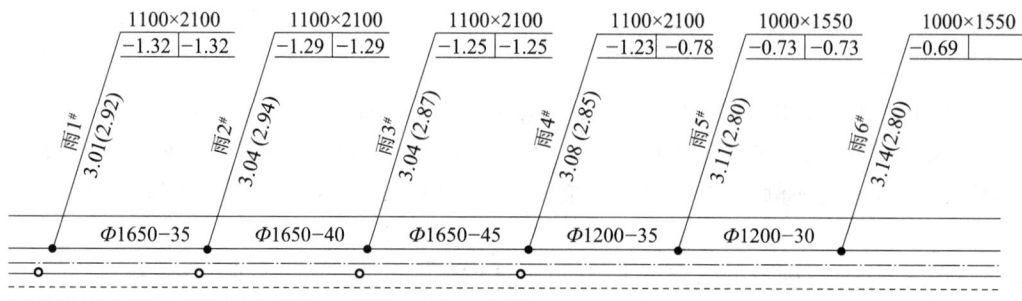

图 4-2　某排水管道工程

在图 4-2 中,可以读取如下信息:

(1) 窨井规格:1100×2100、1000×1550,单位都是 mm;

(2) 管径规格:Φ1650、Φ1200,单位都是 mm;

(3) 1#窨井至 2#窨井之间管道长度:35 m;

(4) 1#窨井原地面标高:2.92 m,设计标高 3.01 m;

(5) 1#窨井管底标高:−1.32 m;

(6) 1#窨井深度:可以通过计算得出,即窨井深度=设计标高−管底标高=3.01−(−1.32)=4.33 m;

(7) 4#窨井管底标高:左侧为−1.23 m,右侧为−0.78 m。

二、下水道工程量计算表式

下水道工程量计算表见表 4-1。此表的作用是计算每段沟槽的开挖平均深度,具体计算方法见后面章节内容。

表 4-1　下水道工程量计算表

工程名称:　　　　　　　　　　　　　　　　　　　　　　　　　　第　页　共　页

窨井编号	窨井规格	设计标高	原地面标高	管底标高	窨井深度	定额取深	管底埋深	管底平均深度	槽底至管内壁厚度	沟槽深度	定额取深	管径规格	管长	连管

任务 2
城镇排水管道工程预算定额计算规则

《上海市城镇给排水工程预算定额 第二册 城镇排水管道工程（2016）》（以下简称本定额）是上海市排水管道工程专业统一定额。它适用于城市公用室外排水管道工程、排水箱涵工程、圆管涵工程及过路管工程，也可适用于泵站平面布置中总管（自泵站进水井至泵站出口间的总管）及工业和民用建筑室外排水管道工程。

该定额适用于以上工程的新建、扩建、改建及大修工程。

学习活动 1　总说明

以下为《上海市城镇给排水工程预算定额 第二册 城镇排水管道工程（SHA 8-31(02)—2016)》总说明的具体内容。

（1）《上海市城镇给排水工程预算定额 第二册 城镇排水管道工程（SHA 8-31(02)—2016)》是在《上海市市政工程预算定额（2000)》及《市政工程消耗量定额》（ZYA 1-31—2015)的基础上，按国家标准的建设工程计价、计量规范，包括项目划分、项目名称、计量单位、工程量计算规则等与本市建设工程实际相衔接，并结合多年来"新技术、新工艺、新材料、新设备"和工厂化预制拼装技术的推广应用，编制而成的量价完全分离的定额。

（2）本定额是完成规定计量单位分部分项工程所需的人工、材料、施工机械台班的消耗量标准，是编制施工图预算、最高投标限价的依据，是确定合同价、结算价、调解工程价款争议的基础；也是编制本市建设工程概算定额、估算指标与技术经济指标的基础，可作为进行工程投标报价或编制企业定额的参考依据。

（3）本定额是上海市排水管道工程专业统一定额。它适用于城市公用室外排水管道工程、排水箱涵工程、圆管涵工程及过路管工程，也可适用于泵站平面布置中总管（自泵站进水井至泵站出口间的总管）及工业和民用建筑室外排水管道工程。该定额适用于以上工程的新建、扩建、改建及大修工程。

（4）本定额是依据国家及上海市强制性标准、推荐性标准、设计规范、现行排水管道通用图、施工验收规范、质量评定标准、安全操作规程，并参考有代表性的工程设计、施工资料和其他资料编制的。

（5）本定额共分四章：

第1章　开槽埋管

第2章　顶管

第3章　窨井

第4章　措施项目

（6）本定额是按照正常的施工条件，目前多数企业的施工机械装备程度，合理的施工工期、施工工艺、劳动组织编制的，反映上海市排水管道工程的社会平均消耗水平。

（7）本定额人工不分工种和技术等级，均以综合工日表示，每工日按8小时计。人工消耗量内容包括基本用工、辅助用工、超运距用工以及人工幅度差。

（8）本定额中的材料分为主要材料和辅助材料。凡能计量的材料、成品、半成品均按品种、规格逐一列出用量，并计入相应的损耗。其损耗的内容和范围包括从工地仓库、现场集中堆放地点或现场加工地点至操作或安装地点的现场运输损耗、施工操作损耗、施工现场堆放损耗。

（9）本定额中的周转性材料（钢模板、木模板等）已按规定的材料周转次数摊销计入定额内，并包括回库维修的消耗量。

（10）本定额中材料、成品、半成品均已包括150 m场内运输。本定额的机械台班消耗量已考虑了机械幅度差内容。定额中机械类型、规格是在正常施工条件下，按常用机械类型进行合理配置。

（11）本定额中难以计量的零星材料和小型施工机械已综合为"其他材料费"和"其他机械费"，分别以该项目材料费之和、机械费之和的百分率计算。

（12）本定额中工作内容已扼要说明了主要施工工序，次要工序已考虑在定额内。

（13）本定额中混凝土按预拌混凝土考虑，砂浆按预拌砂浆考虑。混凝土及砂浆的强度等级与设计强度等级不同时，可按设计强度等级进行换算。定额中的混凝土养护除另有说明外，均按自然养护考虑。

（14）本定额中的钢筋按设计数量（不再加损耗）直接套用相应定额计算。施工用钢筋经建设单位认可后可以增列计算。预埋铁件按设计用量（不再加损耗）套用《上海市城镇给排水工程预算定额 第三册 城镇给排水构筑物及设备安装工程》第六章钢筋工程中的预埋铁件定额。

（15）排水管道工程中的管材接口配件均包含在管材单价中。

（16）本定额措施项目中未包括的地基加固、围堰、施工降排水、施工便道及堆料场地等项目，套用《上海市城镇给排水工程预算定额 第三册 城镇给排水构筑物及设备安装工程》中相应定额。

（17）凡本定额包含的项目，应按本定额执行。本定额缺项部分，可按其他专业定额工料机消耗量计算直接费，按排水管道定额的费率表取费。

（18）本定额中注有"××以内"或"××以下"者均包括"××"本身，注有"××以外"或"××以上"者均不包括"××"本身。

（19）凡本说明未尽事宜，详见各章说明。

学习活动 2   预算定额说明

一、开槽埋管

1.定额规定

（1）本章内容包括人工挖沟槽土方、机械挖沟槽土方、沟槽回填、管道垫层、管道基座、管道铺设、管道闭水试验、排水箱涵。

（2）管道铺设定额按下列管材品种分列，见表 4-2。

表 4-2   管径管材分类表

管径	管材	
Φ600～Φ1200	混凝土管	承插式钢筋混凝土管
Φ1350～Φ2400		企口式钢筋混凝土管
Φ600～Φ3000		F 型钢承口式钢筋混凝土管
DN225～DN400	塑料管	硬聚氯乙烯加筋管（PVC-U）
DN500～DN1000		增强聚丙烯管（FRPP）
DN300～DN2500		玻璃纤维增强塑料夹砂管（FRPM）
DN225～DN2500		高密度聚乙烯双壁缠绕管（HDPE）

（3）本章管道铺设定额中所采用的塑料管，均按照设计规定要求的环刚度标准计算。

（4）人工挖土沟槽土方均按土壤类别划分，土壤分类表见表 4-3。

表 4-3   土壤分类表

土壤类别	土壤名称	鉴别方法
一、二类土	粉土、砂土（粉砂、细砂、中砂、粗砂、砾砂）、粉质黏土、弱中盐渍土、软土（淤泥质土、泥炭、泥炭质土）、软塑红黏土、冲填土	用锹、少许用镐，条锄挖掘，机械能全部直接铲挖满载者
三类土	黏土、碎石土（圆砾、角砾）、混合土、可塑红黏土、硬塑红黏土、强盐渍土、素填土、压实填土	主要用镐、条锄，少许用锹开挖。机械需部分刨松方能铲挖满载者或可直接铲挖但不能满载者
四类土	碎石土（卵石、碎石、漂石、块石）、坚硬红黏土、超盐渍土、杂填土	全部用镐、条锄挖掘，少许用撬棍开挖。机械需普遍刨松方能铲挖满载者

（5）本章定额机械挖土的沟槽土方深度均为 6 m 以内，当沟槽深度超过 6 m 时，每增加 1 m，按定额人工及机械消耗量递增 18％计算。

（6）根据施工及验收技术规范，两根管道同沟槽施工（见图 4-3）规定如下：

① 沟槽最深点不超过 4 m，沟槽开挖宽度不宜大于 4.5 m；

② 雨水管与污水管中心距离能满足 B，即

$$B = \frac{大管外径 + 小管外径}{2} + 0.8 + H_a$$

式中：H_a——雨污水管管底高程差，$H_a \leqslant 1$ m。

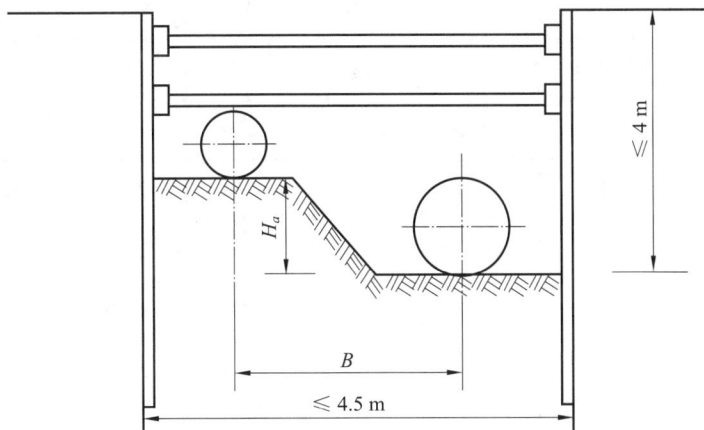

图 4-3　同沟槽施工示意图

（7）机械挖土、填土的现场运输，套用《上海市城镇给排水工程预算定额　第三册　城镇给排水构筑物及设备安装工程》第一章土方工程中相应定额。

（8）圆形涵管及过路管工程中的管道铺设及基础项目按定额增加 20％的人工及机械台班数量；泵站平面布置中的总管管道铺设按定额增加 30％的人工及机械台班数量。

2. 工程量计算规则

1）沟槽挖土工程量按体积以"m³"计算

（1）沟槽挖土体积＝沟槽宽度×沟槽深度×沟槽长度。

（2）沟槽宽度应符合设计要求，当设计未作要求时，按"有支撑沟槽开挖宽度规定"中的宽度；沟槽深度为原地面至槽底土面的深度；沟槽长度为沟槽的设计长度。

（3）各类窨井在沟槽中因加宽和落底窨井加深而增加的土方量，按沟槽挖土量的 5％计入。

（4）土方挖方按天然密实体积计算。

2）有支撑沟槽开挖宽度规定

（1）混凝土管有支撑沟槽宽度规定（见表 4-4）。

表4-4　混凝土管有支撑沟槽宽度表

深度/m	管径/mm						
	Φ600	Φ800	Φ1000	Φ1200	Φ1350	Φ1500	Φ1650
＜2.00	1950	2200					
2.00~2.49	1950	2200	2450	2650			
2.50~2.99	1950	2200	2450	2650	2800	3000	3150
3.00~3.49	1950	2200	2450	2650	2800	3000	3150
3.50~3.99	1950	2200	2450	2650	2800	3000	3150
4.00~4.49	1950	2200	2450	2650	2800	3000	3150
4.50~4.99	1950	2200	2550	2750	2900	3100	3250
5.00~5.49	1950	2200	2550	2750	2900	3100	3250
5.50~5.99			2550	2750	2900	3100	3250
6.00~6.49				2750	2900	3100	3250
≥6.50					3000	3200	3350

深度/m	管径/mm					
	Φ1800	Φ2000	Φ2200	Φ2400	Φ2700	Φ3000
2.50~2.99	3350					
3.00~3.49	3350	3650	3850			
3.50~3.99	3350	3650	3850	4100		
4.00~4.49	3350	3650	3850	4100	4600	
4.50~4.99	3450	3750	3950	4200	4700	4900
5.00~5.49	3450	3750	3950	4200	4700	4900
5.50~5.99	3450	3750	3950	4200	4700	4900
6.00~6.49	3450	3750	3950	4200	4700	4900
≥6.50	3550	3850	4050	4300	4800	5000

注：① 表中深度为原地面至沟槽底的距离,沟槽宽度指开槽后的槽底挖土宽度。

② 沟槽采用拉森钢板桩时,表列数字可另加0.2 m。

③ 表中所列均为预制成品圆管,如为现场浇捣箱涵时,其槽宽应为箱涵外壁两侧各加1.1 m计算。

（2）塑料管有支撑沟槽宽度规定（见表4-5）。

表 4-5　塑料管有支撑沟槽宽度表

沟槽深度/m	管径/mm					
	DN225	DN300	DN400	DN500	DN600	DN700
1.5	825	1100	1200	1300	1400	1500
2	825	1100	1200	1300	1400	1500
2.5	825	1100	1200	1300	1400	1500
≤3.0	825	1100	1200	1300	1400	1500
>3.0	1025	1300	1400	1500	1600	1700
3.5	1025	1300	1400	1500	1600	1700
≤4.0	1025	1300	1400	1500	1600	1700
>4.0	1025	1300	1400	1500	1600	1700
4.5	1025	1300	1400	1500	1600	1700
5					1600	1700
5.5					1600	1700

沟槽深度/m	管径/mm					
	DN800	DN900	DN1000	DN1200	DN1400	DN1500
2	1600	1700	1800	2300		
2.5	1600	1700	1800	2300	2500	2600
≤3.0	1600	1700	1800	2300	2500	2600
>3.0	1800	1900	2000	2500	2700	2800
3.5	1800	1900	2000	2500	2700	2800
≤4.0	1800	1900	2000	2500	2700	2800
>4.0	1800	1900	2000	2500	2700	2800
4.5	1800	1900	2000	2500	2700	2800
5	1800	1900	2000	2500	2700	2800
5.5	1800	1900	2000	2500	2700	2800
≤6.0	1800	1900	2000	2500	2700	2800
>6.0				2500	2700	2800
6.5				2500	2700	2800

续表

沟槽深度/m	管径/mm					
	DN1600	DN1800	DN2000	DN2200	DN2400	DN2500
2.5	2700					
≤3.0	2700	3200	3400			
>3.0	2900	3400	3600	3800		
3.5	2900	3400	3600	3800	4000	4100
≤4.0	2900	3400	3600	3800	4000	4100
>4.0	2900	3400	3600	3800	4000	4100
4.5	2900	3400	3600	3800	4000	4100
5	2900	3400	3600	3800	4000	4100
5.5	2900	3400	3600	3800	4000	4100
≤6.0	2900	3400	3600	3800	4000	4100
>6.0	2900	3400	3600	3800	4000	4100
6.5	2900	3400	3600	3800	4000	4100

注:硬聚氯乙烯加筋管(PVC-U)适用的沟槽深度范围为1.5~4 m。

(3)沟槽填土按沟槽挖土数量扣除管道结构所占的体积,以"m³"计算。

(4)挖土及填土现场运输定额中已考虑土方体积变化。单位工程中应考虑土方挖填平衡。当填土有密实度要求时,土方挖、填平衡以及缺土时外来土方,应按土方体积变化系数来计算回填土方数量。填土土方的体积变化系数表见表4-6。

表4-6 填土土方体积变化系数表

土方密实度	土类		
	填方	天然密实方	松方
90%	1	1.135	1.498
93%	1	1.165	1.538
95%	1	1.185	1.564
98%	1	1.220	1.610

(5)开槽埋管土方现场运输计算规则。

① 挖土现场运输土方数=(挖土数—堆土数)×60%。

② 填土现场运输土方数=挖土现场运输土方数—余土数。

③ 最大堆土(天然密实方)数量计算方法见图4-4。

④ 当施工现场不满足最大堆土要求时,按实际堆土数量计算。

(6)土方场外运输按天然密实方体积以"m³"计算,天然密实方容重为1.8 t/m³。

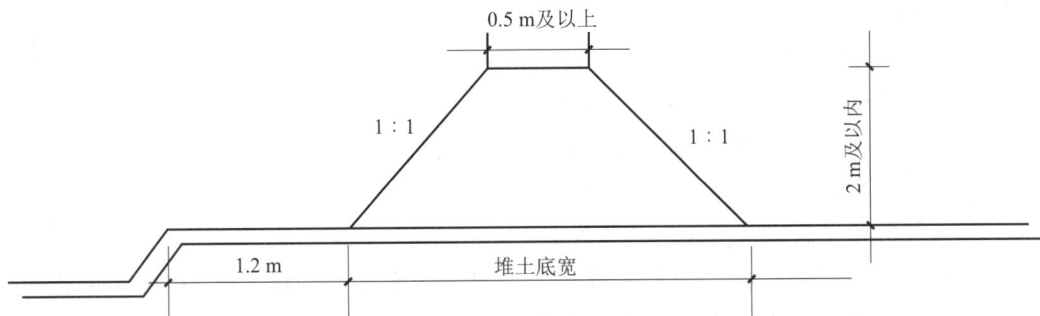

图 4-4　最大堆土数量计算

（7）开槽埋管若需要翻挖道路结构层时，可以另行计算，但沟槽挖土数量中应扣除翻挖道路结构层所占的体积。

（8）管道铺设按实埋长度（扣除窨井内径所占的长度）以"m"计算。

（9）管道闭水试验以"段"计算，相邻两座窨井为一段。

（10）排水箱涵（见图 4-5）。

① 底板工程量按体积以"m³"计算。底板的宽度及厚度按设计图纸计算，侧墙（隔墙）下部的扩大部分并入底板计算。

② 侧墙（隔墙）工程量按体积以"m³"计算。侧墙（隔墙）的高度不包括侧墙（隔墙）扩大部分。无扩大部分时，从混凝土底板上表面算至混凝土顶板下表面。

③ 顶板工程量按体积以"m³"计算。顶板的宽度及厚度按设计图纸计算，侧墙（隔墙）上部的扩大部分并入顶板计算。

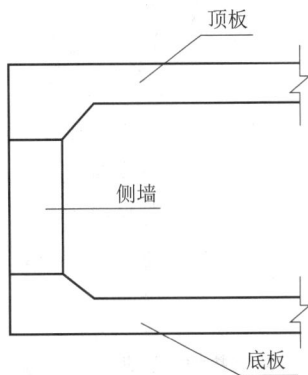

图 4-5　排水箱涵

④ 现浇钢筋混凝土墙、板上单孔面积≤0.3 m² 的孔洞不扣其所占体积，单孔面积＞0.3 m² 的孔洞应扣其所占体积。

二、窨井

1. 定额规定

（1）本章内容包括砖砌窨井及进水口、水泥砂浆抹面、现浇钢筋混凝土窨井、安装雨水口拦截装置、安装雨水口防臭装置、安装防坠格板、凿洞接管、预制钢筋混凝土盖板、安装盖板及盖座、升降窨井及进水口、调换窨井盖座盖板、调换进水口盖座侧石。

（2）现浇钢筋混凝土窨井中的收口砖砌体，套用本章砖砌窨井定额。

（3）窨井垫层及基础，套用开槽埋管相应定额。

（4）预制钢筋混凝土盖板定额中已包含模板。

（5）安装防沉降窨井盖板，如盖板规格与定额不同时，盖板可以进行调整，人工与机械不作调整。

（6）升降窨井、进水口和调换窨井、进水口盖座、窨井盖板定额中未包括路面修复，发生时套用相关定额计算。

2. 工程量计算规则

（1）窨井深度按窨井盖板顶面至沟底的深度计算。

（2）砖砌窨井应包括流槽砌体，按实体积以"m³"计算。

（3）进水口按实体积以"m³"计算

（4）水泥砂浆抹面按面积以"m²"计算。

（5）现浇钢筋混凝土窨井按实体积以"m³"计算。现浇钢筋混凝土墙、板上单孔面积≤0.3 m²的孔洞不扣其所占的体积，单孔面积＞0.3 m²的孔洞应扣其所占的体积。

（6）安装雨水口拦截装置以"只"计算。

（7）安装雨水口防臭装置以"只"计算。

（8）安装防坠格板以"只"计算。

（9）凿洞接管按凿除窨井墙的体积以"m³"计算

（10）预制钢筋混凝土盖板：混凝土按实体积以"m³"计算，钢筋按设计重量以"t"计算。

（11）安装盖板及盖座：钢筋混凝土盖板按实体积以"m³"计算，铸铁盖座以"套"计算，防沉降窨井盖板以"块"计算。

（12）升降窨井及进水口以"座"计算。

（13）调换窨井盖座盖板以"套"计算。

（14）调换进水口盖座以"座"计算。

（15）调换进水口侧石以"块"计算。

三、措施项目

1. 定额规定

（1）本章内容包括组装、拆卸柴油打桩机、撑拆列板、打拔沟槽钢板桩、安拆钢板桩支撑、模板工程、大型机械设备进出场及安拆。

（2）沟槽深度≤3 m采用横列板支撑；沟槽深度＞3 m采用钢板桩支撑。

（3）打、拔钢板桩定额的适用范围按表4-7选用。

表4-7　钢板桩适用范围 单位：m

钢板桩类型及长度		开槽埋管沟槽深（至槽底）	顶管基坑深（至坑土面）
槽型钢板桩	4.00～6.00	3.01～4.00	≤4.00
	6.01～9.00	4.01～6.00	≤5.00
	9.01～12.00	6.01～8.00	≤6.00
拉森钢板桩	8.00～12.00		＞6.00
	12.01～16.00		＞8.00

注：开槽埋管槽底深度超过8 m时，根据批准的施工组织设计套用拉森钢板桩定额。

（4）排水管道的中心线距原有道路边30 m以上时，可按规定计算修筑施工临时便道。若原有道路不能满足运输工程材料的需求，需要加固拓宽时另行计算。

（5）施工排水、降水、临时便道及堆场，套用《上海市城镇给排水工程预算定额 第三册 城镇给排水构筑物及设备安装工程》第九章措施项目中相应定额。

2. 工程量计算规则

（1）撑拆列板、沟槽钢板桩支撑按沟槽长度以"m"计算（见图 4-6～图 4-8）。

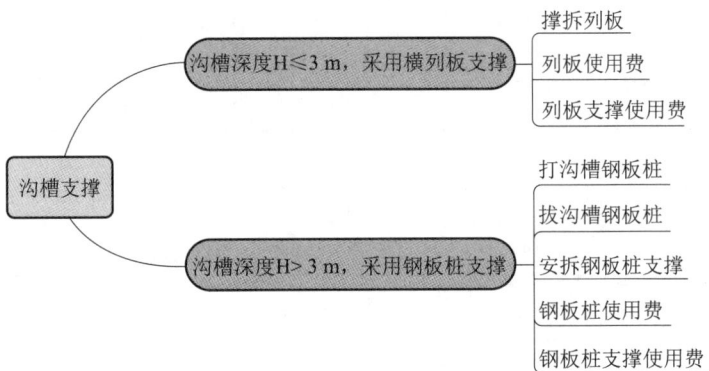

图 4-6 沟槽支撑的分类

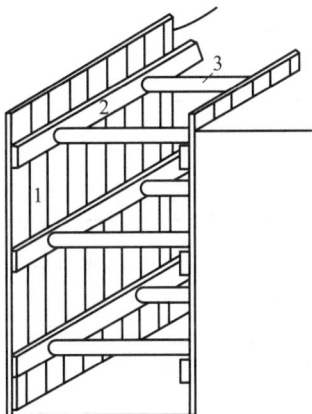

图 4-7 列板支撑

图 4-8 钢板桩支撑

（2）打拔沟槽钢板桩按沿沟槽方向单排长度以"m"计算。混凝土管开槽埋管列板、槽型钢板桩及支撑使用数量如下。

① 每 100 m（双面）列板使用数量，见表 4-8。

表 4-8 每 100 m（双面）列板使用数量 单位:t·天

沟槽深/m	管径		
	Φ600 以内	Φ800～Φ1200	Φ1350～Φ1650
≤1.5	182	198	—
≤2.0	254	275	—
≤2.5	290	314	355
≤3.0	350	379	429

② 每 100 m(单面)槽型钢板桩使用数量,见表 4-9。

表 4-9   每 100 m(单面)槽型钢板桩使用数量   单位:t·天

沟槽深/m	管径			
	Φ1200 以内	Φ1350～Φ1800	Φ2000～Φ2400	Φ2700～Φ3000
≤4.0	1543	2057	2160	2595
≤6.0	3430	4573	4802	5192
≤8.0	4752	6337	6653	7268

注:表中已包括打、拔钢板桩及横围檩使用数量。

③ 每 100 m(沟槽长)列板支撑使用数量,见表 4-10。

表 4-10   每 100 m(沟槽长)列板支撑使用数量   单位:t·天

沟槽深/m	管径		
	Φ600 以内	Φ800～Φ1200	Φ1350～Φ1650
≤1.5	65	72	—
≤2.0	89	96	—
≤2.5	111	120	135
≤3.0	133	144	163

④ 每 100 m(沟槽长)槽型钢板桩支撑使用数量,见表 4-11。

表 4-11   每 100 m(沟槽长)槽型钢板桩支撑使用数量   单位:t·天

沟槽深/m	管径			
	Φ1200 以内	Φ1350～Φ1800	Φ2000～Φ2400	Φ2700～Φ3000
≤4	145	270	384	537
≤6	440	540	767	1400
≤8	698	852	1334	2798

(3)硬聚氯乙烯加筋管(PVC-U)、增强聚丙烯管(FRPP 管)、玻璃纤维增强塑料夹砂管(FRPM)及高密度聚乙烯双壁缠绕管(HDPE),其开槽埋管列板、槽型钢板桩以及支撑使用数量按其对应的混凝土管开槽埋管列板、槽型钢板桩及支撑使用数量乘以 0.6 系数计算。

(4)开槽埋管采用同沟槽施工时,列板或钢板桩按大管径管道计取,支撑按沟槽宽度计取。

(5)模板工程量按混凝土与模板接触面积以"m²"计算。现浇钢筋混凝土墙、板上单孔面积≤0.3 m² 的孔洞,不计侧壁模板工程量;单孔面积>0.3 m² 的孔洞,侧壁模板按接触面积并入墙、板工程量。

任务3
室外排水管道工程预算组合定额计算规则

《上海市室外排水管道工程预算组合定额》(SHA 8-31(04)－2020)适用于本市范围内新建、改建、扩建项目并采用开槽埋管施工的城镇排水管道工程。

(1)《上海市室外排水管道工程预算组合定额》(SHA 8-31(04)－2020)(以下简称"本组合定额")是根据《上海市城镇给排水工程预算定额》(SHA 8-31－2016),结合《排水管道图集》(DBJT 08-123－2016)、《雨水口图集》(DBJT 08-120－2015)、《道路检查井通用图集(DBJT 08-119－2015)以及《上海市排水管道通用图》(1992)等国家、行业及上海市(以下简称"本市")现行技术规范标准,在合理的施工工艺和正常的施工条件下组合编制而成的。

(2)本组合定额适用于本市范围内新建、改建、扩建项目并采用开槽埋管施工的城镇排水管道工程。

(3)本组合定额是本市编制施工图预算、最高投标限价的依据,是编制本市建设工程概算定额、估算指标的基础,也可作为工程结算的参考依据。

(4)本组合定额内容包括开槽埋管、排水检查井及雨水口。

(5)本组合定额编码形式。

Z52－＊－＊－＊＊＊,其中 Z52 代表排水管道工程预算组合定额,具体表现形式如下。

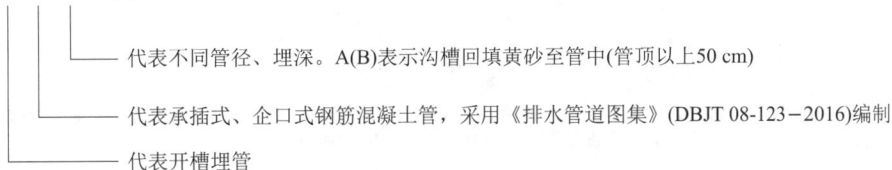

代表不同管径、埋深。A(B)表示沟槽回填黄砂至管中(管顶以上50 cm)

代表承插式、企口式钢筋混凝土管,采用《排水管道图集》(DBJT 08-123－2016)编制

代表开槽埋管

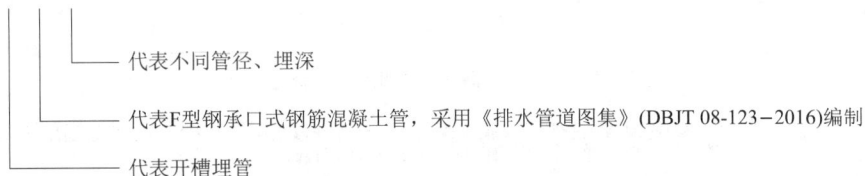

代表不同管径、埋深

代表F型钢承口式钢筋混凝土管,采用《排水管道图集》(DBJT 08-123－2016)编制

代表开槽埋管

Z52-1-3***A(B)
- └── 代表不同管径、埋深。A(B)表示沟槽回填黄砂至管中(管顶以上50 cm)
- └── 代表硬聚乙烯加盘管(PVC-U)，采用《排水管道图集》(DBJT 08-123－2016)编制
- └── 代表开槽埋管

Z52-1-4***A(B)
- └── 代表不同管径、埋深。A(B)表示沟槽回填黄砂至管中(管顶以上50 cm)
- └── 代表高密度聚乙烯双壁缠绕管(HDPE)，采用《排水管道图集》(DBJT 08-123－2016)编制
- └── 代表开槽埋管

Z52-1-5***A(B)
- └── 代表不同管径、埋深。A(B)表示沟槽回填黄砂至管中(管顶以上50 cm)
- └── 代表玻璃纤维增强塑料夹砂管(FRPM)，采用《排水管道图集》(DBJT 08-123－2016)编制
- └── 代表开槽埋管

Z52-1-6***
- └── 代表不同管径及管道材质
- └── 代表雨水连管，采用《排水管道图集》(DBJT 08-123－2016)编制
- └── 代表开槽埋管

Z52-2-1***
- └── 代表不同排水检查井尺寸、深度，与此相衔接管道口径
- └── 代表混凝土基础砖砌直线不落底排水检查井，采用《上海市排水管道通用图集》(1992)、《道路检查井通用图集》(DBJT 08-119－2015)编制
- └── 代表排水检查井

Z52-2-2***
- └── 代表不同排水检查井尺寸、深度，与此相衔接管道口径
- └── 代表混凝土基础砖砌直线落底排水检查井，采用《上海市排水管道通用图集》(1992)、《道路检查井通用图集》(DBJT 08-119－2015)编制
- └── 代表排水检查井

Z52-2-3***
- └── 代表不同排水检查井尺寸、深度，与此相衔接管道口径
- └── 代表钢筋混凝土基础砖砌直线不落底排水检查井，采用《上海市排水管道通用图集》(1992)、《道路检查井通用图集》(DBJT 08-119－2015)编制
- └── 代表排水检查井

Z52-2-4***
- └── 代表不同排水检查井尺寸、深度，与此相衔接管道口径
- └── 代表钢筋混凝土基础砖砌直线落底排水检查井，采用《上海市排水管道通用图集》(1992)、《道路检查井通用图集》(DBJT 08-119－2015)编制
- └── 代表排水检查井

Z52-2-5***

└── 代表不同排水检查井尺寸、深度

└── 代表二通转折排水检查井(交汇角为90°),采用《上海市排水管道通用图集》(1992)、《道路检查井通用图集》(DBJT 08-119-2015)编制

└── 代表排水检查井

Z52-2-6***

└── 代表不同排水检查井尺寸、深度

└── 代表二通转折排水检查井(交汇角为115°),采用《上海市排水管道通用图集》(1992)、《道路检查井通用图集》(DBJT 08-119-2015)编制

└── 代表排水检查井

Z52-2-7***

└── 代表不同排水检查井尺寸、深度

└── 代表二通转折排水检查井(交汇角为135°),采用《上海市排水管道通用图集》(1992)、《道路检查井通用图集》(DBJT 08-119-2015)编制

└── 代表排水检查井

Z52-2-8***

└── 代表不同排水检查井尺寸、深度

└── 代表二通转折排水检查井(交汇角为155°),采用《上海市排水管道通用图集》(1992)、《道路检查井通用图集》(DBJT 08-119-2015)编制

└── 代表排水检查井

Z52-3-1***

└── 代表不同雨水口规格、对应连接管的口径

└── 代表砌筑雨水口采用《上海市排水管道通用图集》(1992)编制

└── 代表雨水口

Z52-3-2***

└── 代表不同雨水口规格

└── 代表预制混凝土雨水口,采用《雨水口标准图》(DBJT 08-120-2015)编制

└── 代表雨水口

Z52-3-3***

└── 代表不同雨水口规格

└── 代表预制混凝土雨水口,采用《雨水口标准图》(DBJT 08-120-2015)编制

└── 代表雨水口

(6)本组合定额中有支撑的沟槽宽度按《排水管道图集》(DBJT 08-123-2016)计算。

(7)开槽埋管按实际深度(原地面标高至沟槽底部标高的距离)计算。在套用本组合定额时,按实际深度与定额规定深度对应表进行列项,见表 4-12。

表 4-12　实际深度与定额规定深度对应表　　　　　　　　　　　单位：m

实际深度	≤1.75	≤2.25	≤2.75	≤3.00	≤3.25	≤3.75
定额规定深度	1.5	2.00	2.5	≤3.00	>3.00	3.50
实际深度	≤4.00	≤4.25	≤4.75	≤5.25	≤5.75	≤6.00
定额规定深度	≤4.00	>4.00	4.50	5.00	5.50	≤6.00
实际深度	≤6.25	≤6.75	≤7.25	≤7.75	≤8.25	
定额规定深度	>6.00	6.5	7.00	7.50	8.00	

　　（8）排水检查井深度按设计深度（排水检查井盖板顶面标高至沟管内底标高的距离）计算。在套用本组合定额时，按设计深度与定额规定深度对应表进行列项，见表 4-13。

表 4-13　设计深度与定额规定深度对应表　　　　　　　　　　　单位：m

实际深度	≤1.25	≤1.75	≤2.25	≤2.75	≤3.25	≤3.75
定额规定深度	1.00	1.5	2.00	2.5	3.00	3.5
实际深度	≤4.25	≤4.75	≤5.25	≤5.75	≤6.25	≤6.75
定额规定深度	4.00	4.5	5.00	5.5	6.00	6.5
实际深度	≤7.25	≤7.75	≤8.25	≤8.75		
定额规定深度	7.00	7.5	8.00	8.50		

　　（9）本组合定额的组成内容。

　　① 开槽埋管包括沟槽挖土、沟槽排水、沟槽支撑、铺筑砂石基础、浇筑管道基础、铺设管道、沟槽回填（黄砂或素土）等工作内容。

　　② 排水检查井。

　　a.直线检查井包括铺筑砂石基础、浇筑混凝土垫层、浇筑混凝土（钢筋混凝土）基础、砖砌排水检查井及流槽、安装排水检查井盖板和盖座、砂浆抹面抹角等工作内容。

　　b.转折检查井包括铺筑砂石基础、浇筑混凝土垫层、浇筑混凝土（钢筋混凝土）基础、砖砌排水检查井、安装排水检查井盖板和盖座、砂浆抹面抹角、浇筑钢筋混凝土墙板、顶板及流槽等工作内容。

　　③ 雨水口。

　　a.砖砌雨水口包括铺筑砾石砂垫层、浇筑混凝土基础、砖砌雨水口、水泥砂浆抹面、安装雨水口盖座等工作内容。

　　b.预制混凝土雨水口包括浇筑混凝土基础、安装预制钢筋混凝土井圈、安装预制钢筋混凝土井筒、安装成品箅子、安装成品盖板、细石混凝土嵌实等工作内容。

　　c.预制塑料雨水口包括铺筑砾石砂垫层、安装预制塑料井、安装成品箅子、安装预制钢筋混凝土中板、塑料挡圈等工作内容。

　　（10）当设计对结构的混凝土强度等级、垫层厚度或材质等有特殊规定时，应对本组合定额进行调整。

　　（11）本组合定额的表现形式包括基本组合项目和调整组合项目两部分。其中，调整组合项目包括沟槽支撑、井点降水以及沟槽基础混凝土强度等级，可以根据实际情况及设计要求进行组合。

（12）本组合定额沟槽支撑形式的规定。

沟槽深度≤3 m时，采用列板支撑；沟槽深度＞3 m时，采用钢板桩支撑。钢板桩类型及长度应满足规定的沟槽深度（见表4-14）。

表 4-14　开槽埋管深度与钢板桩支撑对应表　　　　　　　　单位：m

钢板桩类型及长度	开槽埋管深度
槽型钢板桩 4.00～6.00	3.01～4.00
槽型钢板桩 6.01～9.00	4.01～6.00
槽型钢板桩 9.01～12.00	6.01～8.00

（13）工程量计算规则。

① 管道长度按设计长度（两检查井之间的中心距离）计算。

② 排水检查井、雨水口按设计图示数量以"座"计算。

③ 雨水连管长度按实际长度计算。

④ 预留管道长度：Φ450以内按一节管子的长度乘以1.02计算；Φ600及以上按一节管子的长度乘以1.03计算。

（14）本组合定额未包括翻挖及修复路面结构、原管道结构拆除、土方及旧料场内外运输、预拌混凝土泵送费、管道及检查井防腐、管道封堵及管堵拆除、检查井凿洞、管道闭水试验、管道检测、临时排水、施工便道、机械进出场费等内容。实际发生时，应根据《上海市城镇给排水工程预算定额》（SHA 8-31－2016）或其他相关定额另行计算。

（15）本组合定额中出现的材料编码均指成品构件，其中的安装人工及安装机械设备已包含在定额中。

（16）费用计算说明。

本组合定额的费用由直接费、企业管理费和利润、安全文明施工费、施工措施费和增值税等组成。

① 直接费是指施工过程中的耗费，构成工程实体和部分有助于工程形成的各项费用，包括人工费、材料费和施工机械使用费。其中，材料费和施工机具使用费不包含增值税可抵扣进项税额。

② 企业管理费和利润。

a.企业管理费是指建筑安装企业组织施工生产和经营管理所需的费用。企业管理费包括管理人员工资、办公费、差旅交通费、固定资产使用费、工具用具使用费、劳动保险和职工福利费、劳动保护费、材料采购和保管费、检验试验费、工会经费、职工教育经费、财产保险费、财务费、税金、其他等。企业管理费不包含增值税可抵扣进项税额。

此外，城市维护建设税、教育附加费、地方教育附加和河道管理费等附加税费计入企业管理费。

b.利润是指施工企业完成所承包工程所获得的盈利。

③ 安全文明施工费是指按照国家现行的建筑施工安全、施工现场环境与卫生标准等有关规定，用于购置和更新施工安全防护用具及设施、改善安全生产条件和作业环境所需要的

费用,不包含增值税可抵扣进项税额。

④ 施工措施费是指施工企业为完成建筑产品,在承担社会义务、进行施工准备及制定施工方案过程中所发生的所有措施费用(不包括已列定额子目和企业管理费所包括的费用),不包含增值税可抵扣进项税额。

施工措施费一般包括夜间施工、非夜间施工照明,二次搬运,冬雨季施工,地上、地下设施、建筑物的临时保护设施(施工场地内),已完工程及设备保护,树木、道路、桥梁、管道、电力、通信等改道、迁移等措施费,施工干扰费,工程监测费,特殊条件下施工措施费,特殊要求的保险费,港监及交通秩序维持费等。

⑤ 增值税即为当期销项税额,应按国家规定的计算方法计算并列入工程造价。简易计税方式按照财政部、国家税务总局的规定执行。

任务 4

排水管道工程实例

　　某新建雨水管道工程(见图 4-9),工程范围为雨 1[#]～雨 6[#]窨井及其管道,Φ1200 管材为钢筋混凝土承插管,Φ1650 管材为钢筋混凝土企口管。采用开槽埋管方式施工,窨井为砖砌直线不落底窨井,窨井基础为混凝土基础。图 4-9 中括号内数据为原地面标高,括号外数据为设计地面标高。

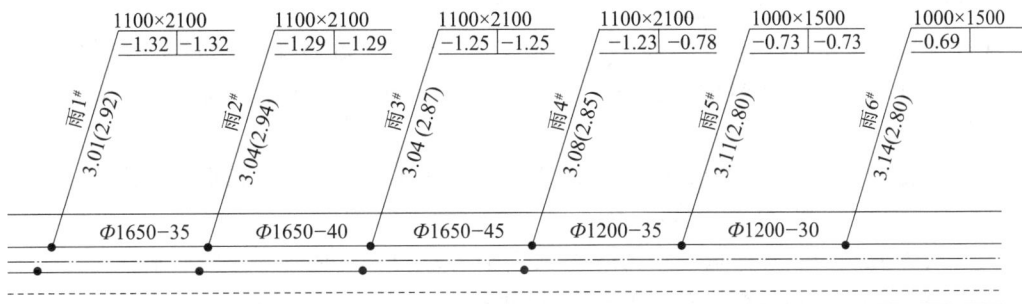

图 4-9　某雨水管道工程

　　(1)槽底至管内壁深度:Φ1200 为 48 cm,Φ1650 为 63 cm。

　　(2)沟槽采用机械开挖、现场抛土,回填采用夯填土。根据设计要求,沟槽回填黄砂至管中。沟槽支撑采用双面支撑。

　　(3)假设现场可以堆土,堆土长度为沟槽长度,运土采用自卸汽车,运距 1 km。

　　(4)假设槽底土质较好,管道基础采用砾石砂基础,相关尺寸见排水管道通用图(1992)。

　　(5)现场施工需要铺筑施工便道和设置堆料场地。

　　(6)沟槽深度大于 3 m 时采用井点降水。

　　(7)企业管理费和利润的费率为 27.81%,安全文明施工费费率为 2.58%,其他施工措施费暂不考虑,增值税税率为 9%。

学习活动 1　预算定额列项与工程量计算

一、编制依据

（1）某雨水管道工程图（见图 4-9）。

（2）1992 年排水管道通用图。

（3）《上海市城镇给排水工程预算定额 第二册 城镇排水管道工程（SHA 8-31（02）—2016）》。

（4）人工、材料、机械价格采用 2023 年 11 月的信息价格。

二、编制步骤

采用《上海市城镇给排水工程预算定额 第二册 城镇排水管道工程（SHA 8-31（02）—2016）》编制施工图预算的方法及步骤如下。

（1）编制"下水道工程量计算表"（表 4-15），查阅表 4-16 和表 4-17 找出沟槽的定额取深和窨井的定额取深，计算出沟槽深度。

（2）依据《上海市城镇给排水工程预算定额 第二册 城镇排水管道工程（SHA 8-31（02）—2016）》工程量计算规则的各项规定，计算出各个分项工程的工程数量，并找出各分项的定额子目编号。

（3）将定额编号和相应项目的工程数量输入计价软件，在"工料机表"界面导入市场信息价格，计算出人工费、材料费、机械费。

（4）在"措施费表"界面输入相关措施项目名称及价格（本例暂不考虑措施费）。

（5）在"费用表"界面载入费用表模板，得到总造价。

三、编制下水道工程量计算表

计算公式为：

（1）窨井深度＝设计标高－管底标高。

（2）管底埋深＝原地面标高－管底标高。

（3）管底平均深度＝相邻两个管底埋深的平均值。

（4）槽底至管内壁的厚度：可查阅排水管道通用图。

（5）沟槽深度 $H = h_1 + h_2 =$ 管底平均深度＋槽底至管内壁的厚度。

具体计算见表 4-15。沟槽断面图见图 4-10。

表 4-15　下水道工程量计算表

窨井编号	窨井规格	设计标高①	原地面标高②	管底标高③	窨井深度④	定额取深⑤	管底埋深⑥	管底平均深度⑦	槽底至管内壁厚度⑧	沟槽深度⑨	定额取深⑩	管径规格	管长	连管
见图纸	见图纸	见图纸	见图纸	见图纸	④=①-③	查"窨井定额取深表"	⑥=②-③	相邻两个管底埋深的平均值	见题目条件	⑨=⑦+⑧	查"沟槽定额取深表"	见图纸	见图纸	见图纸
雨1#	1100×2100	3.01	2.92	−1.32	4.33	4.5	4.24	(4.24+4.23)/2=4.235	0.63	4.865	5.0	Φ1650	35	
雨2#	1100×2100	3.04	2.94	−1.29	4.33	4.5	4.23	4.175	0.63	4.805	5.0	Φ1650	40	
雨3#	1100×2100	3.04	2.87	−1.25	4.29	4.5	4.12	4.100	0.63	4.730	4.5	Φ1650	45	
雨4#	1100×2100	3.08	2.85	−1.23 / −0.78	4.31	4.5	4.08 / 3.63	3.580	0.48	4.060	>4.0	Φ1200	35	
雨5#	1000×1500	3.11	2.80	−0.73	3.84	4.0	3.53	3.510	0.48	3.990	≤4.0	Φ1200	30	
雨6#	1000×1500	3.14	2.80	−0.69	3.83	4.0	3.49							

注：当窨井的管底标高不止一个时，窨井深度应选取其中的最大值，但是管底埋深仍旧是两个，如上表中的雨4#窨井。

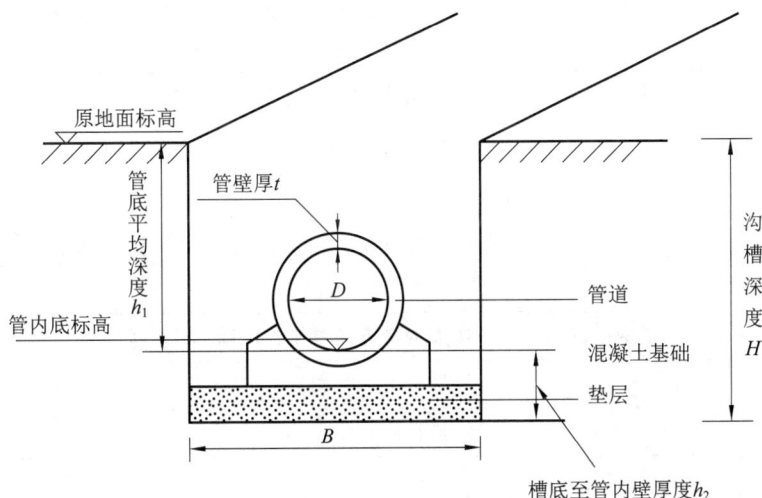

图 4-10　沟槽断面图

四、预算定额列项与工程量计算

（1）依据《上海市城镇给排水工程预算定额 第二册 城镇排水管道工程（SHA 8-31(02)—2016)》工程量计算规则的各项规定，计算出各个分项工程的工程数量，见表 4-16。

表 4-16   工程数量计算表

序号	定额编号	分项工程名称	工程量计算式	单位	数量
1	52-1-2-3	机械挖沟槽土方	窨井内径 1.1 m,窨井壁厚 0.49 m,窨井基础加宽部分 0.1 m,工作面 0.5 m	m³	2739.41
		1100×2100 窨井坑	1.1+0.49×2+0.1×4+0.5×2=3.48 m		
		1000×1500 窨井坑	1+0.49×2+0.1×4+0.5×2=3.38 m		
		1#~2#	(35+1/2×3.48)×3.25×4.865=580.905		
		2#~3#	40×3.25×4.805=624.65		
		3#~4#	45×3.25×4.73=691.763		
		4#~5#	35×2.65×4.06=376.565		
		5#~6#	(30+1/2×3.38)×2.65×3.99=335.074		
			小计=2608.957		
		窨井加宽加深土方计沟槽土方数的5%	合计=小计×(1+5%)=2608.957×(1+5%)=2739.41		
2		沟槽支撑	经计算,沟槽深度分别为 4.865 m、4.805 m、4.730 m、4.060 m、3.990 m,均>3 m,故采用钢板桩支撑		
(1)		打沟槽钢板桩	按沿沟槽方向单排长度以"m"计算		
	52-4-3-1	① 桩长 4~6 m	沟槽长度=(30+1/2×3.38)×2=31.69×2=63.38 m	m	63.38
	52-4-3-2	② 桩长 6.01~9 m	沟槽长度=(1/2×3.48+35+40+45+35)×2=156.74×2=313.48 m	m	313.48
(2)		拔沟槽钢板桩	按沿沟槽方向单排长度以"m"计算		
	52-4-3-6	桩长 4~6 m	沟槽长度=63.38 m	m	63.38
	52-4-3-7	桩长 6.01~9 m	沟槽长度=313.48 m	m	313.48
(3)		安拆钢板桩支撑			
	52-4-4-5	① 槽宽≤3.8 m,深 4.01~6 m	沟槽长度=1/2×3.48+35+40+45=121.74 m	m	121.74
	52-4-4-1	② 槽宽≤3 m,深 3.01~4 m	沟槽长度=30+1/2×3.38=31.69 m	m	31.69
	52-4-4-2	③ 槽宽≤3 m,深 4.01~6 m	沟槽长度=35 m	m	35

续表

序号	定额编号	分项工程名称	工程量计算式	单位	数量
(4)	52-4-3-11	钢板桩使用量	查定额 P68	t·天	14513.29
		Φ1650	$4573/100 \times 121.74 \times 2$ 侧 $=11134.34$		
		Φ1200	$(3430/100 \times 35 + 1543/100 \times 31.69) \times 2$ 侧 $=3378.95$		
			小计 $=14513.29$		
(5)	52-4-4-14	钢板桩支撑使用量	查定额 P69	t·天	857.35
		Φ1650	$540/100 \times 121.74 = 657.396$		
		Φ1200	$440/100 \times 35 + 145/100 \times 31.69 = 199.951$		
			小计 $=857.35$		
3		沟槽排水	因沟槽深度 $H>3$ m,考虑采用井点降水 因沟槽深度 $H<6$ m,故采用轻型井点		
(1)	市 04-7-8-5	轻型井点安装	$(121.74+31.69+35)/1.2 = 157.03$	根	157
(2)	市 04-7-8-6	轻型井点拆除	同上	根	157
(3)	市 04-7-8-7	轻型井点使用		套·天	96
		Φ1650	$(1/2 \times 3.48+35+40+45)/60 = 2.029$,取 2 套 查表得,井点使用周期为 32 套·天 $2 \times 32 \times 0.8 = 51.2$ 套·天		
		Φ1200	$(1/2 \times 3.38+35+30)/60 = 1.112$,取 2 套 查表得,井点使用周期为 28 套·天 $2 \times 28 \times 0.8 = 44.8$ 套·天		
			小计 $=51.2+44.8=96$ 套·天		
4		管道基座			
		管道垫层(砾石砂)	垫层体积 $V=$ 管道净长度×垫层宽度×垫层厚度 管道净长度 $L=$ 管道毛长度(即图纸中窨井中~中的长度)-窨井外壁尺寸		
(1)		Φ1650 钢筋混凝土企口管	管道净长度 $L=35+40+45-(1.1+0.49 \times 2) \times 3 = 113.76$ m		
	52-1-4-3	砾石砂垫层(查图集)	垫层体积 $V = 113.76 \times 3.25 \times 0.1 = 36.972$	m³	36.972
	52-1-5-1	C20 混凝土(查图集)	混凝土体积 $V=$ 管道净长度×混凝土宽度×混凝土厚度 混凝土体积 $V = 113.76 \times 2.65 \times 0.2 = 60.293$	m³	60.293

续表

序号	定额编号	分项工程名称	工程量计算式	单位	数量
	52-4-5-1	混凝土基座模板	模板面积 S＝管道净长度×混凝土基座高度×2侧 $113.76×0.2×2$ 侧＝45.50	m²	45.50
(2)		$\Phi1200$ 钢筋混凝土承插管	因槽底土质较好,故采用砾石砂基础		
	52-1-4-3	砾石砂垫层	管道净长度 $L＝35+30-1/2(1.1+0.49×2)-(1+0.49×2)×1.5＝60.99$ m 垫层体积 $V＝60.99×2.65×0.25＝40.406$	m³	40.406
5		管道铺设	方法一:实埋长度＝毛长(窨井中～中的长度)－窨井的内径 方法二:实埋长度＝净长＋窨井的壁厚		
	52-1-6-7	$\Phi1650$ 钢筋混凝土企口管	$35+40+45-1.1×3＝116.7$ $113.76+0.49×6＝116.7$	m	116.7
	52-1-6-4	$\Phi1200$ 钢筋混凝土承插管	$35+30-(1/2×1.1+1×1.5)＝62.95$ $60.99+0.49×4＝62.95$	m	62.95
6		管道闭水试验	雨水管道按每4段抽查1段		
	52-1-7-8	$\Phi1650$ 钢筋混凝土企口管		段	1
	52-1-7-6	$\Phi1200$ 钢筋混凝土承插管		段	1
7	52-1-3-1	沟槽夯填土	回填数量＝沟槽挖土数－管道垫层体积－混凝土基座体积－管子外形体积	m³	2132.836
		$\Phi1650$ 管子外形体积	$V_{管}＝\pi/4 \cdot D_外^2×$管道净长度$＝\pi/4×(1.65+0.19×2)^2×113.76＝368.19$ m³		
		$\Phi1200$ 管子外形体积	$V_{管}＝\pi/4 \cdot D_外^2×$管道净长度$＝\pi/4×(1.20+0.125×2)^2×60.99＝100.713$ m³		
			回填数量＝沟槽挖土数－管道垫层体积－混凝土基座体积－管子外形体积＝2739.41－36.972－60.293－40.406－368.19－100.713＝2132.836		
8	53-1-3-1	土方场内运输	挖土现场运输土方数＝(挖土数－堆土数)×60% 填土现场运输土方数＝挖土现场运输土方数－余土数	m³	1550.138

序号	定额编号	分项工程名称	工程量计算式	单位	数量
		堆土数： 假设堆土高度 2 m，堆土的梯形截面上底取 0.5 m	$1/2 \times (0.5+4.5) \times 2 \times (121.74+31.69+35)=942.15$		
			挖土现场运输土方数 $=(2739.41-942.15) \times 60\%=1078.356$		
			填土现场运输土方数 $=1078.356-(36.972+60.293+40.406+368.19+100.713)=471.782$		
			小计 $=1550.138$		
9	53-1-3-6	余方弃置	余土场外运输 $=$ 沟槽挖土数 $-$ 沟槽填土数	m³	606.574
			$2739.41-2132.836=606.574$		
10	53-4-3-1	组装、拆卸柴油打桩机	因为采用钢板桩支撑	架·次	1
11	52-4-6-7	1.2 t 以内柴油打桩机场外运输费		台·次	1
12	52-4-6-4	履带式单斗液压挖掘机场外运输费 $\leqslant 1$ m³		台·次	1
13	53-9-4-1	施工便道	按总管长度的 60% 或者道路总长的 30% 计取，选取其中的大值 $185 \times 60\% \times 4=444$	m²	444
14	53-9-4-2	堆料场地	根据《上海市城镇给排水工程预算定额 第三册 城镇给排水构筑物及设备安装工程（SHA 8-31(03)—2016）》的说明	m²	200

（2）编制预算书（见表 4-17）。

表 4-17　预算书

工程名称：××管道工程

序号	编号	名称	单位	工程量	单价/元	合价/元
1	52-1-2-3	机械挖沟槽土方　深≤6 m 现场抛土	m³	2739.41	12.06	33037.28
2	52-4-3-1	打槽型钢板桩　长 4.00～6.00 m，单面	100 m	0.634	36157.9	22916.88
3	52-4-3-2	打槽型钢板桩　长 6.01～9.00 m，单面	100 m	3.135	47176.06	147887.51
4	52-4-3-6	拔槽型钢板桩　长 4.00～6.00 m，单面	100 m	0.634	25784.47	16342.2
5	52-4-3-7	拔槽型钢板桩　长 6.01～9.00 m，单面	100 m	3.135	33241.45	104205.3
6	52-4-4-5	安拆钢板桩支撑　槽宽≤3.8 m，深 4.01～6.00 m	100 m	1.217	27648.9	33659.77

续表

序号	编号	名称	单位	工程量	单价/元	合价/元
7	52-4-4-1	安拆钢板桩支撑　槽宽≤3.0 m,深3.01～4.00 m	100 m	0.317	14832.99	4700.57
8	52-4-4-2	安拆钢板桩支撑　槽宽≤3.0 m,深4.01～6.00 m	100 m	0.35	20261.05	7091.37
9	52-4-3-11	槽型钢板桩使用	t·天	14513.29	6.09	88385.94
10	52-4-4-14	钢板桩支撑使用	t·天	857.35	5.94	5092.66
11	市04-7-8-5	轻型井点安装	根	157	137.8	21634.6
12	市04-7-8-6	轻型井点拆除	根	157	65.27	10247.39
13	市04-7-8-7	轻型井点使用	套·天	96	271.43	26057.28
14	52-1-4-3	管道砾石砂垫层	m³	36.972	339.48	12551.25
15	52-1-5-1	管道基座 混凝土 预拌混凝土(泵送型)C20 粒径5～20 mm	m³	60.293	696.33	41983.82
16	52-4-5-1	模板工程 管道基座	m²	45.5	78.88	3589.04
17	52-1-4-3	管道砾石砂垫层	m³	40.406	339.48	13717.03
18	52-1-6-7	管道铺设 企口式钢筋混凝土管 Φ1650 湿拌砌筑砂浆 WM M15.0	100 m	1.167	189477.12	221119.8
19	52-1-6-4	管道铺设 承插式钢筋混凝土管 Φ1200	100 m	0.63	93864.63	59087.78
20	52-1-7-8	管道闭水试验 Φ1600 湿拌砌筑砂浆 WM M10.0	段	1	2987.04	2987.04
21	52-1-7-6	管道闭水试验 Φ1200 湿拌砌筑砂浆 WM M10.0	段	1	1463.62	1463.62
22	52-1-3-1	沟槽回填 夯填土	m³	2132.836	64.66	137909.18
23	53-1-3-1	场内运输 自卸汽车运土(运距1 km以内)	m³	1550.138	12.06	18694.66
24	53-1-3-6	余方弃置	m³	606.574	53.73	32591.22
25	53-4-3-1	组装、拆卸柴油打桩机 轨道式 锤重≤0.6 t	架·次	1	8810.28	8810.28
26	52-4-6-7	柴油打桩机场外运输费 1.2 t以内	台·次	1	16838.01	16838.01
27	52-4-6-4	履带式单斗液压挖掘机场外运输费 ≤1 m³	台·次	1	7823.31	7823.31
28	53-9-4-1	铺筑施工便道	m²	444	151.24	67150.56
29	53-9-4-2	堆料场地	m²	200	136.72	27344
30	52-4-6-6	压路机(综合)场外运输费	台·次	2	3800	7600
31	52-4-6-3	25 t以内履带式起重机进出场及安拆费	台·次	1	6546.87	6546.87
合计			元			1209066.22

（3）编制施工费用表（见表 4-18）。

表 4-18　市政工程施工费用表

工程名称：××管道工程

序号	名称	基数说明	费率/（%）	金额/元
1	直接费	其中人工费＋其中材料费＋施工机具使用费＋其中主材费＋其中设备费		1209066.27
1.1	其中人工费	人工费		538073.45
1.2	其中材料费	材料费		475730.6
1.3	施工机具使用费	机械费		195262.22
1.4	其中主材费	主材费		
1.5	其中设备费	设备费		
2	企业管理费和利润	其中人工费	27.81	149638.23
3	安全文明施工费	直接费	2.58	31193.91
4	施工措施费	措施项目合计		
5	其他项目费	其他项目费		
6	小计	直接费＋企业管理费和利润＋安全文明施工费＋施工措施费＋其他项目费		1389898.41
7	税前补差	税前补差		
8	增值税	小计＋税前补差	9	125090.86
9	税后补差	税后补差		
10	甲供材料	甲供费		
11	工程造价	小计＋税前补差＋增值税＋税后补差－甲供材料		1514989.27

（4）编制工料机表（见表 4-19）。

表 4-19　工料机表

工程名称：××管道工程

序号	名称	单位	数量	单价/元	合价/元
1	综合人工（土建）市政	工日	134.5	240	32280.17
2	综合人工	工日	2134.22	237	505810.71
3	塑料薄膜	m²	184.04	0.46	84.66
4	圆钉	kg	9.05	6.47	58.55
5	镀锌铁丝	kg	36.1	6.13	221.3
6	风镐凿子	根	0.3	12.61	3.78
7	黄砂 中粗	t	41.59	178.64	7430.34
8	黄砂 中粗	kg	17709.6	0.18	3170.02

续表

序号	名称	单位	数量	单价/元	合价/元
9	砾石砂	t	171.08	94.17	16109.45
10	碎石 5～15	t	13.76	150.49	2071.28
11	道碴 50～70	t	154.73	93.2	14421.34
12	蒸压灰砂砖	1000 块	0.82	552.16	453.66
13	成材	m³	1.45	1800.22	2616.62
14	聚氨酯防水涂料(甲乙料)	kg	8.17	13.13	107.27
15	普通橡胶管	m	26.69	13.29	354.71
16	钢筋混凝土承插管 Φ1200×2500	m	63.26	834.6	52800.49
17	钢筋混凝土企口管 Φ1650×2000	m	117.28	1741.38	204234.67
18	管枕 Φ1200	块	105.76	16.9	1787.28
19	管枕 Φ1650	块	233.4	23.39	5459.23
20	水	m³	477.25	5.82	2777.59
21	组合钢模板	kg	28.4	4.8	136.33
22	木模板成材	m³	0.18	1640.75	291.23
23	钢模零配件	kg	10.5	5.2	54.61
24	轻型井点总管 Φ108×4	m	4.01	89.01	357.16
25	轻型井点井管 Φ40	m	83.13	53.4	4439.36
26	槽型钢板桩摊销	t	3.36	4907.88	16475.25
27	槽型钢板桩使用费	t·天	14513.29	6.09	88385.94
28	钢板桩支撑使用费	t·天	857.35	5.94	5092.66
29	铁撑柱	kg	282.45	5.76	1626.92
30	钢桩帽摊销	kg	230.86	4.89	1128.91
31	湿拌砌筑砂浆 WM M10.0	m³	0.35	610.9	213.45
32	湿拌砌筑砂浆 WM M15.0	m³	0.18	626.85	110.51
33	预拌混凝土(泵送型)C20 粒径 5～20 mm	m³	60.9	588.35	35828.1
34	预拌混凝土(非泵送型)C20 粒径 5～20 mm	m³	10.16	592.23	6017.09
35	其他材料费	元	1412.07	1	1412.07
36	履带式单斗液压挖掘机 1 m³	台班	15.26	1642.5	25067.87
37	轨道式柴油打桩机 0.6 t	台班	47.04	749.57	35260.86
38	简易拔桩架	台班	54.36	117.69	6398.15
39	混凝土振捣器 插入式	台班	8.26	10.28	84.91
40	混凝土振捣器 平板式	台班	11.79	10.19	120.11
41	载重汽车 6 t	台班	0.36	662.94	236.07

续表

序号	名称	单位	数量	单价/元	合价/元
42	载重汽车 8 t	台班	0.83	726.68	606.34
43	载重汽车 12 t	台班	11.47	923.75	10596.36
44	履带式起重机 8 t	台班	10.98	977.59	10736.62
45	汽车式起重机 8 t	台班	7.52	1190.28	8952.33
46	汽车式起重机 16 t	台班	2.78	1410.18	3916.78
47	电动卷扬机 单筒快速 10 kN	台班	3.77	382.08	1439.67
48	手扳葫芦	台班	7.92	5.11	40.45
49	千斤顶 15 t	台班	5.55	2.51	13.94
50	内燃光轮压路机 轻型	台班	1.73	661.91	1146.42
51	内燃夯实机 700 N·m	台班	79.13	33	2611.15
52	木工平刨床 刨削宽度 450 mm	台班	0.1	25.97	2.72
53	风镐	台班	0.62	8.75	5.43
54	轻便钻机 XJ-100	台班	8.95	364.36	3260.63
55	电动空气压缩机 1 m³/min	台班	0.62	59.27	36.75
56	电动多级离心清水泵 Φ150×180 m 以下	台班	7.54	324.74	2447.2
57	潜水泵 Φ50	台班	7.5	27.34	205.05
58	射流井点泵 9.5 m	台班	114.17	71.33	8143.83
59	土方外运	m³	606.57	53.73	32591.22
60	履带式单斗液压挖掘机进出场费 ≤1 m³	台·次	1	7823.31	7823.31
61	压路机进出场费	台·次	2	3800	7600
62	柴油打桩机进出场费 1.2 t 以内	台·次	1	16838.01	16838.01
63	履带式起重机进出场及安拆费 ≤25 t	台·次	1	6546.87	6546.87
64	其他机械费	元	2546.68	1	2546.68

学习活动2　组合定额列项与工程量计算

一、编制依据

(1) 某雨水管道工程图(见图4-9)。

(2) 1992 年排水管道通用图。

(3) 《上海市室外排水管道工程预算组合定额(SHA 8-31(04)—2020)》。

(4) 人工、材料、机械价格采用 2023 年 11 月的信息价格。

二、编制步骤

采用《上海市室外排水管道工程预算组合定额(SHA 8-31(04)—2020)》编制施工图预算的方法及步骤如下。

(1)编制"下水道工程量计算表"(按照项目4任务4学习活动1预算定额列项与工程量计算的编制方法)。

(2)依据《上海市室外排水管道工程预算组合定额(SHA 8-31(04)—2020)》工程量计算规则的各项规定,计算出各个分项工程的工程数量,并找出各分项的定额子目编号(查表4-20、表4-21)。

(3)将定额编号和相应项目的工程数量输入预算软件,在"工料机表"界面导入市场信息价格,计算出人工费、材料费、机械费。

(4)在"措施费表"界面输入相关措施项目名称及价格(本例暂不考虑措施费)。

(5)在"费用表"界面载入费用表模板,得到总造价。

表 4-20　上海市室外排水管道工程预算组合定额摘录　　　　　　单位:座

序号	定额编号	基本组合项目名称	单位	Z52-2-1-73 1100×2100 (Φ1650) 4.5 m	Z52-2-1-74 1100×2100 (Φ1650) 5.0 m	Z52-2-1-75 1100×2100 (Φ1650) 5.5 m	Z52-2-1-76 1100×2100 (Φ1650) 6.0 m
1	52-1-4-3	砾石砂垫层	m³	1.06	1.06	1.06	1.06
2	52-1-5-1	管道基座混凝土 C20	m³	3.27	3.27	3.27	3.27
3	52-4-5-1	混凝土底板模板	m²	4.28	4.28	4.28	4.28
4	52-3-1-3	排水检查井 深≤6 m	m³	8.28	9.31	10.69	15.54
5	52-3-2-1	排水检查井水泥砂浆抹面 WM M15.0	m²	52.50	57.26	64.18	67.02
6	52-3-9-1	安装盖板及盖座	m³	0.5	0.53	0.53	0.53
7	52-3-9-3	安装盖板及盖座 铸铁盖座	套	1	1	1	1
8	36014512	Ⅱ型钢筋混凝土盖板	块	1	1	1	1
9	04290712	钢筋混凝土板 (1400×250×160) mm	块	4	2	2	2
10	04290713	钢筋混凝土板 (1400×300×161) mm	块		3	3	3

续表

序号	定额编号	调整组合项目名称	单位	数量	数量	数量	数量
		防沉降排水检查井盖板					
1	36014512	Ⅱ型钢筋混凝土盖板	块	−1	−1	−1	−1
2	52-3-9-4	防沉降排水检查井盖板安装	块	1	1	1	1
3	52-3-9-1	安装盖板及盖座	m³	−0.23	−0.23	−0.23	−0.23
		防坠装置					
4	52-3-6-1	安装防坠格板	只	1	1	1	1

表 4-21 上海市室外排水管道工程预算组合定额摘录 　　　　　单位:100 m

序号	定额编号	基本组合项目名称	单位	Z52-1-1-74A 5.0 m	Z52-1-1-74B 5.0 m	Z52-1-1-75A 5.5 m	Z52-1-1-75B 5.5 m
1	52-1-2-3	机械挖沟槽土方 深≤6 m 现场抛土	m³	1732.5	1732.5	1905.75	1905.75
2	53-9-1-1	施工排水降水 湿土排水	m³	1386	1386	1559.25	1559.25
3	52-1-4-3	管道砾石砂垫层	m³	30.46	30.46	30.46	30.46
4	52-1-5-1	管道基座混凝土 C20	m³	48.92	48.92	48.92	48.92
5	52-4-5-1	管道基座模板工程	m²	36.92	36.92	36.92	36.92
6	52-1-6-7	管道铺设 企口式钢筋混凝土管 Φ1650	100 m	0.9725	0.9725	0.9725	0.9725
7	52-1-3-4	沟槽回填 黄砂	m³	237.61	595.16	237.61	595.16
序号	定额编号	调整组合项目名称	单位	数量	数量	数量	数量
8	52-1-3-1	沟槽回填 夯填土	m³	1034.61	677.06	1202.7	845.15
9	53-9-1-3	施工排水降水 筑拆竹箩滤井	座	2.5	2.5	2.5	2.5
		井点降水					
1	53-9-1-5	施工排水降水 轻型井点安装	根	83	83	83	83
2	53-9-1-6	施工排水降水 轻型井点拆除	根	83	83	83	83
3	53-9-1-7	施工排水降水 轻型井点使用	套·天	45	45	45	45
4	53-9-1-1	施工排水降水 湿土排水	m³	−1386	−1386	−1559.25	−1559.25

续表

序号	定额编号	调整组合项目名称	单位	数量	数量	数量	数量
		围护支撑					
1	52-4-3-2	打槽型钢板桩 6.01~9 m,单面	100 m	2	2	2	2
2	52-4-3-7	拔槽型钢板桩 6.01~10 m,单面	100 m	2	2	2	2
3	52-4-4-5	安拆钢板桩支撑 槽宽≤3.8 m,深4.01~6.00 m	100 m	1	1	1	1
4	52-4-3-11	槽型钢板桩使用费	t·天	7317	7317	7317	7317
5	52-4-4-14	钢板桩支撑使用费	t·天	432	432	432	432

三、编制下水道工程量计算表

编制下水道工程量计算表见表 4-15。

四、编制工程数量计算表

编制工程数量计算表见表 4-22。

表 4-22 工程数量计算表

序号	定额编号	分项工程名称	单位	数量
1	Z52-2-1-73	混凝土基础砖砌直线不落底排水检查井 1100×2100×4.5(Φ1650)	座	4
2	Z52-2-1-43	混凝土基础砖砌直线不落底排水检查井 1000×1500×4.0(Φ1200)	座	2
3	Z52-1-1-74B	Φ1650 企口式钢筋混凝土管开槽埋管,h=5.0 m	m	75
4	Z52-1-1-73B	Φ1650 企口式钢筋混凝土管开槽埋管,h=4.5 m	m	45
5	Z52-1-1-37B	Φ1200 承插式钢筋混凝土管开槽埋管,h>4.0 m	m	35
6	Z52-1-1-36B	Φ1200 承插式钢筋混凝土管开槽埋管,h≤4.0 m	m	30
7	53-9-4-1	铺筑施工便道	m²	444
8	53-9-4-2	堆料场地	m²	200
9	53-4-3-1	组装、拆卸柴油打桩机 轨道式 锤重≤0.6 t	架·次	1
10	52-4-6-7	柴油打桩机场外运输费 1.2 t 以内	台·次	1
11	52-4-6-4	履带式单斗液压挖掘机场外运输费 ≤1 m³	台·次	1

五、编制工程预算书

编制工程预算书见表 4-23。

表 4-23　预算书

序号	类	编号	名称	单位	工程量	单价/元	合价/元
1	给	Z52-2-1-73	混凝土基础砖砌直线不落底排水检查井 1100×2100（Φ1650）4.5 m	座	4	13585.36	54341.44
	给	04290712	钢筋混凝土板	块	16	40.36	645.74
	给	36014512	Ⅱ型钢筋混凝土盖板	块	4	342.75	1371
	给	52-1-4-3-1	砾石砂垫层	m³	4.24	321.82	1364.52
	给	52-1-5-1	管道基座 混凝土	m³	13.08	706.27	9238.01
	给	52-4-5-1-1	混凝土底板模板	m²	17.12	59.5	1018.64
	给	52-3-1-3	排水检查井 深≤6 m	m³	33.12	869.37	28793.53
	给	52-3-2-1	排水检查井水泥砂浆抹面 WM M15.0	m²	210	37.75	7927.5
	给	52-3-9-1	安装盖板及盖座 钢筋混凝土盖板 0.5 m³ 以内	m³	2	165.28	330.56
	给	52-3-9-3	安装盖板及盖座 铸铁盖座	套	4	912.98	3651.92
2	给	Z52-2-1-43	混凝土基础砖砌直线不落底排水检查井 1000×1500（Φ1200）4.0 m	座	2	9513.22	19026.44
	给	04290711	钢筋混凝土板	块	4	42.28	169.12
	给	36014512	Ⅱ型钢筋混凝土盖板	块	2	342.75	685.5
	给	52-1-4-3-1	砾石砂垫层	m³	1.58	321.82	508.48
	给	52-1-5-1	管道基座 混凝土	m³	3.42	706.27	2415.44
	给	52-4-5-1-1	混凝土底板模板	m²	4.98	59.5	296.31
	给	52-3-1-2	排水检查井 深≤4 m	m³	11.72	845.94	9914.42
	给	52-3-2-1	排水检查井水泥砂浆抹面 WM M15.0	m²	82	37.75	3095.5
	给	52-3-9-1	安装盖板及盖座 钢筋混凝土盖板 0.5 m³ 以内	m³	0.7	165.28	115.7
	给	52-3-9-3	安装盖板及盖座 铸铁盖座	套	2	912.98	1825.96
3	给	Z52-1-1-74B 换	Φ1650 企口式钢筋混凝土管 5.0 m 井点降水 围护支撑	100 m	0.75	740550.65	555412.99

续表

序号	类	编号	名称	单位	工程量	单价/元	合价/元
	给	52-1-2-3	机械挖沟槽土方 深≤6 m 现场抛土	m³	1299.375	10.37	13474.52
	给	52-1-4-3	管道砾石砂垫层	m³	22.845	321.82	7351.98
	给	52-1-5-1	管道基座 混凝土	m³	36.69	706.27	25913.05
	给	52-4-5-1	模板工程 管道基座	m²	27.69	59.5	1647.56
	给	52-1-6-7	管道铺设 企口式钢筋混凝土管 Φ1650	100 m	0.729	196260.33	143148.36
	给	52-1-3-4	沟槽回填 黄砂	m³	446.37	391.6	174798.49
	给	52-1-3-1	沟槽回填 夯填土	m³	507.795	46.69	23708.95
	给	53-9-1-3	施工排水、降水 筑拆竹笼滤井	座	1.875	93.99	176.23
	给	53-9-1-5	施工排水、降水 轻型井点安装	根	62.25	117.02	7284.5
	给	53-9-1-6	施工排水、降水 轻型井点拆除	根	62.25	50.98	3173.51
	给	53-9-1-7	施工排水、降水 轻型井点使用	套·天	33.75	211.32	7132.05
	给	52-4-3-2	打槽型钢板桩 长 6.01~9.00 m,单面	100 m	1.5	38130.69	57196.04
	给	52-4-3-7	拔槽型钢板桩 长 6.01~9.00 m,单面	100 m	1.5	25264.13	37896.2
	给	52-4-4-5	安拆钢板桩支撑 槽宽≤3.8 m,深 4.01~6.00 m	100 m	0.75	22890.14	17167.61
	给	52-4-3-11	槽型钢板桩使用费	t·天	5487.75	6.09	33420.4
	给	52-4-4-14	钢板桩支撑使用费	t·天	324	5.94	1924.56
4	给	Z52-1-1-73B 换	Φ1650 企口式钢筋混凝土管 4.5 m 井点降水 围护支撑	100 m	0.45	717565.46	322904.46
	给	52-1-2-3	机械挖沟槽土方 深≤6 m 现场抛土	m³	680.4	10.37	7055.75
	给	52-1-4-3	管道砾石砂垫层	m³	13.293	321.82	4277.95
	给	52-1-5-1	管道基座 混凝土	m³	22.014	706.27	15547.83
	给	52-4-5-1	模板工程 管道基座	m²	16.614	59.5	988.53
	给	52-1-6-7	管道铺设 企口式钢筋混凝土管 Φ1650	100 m	0.438	196260.33	85889.41
	给	52-1-3-4	沟槽回填 黄砂	m³	254.309	391.6	99587.21
	给	52-1-3-1	沟槽回填 夯填土	m³	221.378	46.69	10336.12

序号	类	编号	名称	单位	工程量	单价/元	合价/元
	给	53-9-1-3	施工排水、降水 筑拆竹箩滤井	座	1.125	93.99	105.74
	给	53-9-1-5	施工排水、降水 轻型井点安装	根	37.35	117.02	4370.7
	给	53-9-1-6	施工排水、降水 轻型井点拆除	根	37.35	50.98	1904.1
	给	53-9-1-7	施工排水、降水 轻型井点使用	套·天	20.25	211.32	4279.23
	给	52-4-3-2	打槽型钢板桩 长 6.01~9.00 m,单面	100 m	0.9	38130.69	34317.62
	给	52-4-3-7	拔槽型钢板桩 长 6.01~9.00 m,单面	100 m	0.9	25264.13	22737.72
	给	52-4-4-5	安拆钢板桩支撑 槽宽≤3.8 m,深 4.01~6.00 m	100 m	0.45	22890.14	10300.56
	给	52-4-3-11	槽型钢板桩使用费	t·天	3292.65	6.09	20052.24
	给	52-4-4-14	钢板桩支撑使用费	t·天	194.4	5.94	1154.74
5	给	Z52-1-1-37B换	Φ1200 承插式钢筋混凝土管＞4.0 m 井点降水 围护支撑	100 m	0.35	525633.71	183971.8
	给	52-1-2-3	机械挖沟槽土方 深≤6 m 现场抛土	m³	409.304	10.37	4244.48
	给	52-1-4-3	管道砾石砂垫层	m³	8.803	321.82	2832.82
	给	52-1-5-1	管道基座 混凝土	m³	10.269	706.27	7252.69
	给	52-4-5-1	模板工程 管道基座	m²	9.783	59.5	582.06
	给	52-1-6-4	管道铺设 承插式钢筋混凝土管 Φ1200	100 m	0.341	96907.94	33069.83
	给	52-1-3-4	沟槽回填 黄砂	m³	146.692	391.6	57444.59
	给	52-1-3-1	沟槽回填 夯填土	m³	173.642	46.69	8107.34
	给	53-9-1-3	施工排水、降水 筑拆竹箩滤井	座	0.875	93.99	82.24
	给	53-9-1-5	施工排水、降水 轻型井点安装	根	29.05	117.02	3399.43
	给	53-9-1-6	施工排水、降水 轻型井点拆除	根	29.05	50.98	1480.97
	给	53-9-1-7	施工排水、降水 轻型井点使用	套·天	12.95	211.32	2736.59
	给	52-4-3-2	打槽型钢板桩 长 6.01~9.00 m,单面	100 m	0.7	38130.69	26691.48
	给	52-4-3-7	拔槽型钢板桩 长 6.01~9.00 m,单面	100 m	0.7	25264.13	17684.89
	给	52-4-4-2	安拆钢板桩支撑 槽宽≤3.0 m,深 4.01~6.00 m	100 m	0.35	16951.13	5932.9
	给	52-4-3-11	槽型钢板桩使用费	t·天	1920.8	6.09	11697.67
	给	52-4-4-14	钢板桩支撑使用费	t·天	123.2	5.94	731.81

序号	类	编号	名称	单位	工程量	单价/元	合价/元
6	给	Z52-1-1-36B 换	Φ1200 承插式钢筋混凝土管 ≤ 4.0 m 井点降水 围护支撑	100 m	0.3	467474.04	140242.21
	给	52-1-2-3	机械挖沟槽土方 深≤6 m 现场抛土	m³	329.568	10.37	3417.62
	给	52-1-4-3	管道砾石砂垫层	m³	7.545	321.82	2428.13
	给	52-1-5-1	管道基座 混凝土	m³	8.802	706.27	6216.59
	给	52-4-5-1	模板工程 管道基座	m²	8.385	59.5	498.91
	给	52-1-6-4	管道铺设 承插式钢筋混凝土管 Φ1200	100 m	0.293	96907.94	28345.57
	给	52-1-3-4	沟槽回填 黄砂	m³	125.736	391.6	49238.22
	给	52-1-3-1	沟槽回填 夯填土	m³	127.572	46.69	5956.34
	给	53-9-1-3	施工排水、降水 筑拆竹笼滤井	座	0.75	93.99	70.49
	给	53-9-1-5	施工排水、降水 轻型井点安装	根	24.9	117.02	2913.8
	给	53-9-1-6	施工排水、降水 轻型井点拆除	根	24.9	50.98	1269.4
	给	53-9-1-7	施工排水、降水 轻型井点使用	套·天	11.1	211.32	2345.65
	给	52-4-3-1	打槽型钢板桩 长 4.00～6.00 m,单面	100 m	0.6	28962.68	17377.61
	给	52-4-3-6	拔槽型钢板桩 长 4.00～6.00 m,单面	100 m	0.6	19536.35	11721.81
	给	52-4-4-1	安拆钢板桩支撑 槽宽≤3.0 m, 深 3.01～4.00 m	100 m	0.3	12415	3724.5
	给	52-4-3-11	槽型钢板桩使用费	t·天	740.7	6.09	4510.86
	给	52-4-4-14	钢板桩支撑使用费	t·天	34.8	5.94	206.71
7	给	53-9-4-1	铺筑施工便道	m²	444	119.93	53248.92
8	给	53-9-4-2	堆料场地	m²	200	115.31	23062
9	给	53-4-3-1	组装、拆卸柴油打桩机 轨道式 锤重≤0.6 t	架·次	1	7976.91	7976.91
10	给	52-4-6-4	履带式单斗液压挖掘机场外运输费 ≤1 m³	台·次	1	7894.41	7894.41
11	给	52-4-6-6	压路机(综合)场外运输费	台·次	2	3800	7600
12	给	52-4-6-3	25 t 以内履带式起重机进出场 及安拆费	台·次	1	6546.87	6546.87
13	给	52-4-6-7	柴油打桩机场外运输费 1.2 t 以内	台·次	1	17210.24	17210.24
合计				元			1544167.45

六、编制工程费用表

编制工程费用表见表 4-24。

表 4-24　工程费用表

工程名称：××管道工程

序号	名称	基数说明	费率/（%）	金额/元
1	直接费	其中人工费＋其中材料费＋施工机具使用费＋其中主材费＋其中设备费		1544167.45
1.1	其中人工费	人工费		706715.1
1.2	其中材料费	材料费		695149.37
1.3	施工机具使用费	机械费		142302.98
1.4	其中主材费	主材费		
1.5	其中设备费	设备费		
2	企业管理费和利润	其中人工费	27.81	196537.47
3	安全文明施工费	直接费	2.58	39839.52
4	施工措施费	措施项目合计		
5	其他项目费	其他项目费		
6	小计	直接费＋企业管理费和利润＋安全文明施工费＋施工措施费＋其他项目费		1780544.44
7	税前补差	税前补差		
8	增值税	小计＋税前补差	9	160249
9	税后补差	税后补差		
10	甲供材料	甲供费		
11	工程造价	小计＋税前补差＋增值税＋税后补差－甲供材料		1940793.44

项目 5

桥梁工程

QIAOLIANG GONGCHENG

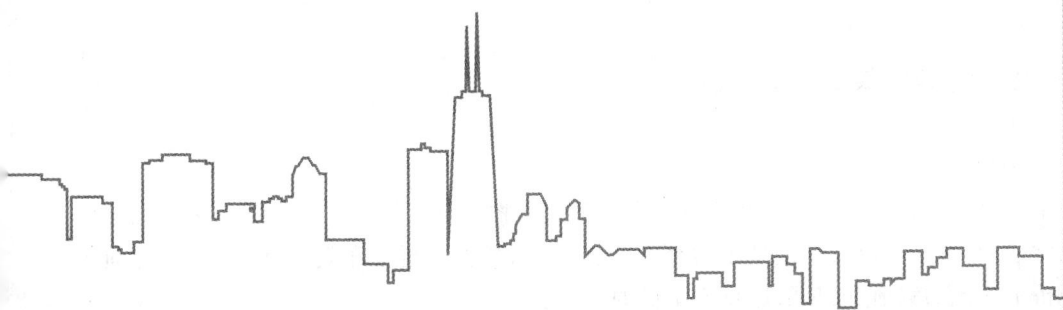

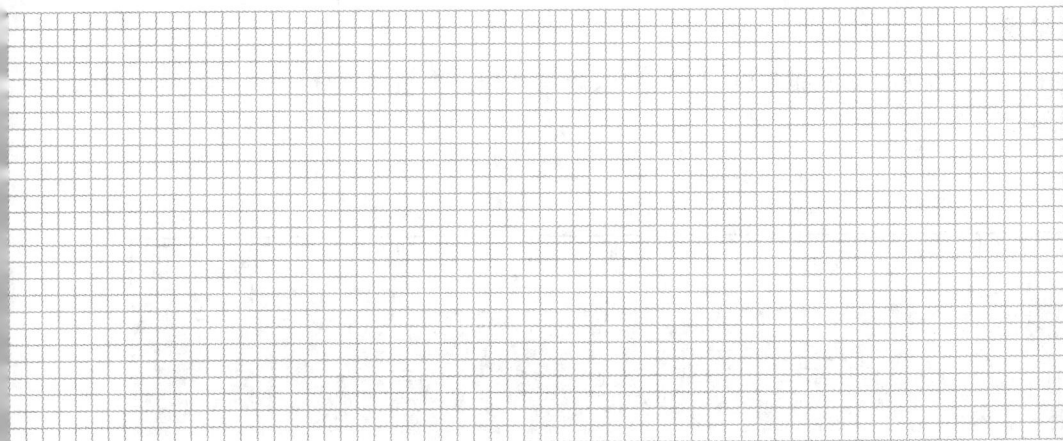

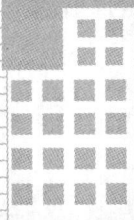

城市桥梁是跨越河流、铁路、其他道路及人工建筑物等障碍的人工构筑物。为了确保桥梁的正常使用,桥梁的建设必须满足两个要求:一方面要保证桥上的车辆运行,另一方面还要保证桥下水流的宣泄、船只的通航或车辆的运行。

任务 1
桥梁工程施工图识读及列项

学习活动 1　桥梁工程施工图识读

一、城市桥梁的基本概念和组成

1. 基本概念

城市桥梁是跨越河流、铁路、其他道路及人工建筑物等障碍的人工构筑物。为了确保桥梁的正常使用,桥梁的建设必须满足两个要求:一方面要保证桥上车辆的运行,另一方面还要保证桥下水流的宣泄、船只的通航或车辆的运行。

2. 组成

一座桥梁一般可分成上部结构、下部结构、附属结构三个组成部分,图 5-1 为梁桥的基本组成部分。

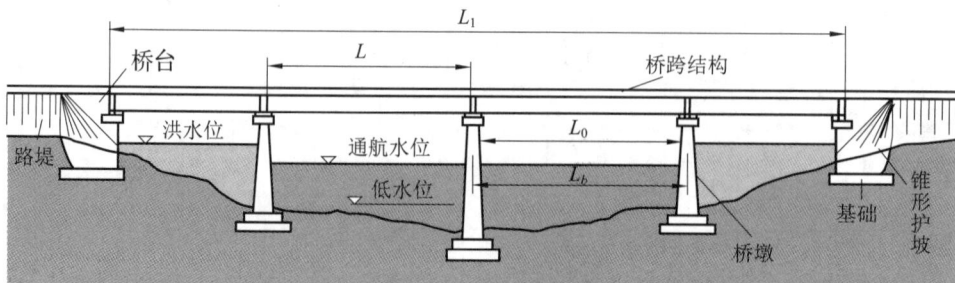

图 5-1　梁桥的基本组成

上部结构又称桥跨结构,是桥梁位于支座以上的部分,它包括承重结构和桥面系。其中,承重结构是桥梁中跨越障碍,并直接承受桥上交通荷载的主要结构部分;桥面系是指承重结构以上的部分,包括桥面铺装、人行道、栏杆、排水和防水系统、伸缩缝等。上部结构的作用是承受车辆等荷载,并通过支座传给墩台。

下部结构是桥梁位于支座以下的部分,它由桥墩、桥台以及它们的基础组成。其中,桥墩是指多跨桥梁的中间结构物,而桥台是将桥梁与路堤衔接的构筑物。下部结构的作用是支承上部结构,并将结构重力和车辆荷载等传递给地基;桥台还与路堤连接并抵御路堤土压力,防止路堤滑塌。

附属结构是指基本构造以外的附属部分,包括桥头锥形护坡、护岸以及导流结构物等。它的作用是抵御水流的冲刷、防止路堤的坍塌。

在桥梁工程中会出现一些专用术语,下面介绍有关的主要名称和尺寸。

跨径:跨径表示桥梁的跨越能力,一般地说,它是表征桥梁技术水平的主要指标。对多跨桥梁,最大跨径称为主跨,例如,日本的明石海峡大桥,其主跨达到 1990 m,是目前世界上跨度最大的桥梁。

计算跨径 L:梁桥为桥跨结构相邻两支撑点之间的距离;拱桥为两拱脚截面形心点之间的水平距离。桥梁结构的分析计算以计算跨径为准。

净跨径 L_0:一般为设计洪水位时相邻两个桥墩(台)之间的净距离,它反映出桥梁排泄洪水的能力。通常把梁桥支承处内边缘之间的净距离,拱桥两拱脚截面最低点间的水平距离称为净跨径。

标准跨径 L_b:梁桥为相邻桥墩中线之间的距离,或桥墩中线至桥台台背前缘之间的距离。跨径在 60 m 以下时,通常采用标准跨径(从 0.75 m 至 60 m,共分为 22 级,常用的有 10 m、16 m、20 m、40 m 等)设计。

桥下净空高度 H:上部结构最低边缘至设计洪水位或设计通航水位之间的垂直距离;对于跨线桥,则为上部结构最低点至桥下线路路面之间的垂直距离。

二、城市桥梁的分类

桥梁有各种不同的分类方式,每一种分类方式均可反映桥梁在某一方面的特征。

1. 按结构体系分

桥梁可分为梁式桥、拱桥、刚架桥、悬索桥和组合体系桥。

梁式桥(见图 5-2)是一种在竖向荷载作用下无水平反力的结构。它的主要承重构件是梁或板,构件受力以受弯为主。

拱桥(见图 5-3)在竖向荷载作用下除产生竖向反力外,在支座处还产生较大的水平推力。它的主要承重构件是拱圈或拱肋,构件受力以受压为主。

刚架桥(见图 5-4)是将上部结构的梁与下部结构的立柱刚性连结的桥梁,在竖向荷载作用下,梁部主件受弯,柱脚则要承受弯矩、轴力和水平推力,受力介于梁和拱之间。它的主要承重结构是梁和柱构成的刚架结构,梁柱连接处具有很大的刚性。

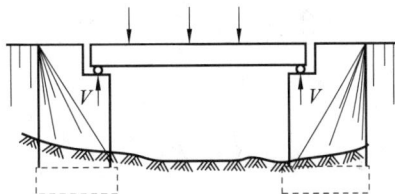

图 5-2　梁式桥简图

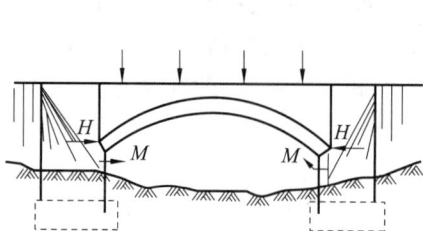

图 5-3　拱桥简图

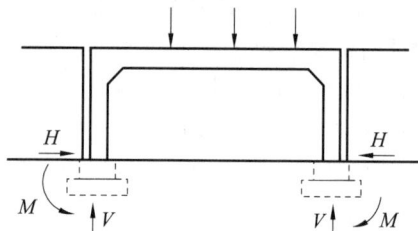

图 5-4　刚架桥简图

　　悬索桥(吊桥)(见图 5-5)在竖向荷载作用下,通过吊杆使缆索承受拉力,而塔架除承受竖向力作用外,还要承受很大的水平拉力和弯矩。它的主要承重构件是悬挂在两边塔架、锚固在桥台后的锚锭上的主缆,主缆以受拉为主。

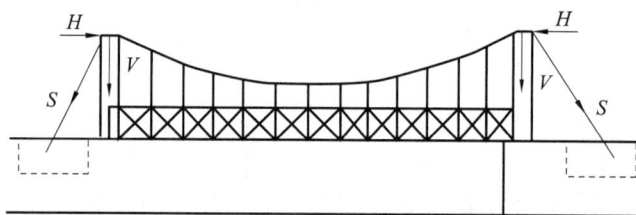

图 5-5　悬索桥简图

　　组合体系桥是指由上述不同体系的结构组合而成的桥梁。系杆拱桥(见图 5-6)是由梁和拱组合而成的结构体系,在竖向荷载作用下,梁以受弯为主,拱以受压为主。斜拉桥(见图 5-7)是由梁、塔和斜索组成的结构体系,在竖向荷载作用下,梁以受弯为主,塔以受压为主,斜索则承受拉力。

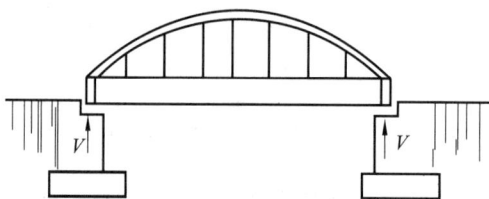

图 5-6　系杆拱桥简图

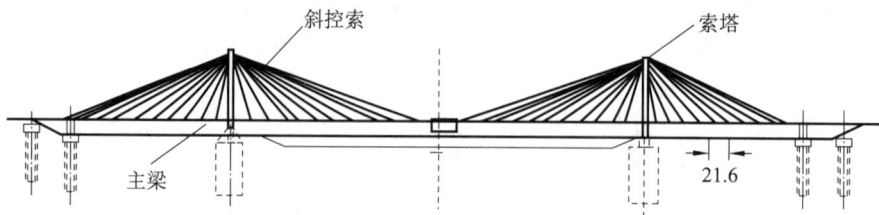

图 5-7　斜拉桥简图

2. 按跨度分

　　桥梁可分为特大桥、大桥、中桥、小桥。《城市桥梁设计准则》(CJJ 021-89)规定的划分标准见表 5-1。

表 5-1　桥梁涵洞按跨径分类表　　　　　　　　单位:m

桥涵分类	多孔跨径总长	单孔跨径
特大桥	$Ld \geqslant 500$	$Ld \geqslant 100$
大桥	$500 > Ld \geqslant 100$	$100 > Ld \geqslant 40$
中桥	$100 > Ld \geqslant 30$	$40 > Ld \geqslant 20$
小桥	$30 \geqslant Ld > 8$	$20 > Ld \geqslant 5$

注:多孔跨径总长仅作为划分特大桥、大、中、小桥的一个指标;梁式桥的多孔标准跨长总长为桥台伸缩缝之间的距离;
拱桥为两岸桥台内起拱线间的距离;其他形式桥梁为桥面系车道长度。

3. 按材料分

桥梁可分为木桥、圬工桥、钢筋混凝土桥、预应力混凝土桥、钢桥等。钢筋混凝土和预应力混凝土是目前应用最广泛的桥梁,钢桥的跨越能力较大,跨度位于各类桥梁之首。

4. 按上部结构的行车道位置分

桥梁可分为上承式、下承式和中承式。桥面在主要承重结构之上的为上承式,桥面在主要承重结构之下的为下承式,桥面布置在主要承重结构中部的称为中承式。

5. 按跨越障碍的性质分

桥梁可分为跨河桥、跨谷桥、跨线桥、地道桥、立交桥等。

三、城市桥梁的构造

1. 桥面构造和支座

1) 桥面构造

(1) 桥面组成。

梁桥的桥面系(见图 5-8)通常由桥面铺装、防水和排水设施、伸缩装置、安全带、人行道、栏杆、灯柱等构成。

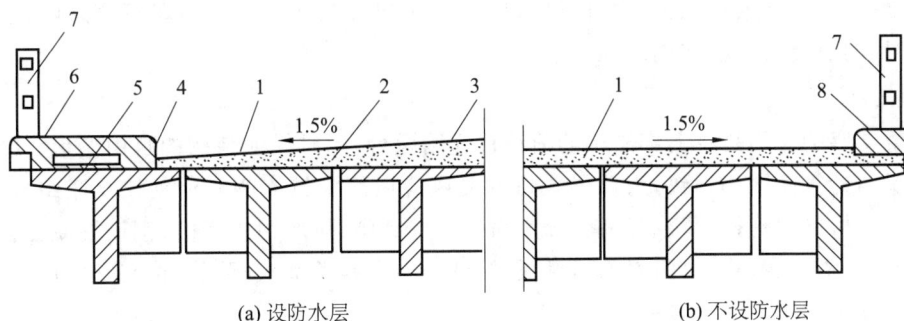

(a) 设防水层　　　　　　　　　(b) 不设防水层

图 5-8　桥面系构造

1—桥面铺装层;2—防水层;3—三角垫层;4—缘石;5—人行道;6—人行道铺装层;7—栏杆;8—安全带

(2) 桥面铺装及排水防水系统。

桥面铺装的作用是防止车轮轮胎或履带直接磨耗行车道板,保护主梁免受雨水侵蚀,分散车轮的集中荷载。梁桥桥面铺装一般采用厚 6~8 cm 的水泥混凝土、沥青混凝土或厚 8~10 cm 的防水混凝土,其标号均不低于行车道板的混凝土标号。为使铺装层具有足够的强度和良好的整体性,一般在混凝土中铺设直径为 4~6 mm 的钢筋网。

桥面排水是借助于纵坡和横坡的作用,使桥面雨水迅速汇向集水碗,并从泄水管排出桥外。桥面横坡一般为 1.5%~2.0%,可采用铺设混凝土三角垫层或在墩台上直接形成横坡。除了通过纵横坡排水外,还要有一个完整的排水系统。排水系统由多个泄水管组成,泄水管的布置与桥面纵坡和桥梁长度有关,一般设置在行车道两侧,可对称布置,也可交错布置,还可布置在人行道下面。常用泄水管道有钢筋混凝土、金属、横向排水孔道和封闭式排水系统,其中封闭式排水系统是为了美观与卫生,将排水管道直接引向地面,适用于城市桥梁、立交桥及高速公路上的桥梁。

桥面防水是将渗透过铺装层的雨水挡住并汇集到泄水管排出,一般地区可在桥面上铺 8~10 cm 厚的防水混凝土作为防水层,其标号一般不低于桥面板混凝土标号。

(3)桥梁伸缩装置。

桥梁伸缩装置的作用除保证梁自由变形外,还应能使车辆在接缝处平顺通过,防止雨水及垃圾、泥土等渗入,同时应满足检修和清除缝中污物的要求,一般设在梁与桥台之间、梁与梁之间,伸缩缝附近的栏杆、人行道结构也应断开,以满足自由变形的要求。按照常用伸缩缝的传力方式和构造特点,伸缩缝可分为对接式伸缩缝、钢制支承式伸缩缝、橡胶组合剪切式伸缩缝、模数支承式伸缩缝和无缝式伸缩缝五大类。

(4)人行道、安全带、栏杆、灯柱、安全护栏等。

人行道:城市桥梁一般均应设置人行道,可采用装配式人行道板进行铺设。人行道顶面应设计成倾向桥面 1%~1.5% 的排水横坡。

安全带:在快速路、主干路、次干路或行人稀少地区,桥梁可不设人行道,而改用安全带,安全带的宽度为 0.5~0.75 m,高度不小于 0.25 m,为保证安全,也可做到 0.4 m。

栏杆:是桥梁的防护设备,城市桥梁栏杆应美观实用,栏杆高度通常为 1.0~1.2 m。

灯柱:城市桥梁应设照明设备,照明灯柱可以设在栏杆扶手的位置上,较宽的人行道也可设在靠近缘石处,其高度一般高出车道 8~12 m。

安全护栏:在特大桥和大、中桥梁中,应根据防撞等级在人行道与车行道之间设置桥梁护栏,常用的有金属护栏和钢筋混凝土护栏。

2)支座

梁桥支座的作用是将上部结构的荷载传递给墩台,同时保证结构的自由变形,使结构的受力情况与计算简图相一致,为此梁式桥的支座应由固定铰支座和活动铰支座组成。梁桥支座一般按桥梁的跨径、荷载等情况分为简易垫层支座、弧形钢板支座、钢筋混凝土摆柱、橡胶支座(包括板式、盆式、聚四氟乙烯滑板式、球型支座等类型)。目前,橡胶支座已得到较广泛的使用。

2.钢筋混凝土梁桥上部结构的构造

1)概述

钢筋混凝土梁桥是利用抗压性能良好的混凝土和抗拉性能良好的钢筋结合而成的,它具有就地取材、耐久性好、适应性强、整体性好和外形美观的特点,同时适应于工业化施工,因此在当前城市建设中,中小跨径桥梁大多采用钢筋混凝土梁桥。

钢筋混凝土梁桥按承重结构横截面型式分类,有板桥、肋梁桥、箱形梁桥。板桥的承重结构是矩形截面的钢筋混凝土或预应力混凝土板。其主要特点是构造简单、施工方便、建筑高度小,适用于小跨径桥梁。肋梁桥的承重结构是由肋梁及与肋梁顶部相结合的桥面板组成。由于肋与肋之间处于受拉区的混凝土被挖空,故极大地减轻了结构自重,通常适用于中等跨径以上的梁桥。箱形梁桥的承重结构是由一个或几个封闭的薄壁箱梁组成。箱形结构具有较大的抗弯惯矩和抗扭刚度,因此适用于较大跨径的悬臂梁桥和连续梁桥,而简支梁桥仅承受正弯矩,故不宜采用箱形截面。

钢筋混凝土梁桥按承重结构的静力体系分类,有简支梁桥、悬臂梁桥、连续梁桥。简支梁桥(见图 5-9(a))属静定结构,目前使用十分广泛,它具有构造简单且相邻各孔独自受力,易于标准化和工厂化生产。悬臂梁桥(见图 5-9(b))由设有悬臂的梁形成,与简支梁同属于静定结构,故墩台的不均匀沉陷在梁内不会引起附加内力,而悬臂梁桥悬臂根部产生负弯矩,会减小跨中正弯矩,可以节省材料用量,但多孔悬臂梁桥由于铰的存在,破坏了桥梁行车顺畅性,且增加了构造上的困难。连续梁桥(见图 5-9(c))属超静定结构,其承重结构为不间断地连续跨越几个桥孔的梁而形成的。连续梁跨中的建筑高度小,而且能节省钢筋混凝土数量。因为连续梁属于超静定结构,所以对桥梁墩台基础要求较高。

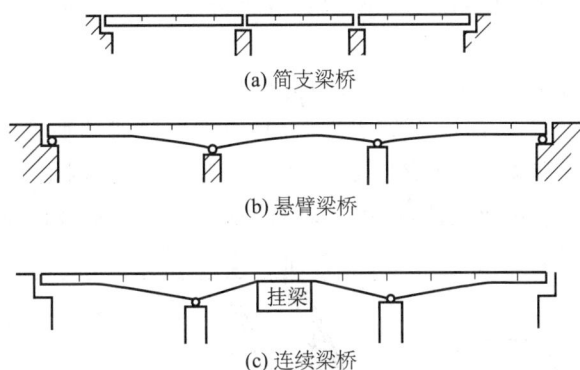

(a) 简支梁桥

(b) 悬臂梁桥

挂梁

(c) 连续梁桥

图 5-9　梁桥的静力体系的分类

钢筋混凝土梁桥按施工方法分类,有整体浇筑式梁桥、预制装配式梁桥。

2) 钢筋混凝土简支板桥的构造

(1) 整体式简支板桥的构造。

整体式简支板桥一般设计成实体式等厚度的矩形截面,它具有整体性好、横向刚度大,而且易于浇筑成复杂形状等优点,在 5.0~10.0 m 跨径桥梁中得到广泛应用。

整体式简支板桥的钢筋由配置在纵向的受力钢筋和与之垂直的分布钢筋组成,按计算一般不需设置箍筋和斜筋,但习惯上仍在跨径的 1/4~1/6 处将一部分主筋按 30°或 45°弯起,当桥的板宽较大时,还应在板的顶部配置适当的横向钢筋。

(2) 装配式简支板桥的构造。

为便于构件的运输与安装,装配式简支板桥的板宽通常设计为 1 m,预制宽度为 0.99 m。它具有形状简单、施工方便、建筑高度小、质量易于保证的优点,按其横截面形式主要有实心板和空心板两种,空心板截面形式见图 5-10。

实心板桥一般适用跨径为 4~8 m,空心板较同跨径的实心板重量轻,运输安装方便,且建筑高度又较同跨径的 T 梁小,因此目前使用较多。钢筋混凝土空心板桥适用跨径为 8~

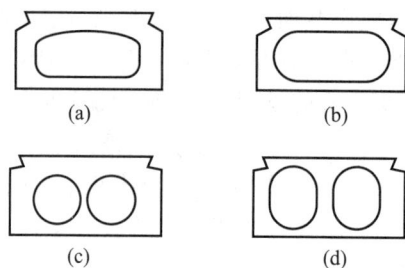

图 5-10　空心板截面形式

13 m,板厚为 0.4～0.8 m;预应力混凝土空心板适用跨径为 8～16 m,板厚为 0.4～0.7 m。常用的横向联接方式有企口混凝土铰联接和钢板焊接联接。

3）钢筋混凝土简支梁桥的构造

（1）整体式钢筋混凝土简支 T 形梁桥的构造。

整体式钢筋混凝土简支 T 形梁桥多数在桥孔支架模板上现场浇筑,个别也有整体预制、整孔架设的情况。它具有整体性好、刚度大,易于做成复杂形状,但是施工速度慢、耗费大量支架与模板。在城市立交桥中,由于平面布置形成斜桥、弯桥等复杂形式,使得整体式梁桥得到了一定应用。

（2）装配式钢筋混凝土简支 T 形梁桥的构造。

装配式钢筋混凝土简支 T 形梁桥（见图 5-11）由 T 形主梁和垂直于主梁的横隔梁组成,T 形主梁包括主梁梁肋和梁肋顶部的翼缘（也称行车道板）。预制主梁通过设在横隔梁顶部和下部的预埋钢板焊接连接成整体,或用就地浇筑混凝土连接而成的桥跨结构。

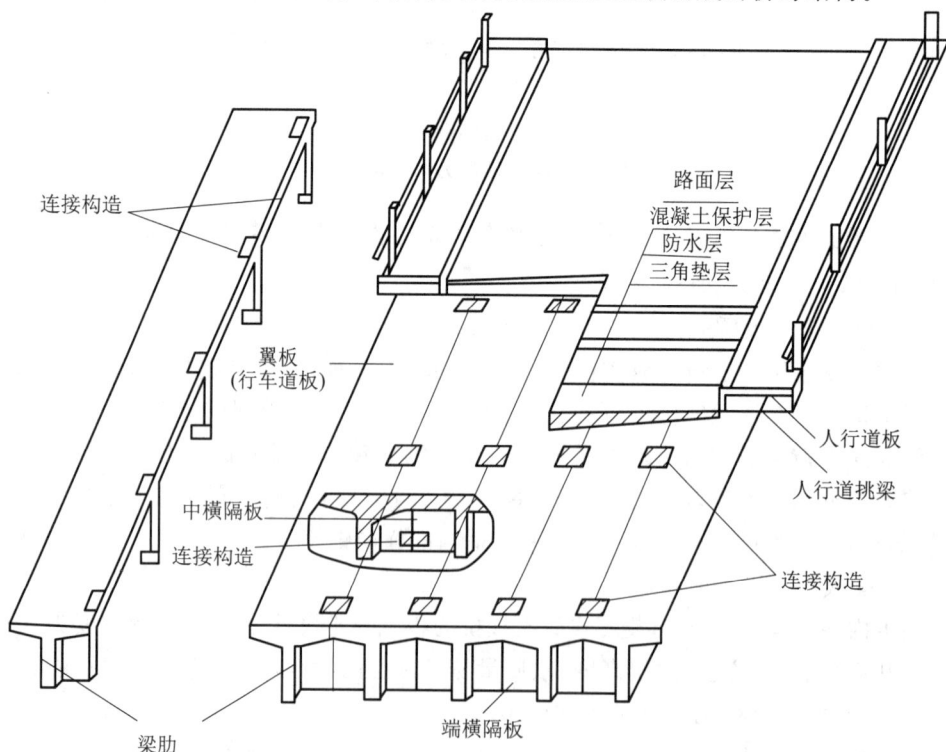

图 5-11　装配式钢筋混凝土简支 T 形梁桥的构造

装配式钢筋混凝土简支 T 形梁桥常用跨径为 8～20 m,主梁间距一般采用 1.8～2.2 m。横隔梁在装配式 T 形梁桥中的作用是保证各根主梁相互连成整体共同受力,横隔梁刚度越大,梁桥的整体性就越好,在荷载作用下各主梁就越能更好地共同受力。一般在跨内设置 3～5 道横隔梁,间距采用 5.0～6.0 m 为宜。预制装配式 T 形梁桥主梁钢筋包括纵向受力钢筋(主筋)、弯起钢筋、箍筋、架立钢筋和防收缩钢筋。由于主钢筋的数量较多,一般采用多层焊接的方式制作成钢筋骨架。

为保证 T 形梁的整体性,应使 T 形梁的横向连接有足够的强度和刚度,在使用过程中不致因活载反复作用而松动,可采用横隔梁横向连接和桥面板横向连接方式。

(3)装配式预应力混凝土简支 T 形梁桥的构造。

装配式预应力混凝土简支 T 形梁桥常用跨径为 25～50 m,主梁间距一般采用 1.8～2.5 m。横隔梁采用开洞形式,主要目的除减轻自重外,还便于施工中穿行。装配式预应力混凝土简支 T 形梁主梁梁肋钢筋由预应力筋和其他非预应力筋组成,其他非预应力筋有受力钢筋、箍筋、防收缩钢筋、定位钢筋、架立钢筋和锚固加强钢筋等。

(4)钢筋混凝土悬臂梁桥的构造。

钢筋混凝土悬臂梁桥可减小跨中弯矩值,因此适用于较大跨径桥梁,悬臂梁桥分为双悬臂梁和单悬臂梁。此外,将悬臂梁桥的墩柱与梁体固结后便形成了带挂梁和带铰结构的 T 形刚构桥。

4)预应力混凝土连续梁桥的构造

预应力混凝土连续梁桥的结构刚度大、变形小,跨越能力更大。预应力混凝土连续梁桥分为等截面连续梁桥、变截面连续梁桥、连续刚构桥。

3. 钢筋混凝土桥梁下部结构的构造

1)概述

桥墩、桥台以及基础是桥梁的下部结构,是桥梁的重要组成部分之一。桥梁墩台的主要作用是承受上部结构传来的荷载,并将荷载传递给地基。桥墩一般是指多跨桥梁的中间支承结构物,它将相邻两孔的桥跨结构连接起来;桥台起着支挡台后路基填土并把桥跨与路基连接起来的作用。桥梁墩台不仅本身应具有足够的强度、刚度和稳定性,而且对地基的承载能力、沉降及地基与基础之间的摩阻力等都有一定的要求。

桥梁墩台的结构形式丰富多样,下部结构的发展方向是轻型、薄壁、注重造型等。下面主要介绍城市桥梁中常用的梁式桥的墩台构造。

2)桥墩的类型和构造

桥墩按其构造可分为重力式桥墩、空心式桥墩、柱式桥墩、柔性排架桩式桥墩、钢筋混凝土薄壁桥墩等。

(1)重力式桥墩。

重力式桥墩(见图 5-12)由墩帽、墩身组成,主要特点是依靠自身重量来平衡外力而保持稳定,适用于地基良好的桥梁。通常使用天然石材或片石混凝土进行砌筑,基本不用钢筋。优点是承载能力大、就地取材、节约钢筋,其缺点是圬工数量大、自重大。

墩帽设置在桥墩顶部,通过其上的支座承托上部结构的荷载并传递给墩身。墩帽一般用 20 号混凝土或钢筋混凝土来制作,

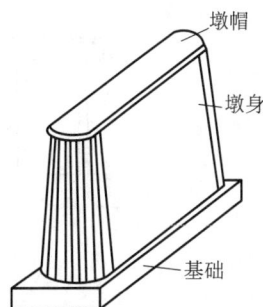

图 5-12　重力式桥墩

也可用 25 号以上石料圬工进行砌筑,所用砂浆不可低于 5 号。墩帽顶部常做成一定的排水坡,四周应挑出墩身约 5～10 cm 作为滴水(檐口)。墩身是桥墩的主体,通常采用料石、块石或混凝土进行建造。墩身的平面形状通常做成圆端形、尖端形、矩形或破冰棱体。

(2)空心式桥墩。

在一些高大的桥墩中,为了减少圬工体积,节约材料,减轻自重,减少软弱地基的负荷,将墩身内部做成空腔体,这就是空心式桥墩。它在外形上与重力式桥墩无大的差别,只是自重较轻,但抵抗流水冲击和水中夹带的泥沙或冰块冲击力的能力差,所以不宜在有上述情况的河流中采用。

(3)柱式桥墩。

柱式桥墩是由基础之上的承台、两根或多根分离的立柱墩身和盖梁所组成,它外形美观,圬工体积少,适用于许多场合和各种地质条件,是目前城市桥梁中广泛采用的桥墩形式之一,特别是在较宽较大的立交桥、高架桥中。常用的形式有单柱式、双柱式和哑铃式以及混合双柱式四种(见图 5-13)。柱式桥墩的墩身沿横向常有 1～4 根立柱组成,柱身为 0.6～1.5 m 的大直径圆柱或方形、六角形柱,当墩身高度大于 6～7 m 时,可设横系梁以加强柱身横向联系。

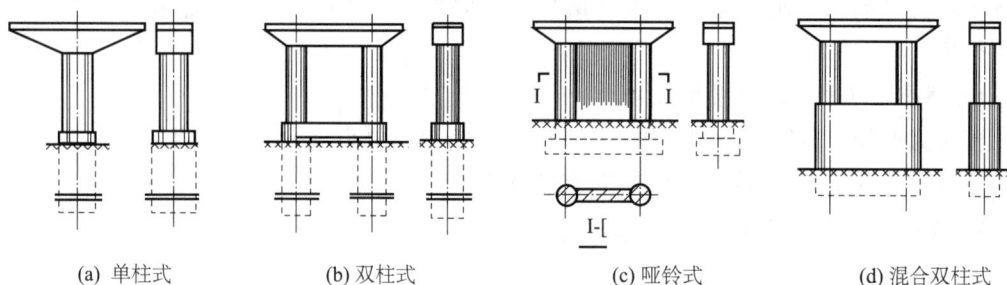

(a) 单柱式　　　　(b) 双柱式　　　　(c) 哑铃式　　　　(d) 混合双柱式

图 5-13　柱式桥墩

(4)柔性排架桩式桥墩。

柔性排架桩式桥墩(见图 5-14)是将钻孔桩基础向上延伸作为桥墩的墩身,在桩顶浇筑盖梁,由单排或双排钢筋混凝土桩与顶端的钢筋混凝土盖梁连接而成。它是依靠支座摩阻力使桥梁上下部构成一个共同承受外力和变形的整体,通常采用钢筋混凝土结构。柔性排架桩式桥墩具有用料省、施工进度快、修建简便,适合平原地区建桥使用等优点。主要缺点是跨度不宜做得太大,一般小于 13 m,在有漂流物和流速过大的河道,桩墩易受到冲击和磨损,不宜采用。

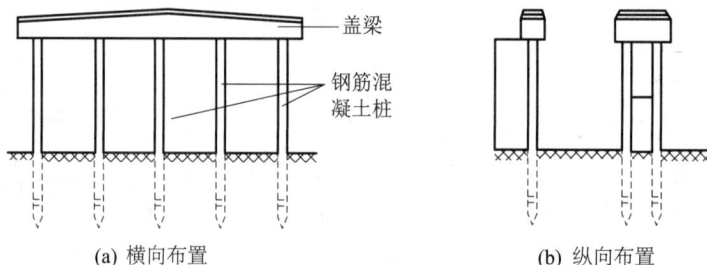

盖梁

钢筋混凝土桩

(a) 横向布置　　　　　　　(b) 纵向布置

图 5-14　柔性排架桩式桥墩

（5）钢筋混凝土薄壁桥墩。

钢筋混凝土薄壁桥墩的墩身采用钢筋混凝土，可做得很薄（30～50 cm），具有构造简单、轻巧、圬工体积少的特点，适用于地基承载力较弱的地区。钢筋混凝土薄壁桥墩（见图 5-15）主要分为钢筋混凝土薄壁墩、双壁墩以及 V 形墩三类。其共同特点是在横桥向的长度基本和其他形式的墩相同，但是在纵桥向的长度很小。缺点是钢筋用量多、墩身刚性小，高度不宜大于 7 m。优点是可以节省材料，减轻桥墩的自重，同时双壁墩可以增加桥墩的刚度，减小主梁支点负弯矩，增加桥梁美观；V 形墩可以间接地减小主梁的跨度，使跨中弯矩减小，同时又具有拱桥的一些特点，更适合大跨度桥的建造。

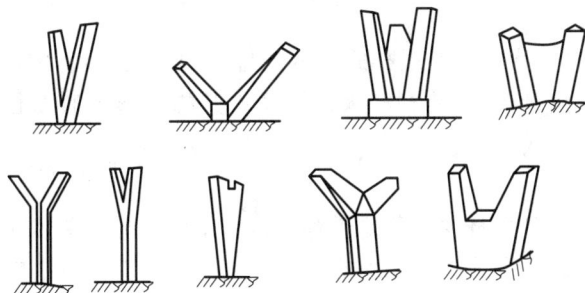

图 5-15 钢筋混凝土薄壁桥墩

3）桥台的类型和构造

梁桥桥台按构造可分为重力式桥台、轻型桥台、框架式桥台、组合式桥台和承拉桥台。

（1）重力式桥台。

重力式桥台也称实体式桥台（见图 5-16），它主要依靠自重来平衡台后土压力。台身多用石砌、片石混凝土或混凝土等圬工材料建造，并采用就地建造的施工方法。

重力式桥台的常用类型有 U 形、埋式、耳墙式。U 形重力式桥台是常用的桥台形式，由于台身由前墙和两个侧墙构成的 U 字形结构，故而得名。U 形桥台构造简单，但

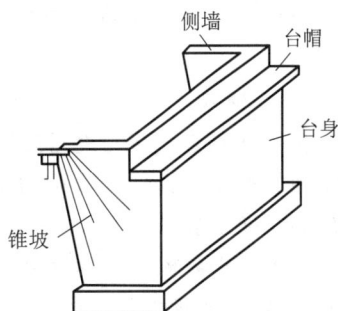

图 5-16 重力式桥台

自重大，对地基要求高，故宜应用在填土高度不大的中、小桥梁中。埋式桥台适用于填土较高时，为减少桥台长度并节省圬工，可将桥台前缘后退，使桥台埋入锥体填土中而成的一种桥台形式。耳墙式桥台在台尾上部用两片钢筋混凝土耳墙代替实体台身，并与路堤相连接，借以节省圬工。

重力式桥台一般由台帽、台身（前墙、背墙和侧墙）组成。桥台的前墙一方面承受上部结构传来的荷载，另一方面承受路堤填土侧压力。前墙应设台帽以安放支座，上部设置挡土的矮雉墙（背墙），背墙临近台帽一面一般直立，另一面采用前墙背坡。侧墙与前墙结合成整体，兼有挡土墙和支撑墙的作用。侧墙外露面一般直立，其长度由锥形护坡长度决定，尾端上部直立，下部按一定坡度收缩，侧墙伸入路堤长度不小于 0.75 m，以保证桥台与路堤有良好的衔接，侧墙内应填充透水性良好的砂土或砂砾。桥台两边需设锥形护坡，以保证路堤坡脚不受水流冲刷。为保证桥与路堤衔接顺适，应在背墙后设搭板。

（2）轻型桥台。

轻型桥台的主要特点是利用结构本身的抗弯能力来减少圬工体积而使桥台轻型化，其

自重小,适用于软土地基,但构造与施工较复杂。大多采用钢筋混凝土材料为主,有薄壁和带支撑梁两种类型。

薄壁轻型桥台是由扶壁式挡土墙和两侧的薄壁侧墙构成,挡土墙由前墙和间距为 2.5～3.5 m 的扶壁组成。台顶由竖直小墙和支于扶壁上的水平板构成,用以支承桥跨结构。两侧的薄壁与前墙垂直的为 U 型薄壁桥台,与前墙斜交的为八字型薄壁桥台。

带支撑梁的轻型桥台是由台身直立的薄壁墙、台身两侧的翼墙,并且在桥台下部设置钢筋混凝土支撑梁,上部结构与桥台通过锚栓连接,于是便构成四铰框架结构系统,并借助两端台后的土压力来保持稳定。

(3)框架式桥台。

框架式桥台是一种在横桥向呈框架式结构的桩基础轻型桥台,它所受的土压力较小,适用于地基承载力较低、台身较高、跨径较大的梁桥。其构造形式有双柱式、多柱式、墙式、半重力式、双排架式和板凳式等。

(4)组合式桥台。

为使桥台轻型化,桥台本身主要承受桥跨结构传来的竖向力和水平力,而桥台的土压力由其他结构来承受,形成组合式桥台。组合的方式很多,如桥台与锚定板组合、桥台与挡土墙组合、桥台与梁及挡土墙组合、框架式组合、桥台与重力式后座组合等。

(5)承拉桥台。

承拉桥台主要在斜弯桥中使用,主要用来承受由于荷载的偏心作用而使支座受到的拉力。

4)基础的类型和构造

桥梁基础是直接与地基接触的桥梁结构部分,它承受着桥梁的各种荷载,再将荷载传递给下面的地基。为保证桥梁的正常使用和安全,地基和基础必须具有足够的强度和稳定性,还应满足变形要求。

基础按埋置深度分为浅基础和深基础两类,浅基础埋深一般在 5 m 以内,而当浅层地质不良,需将基础埋置在较深的良好地层上,埋置深度超过 5 m 的基础为深基础。最常用的基础类型有天然地基上的刚性浅基础,深基础有桩及管柱基础、沉井基础、地下连续墙和锁口钢管桩基础。

(1)天然地基上的刚性浅基础。

天然地基上的刚性浅基础(又称明挖基础)是直接在墩台位置开挖基坑修建而成的实体基础,具有稳定性好、施工方便、能承受较大荷载的优点,但是它自重大,对地基条件要求高。刚性浅基础的平面形状一般为矩形,立面形状可分为单层或多层台阶扩大形式,扩大部分的襟边最小为 20～50 cm,台阶高度为 50～100 cm。常用材料有混凝土、片石混凝土、浆砌片石。

(2)桩基础。

桩基础(见图 5-17)是由若干根桩和承台组成,桩在平面排列上可为一排或几排,所有桩的顶部由承台连接成一个整体,在承台上再修筑桥墩或桥台及上部结构。桩身可全部或部分埋入地基之中,当桩身外露在地面上较高时,在桩之间应加横系梁以加强各桩的横向联系。

我国桥梁的桩基础大多采用钢筋混凝土桩、预应力混凝土桩和钢桩。

按传力方式有柱桩和摩擦桩(见图 5-18),柱桩是将桩尖通过软弱的覆盖层之后,再嵌入坚硬的岩层,荷载由桩尖直接传到基岩中,桩就像柱子一样受力。摩擦桩是当基岩埋藏很深,桩尖不可能达到时,荷载通过覆盖层中桩的桩壁与土之间的摩阻力和桩端的支承力共同承受的桩基础。柱桩承载力较大且安全可靠,基础沉降也小,但当基岩埋置很深时,就需采用摩擦桩。

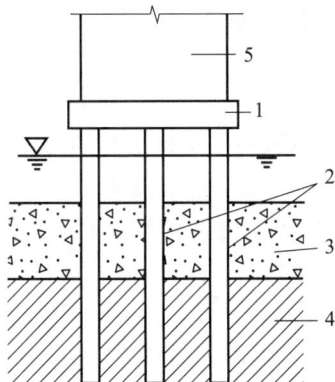

图 5-17   桩基础一般构造

1—承台;2—基础;3—松软土层;4—持力层;5—墩身

图 5-18   柱桩和摩擦桩

按施工方法不同有灌注桩和沉入桩,灌注桩是采用机械或人工的方式在土中做成桩孔,然后在孔内放入钢筋笼架,再灌注桩身混凝土而成,主要有钻孔法和挖孔法。沉入桩是通过锤击或振动的方法将各种预先制作好的桩沉入地基中所需的深度。

(3)管柱基础。

管柱基础是一种大直径桩基础,适用于深水、有潮汐影响以及岩面起伏不平的河床。它是将预制的大直径(直径 1.5～5.8 m,壁厚 10～14 cm)钢筋混凝土、预应力混凝土管柱或钢管柱,用大型的振动沉桩锤沿着导向结构将桩竖向振动下沉到基岩,然后以管壁作为护筒,用水面上的冲击式钻机进行凿岩钻孔,再吊入钢筋笼架并灌注混凝土,将管柱与基岩牢固地连接起来。管柱基础施工需要有振动沉桩锤、凿岩机、起重设备等大型机具,动力要求也高,一般用于大型桥梁基础。

(4)沉井基础。

沉井基础是由开口的井筒构成的地下承重结构物,适用于持力层较深或河床冲刷严重等水文地质条件,具有很高的承载力和抗震性能。这种基础是由井筒、封底混凝土和井盖等组成,其平面形状可以是圆形、矩形或圆端形,立面多为垂直边,井孔为单孔或多孔,井壁为钢筋、木筋或竹筋混凝土,甚至由钢壳中填充混凝土等建成。

(5)地下连续墙基础。

地下连续墙基础是用槽壁法施工筑成的地下连续墙体作为土中支撑单元的桥梁基础。它的形式大致分为两种:一种是采用分散的板墙,平面上根据墩台的外形和荷载状态将它们排列成适当形式,墙顶接筑钢筋混凝土承台;另一种是用板墙围成闭合结构,其平面呈四边形或多边形,墙顶接筑钢筋混凝土盖板。后者在大型桥基中使用较多,与其他形式的深基相比,它的用材省、施工速度快,而且具有较大的刚度,是目前发展较快的一种新型基础。

(6)锁口钢管桩基础。

锁口钢管桩基础是由锁口相连的管柱围成的闭合式管柱基础。锁口缝隙灌以水泥砂浆,使管柱围墙形成整体,管内填充混凝土,围墙内可填以砂石、混凝土或部分填充混凝土,

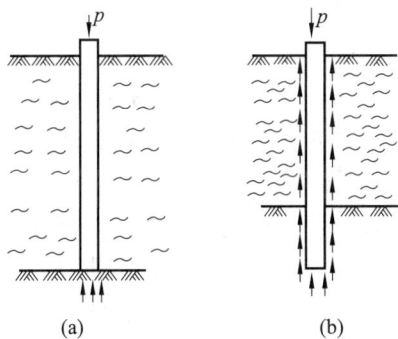

必要时顶部可连接钢筋混凝土承台。

学习活动 2　桥梁工程定额说明

以下为《上海市市政工程预算定额(2016)》第三分册《桥涵工程》的说明：

(1) 本分册定额包括桩基工程、基坑与边坡支护工程、现浇混凝土工程、现场预制混凝土构件、预制混凝土构件安装及运输、砌筑工程、钢结构工程及其他工程，共八章 295 条定额。桥涵护岸工程发生装饰项目时可套用装饰定额计算。

(2) 本分册定额的适用范围。

① 单跨 100 m 以内的城市桥梁工程(含高架桥梁)，郊区公路桥梁应套用公路定额。

② 护岸工程，包括防洪墙。

③ 城市下立交工程。

定额适用范围仅对桥梁工程的单孔跨径作了限制，适用范围为单跨 100 m 以内的桥梁。

(3) 本分册定额中的提升高度(指单跨内原地面至梁底的纵向平均高度)以 8 m 为界，如果超过 8 m 时，应考虑超高因素，但悬浇箱梁不考虑超高。

① 按提升高度(指单跨内原地面至梁底的纵向平均高度)不同将全桥划分为若干段，超高段承台顶面以上的模板、钢筋的工程量，按表 5-2 调整相应定额中的人工消耗量、起重机械的规格及消耗量，且需分段计算。

定额明确了因超高而引起的人工及起重机械降效和规格调整的办法。超高调整的计算办法如下。

首先，按提升高度不同，将全桥桥长方向垂直切割划分为若干段，切割点就定在桥墩位置。其次，判断是否超高，梁跨部分以该跨的梁底平均高度来判定，桥墩以桥墩盖梁顶面高度来判定。最后，超高调整的工程量从承台顶面起算，每一段中不再按高度进行水平切割，即该段桥梁的立柱、盖梁、梁等均按同一档超高高度来调整。

② 模板、钢筋项目。

超高段承台顶面以上模板、钢筋的工程量，按表 5-2 调整相应定额中的人工消耗量、起重机械的规格及消耗量，且需分段计算。

表 5-2　超高调整

项目	模板、钢筋			陆上安装钢筋混凝土梁	
	人工	10 t 履带式起重机		人工	起重机械
提升高度 H/m	消耗量系数	消耗量系数	规格调整	消耗量系数	消耗量系数
$H \leqslant 15$	1.02	1.02	15 t 履带式起重机	1.10	1.25
$H \leqslant 22$	1.05	1.05	25 t 履带式起重机	1.25	1.60
$H > 22$	1.10	1.10	40 t 履带式起重机	1.50	2.00

③ 陆上安装钢筋混凝土梁。

按表 5-2 调整相应定额中的人工及起重机械台班的消耗量,且起重机械的规格不作调整。

例 5-1 假设 1 号墩处(见图 5-19)梁底高度为 7.8 m,显然 1 号墩的盖梁顶高度不到 8 m,1 号墩桥墩不计算超高。

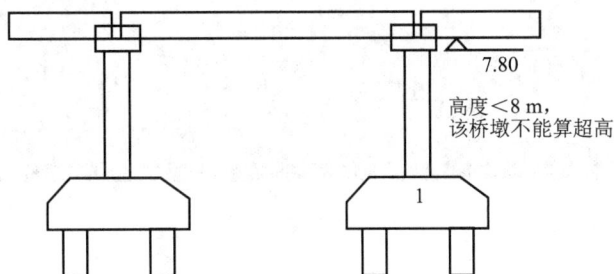

图 5-19 桥墩示意图一

2 号墩处(见图 5-20)梁底高度为 8.8 m,扣除支座后墩顶高度仍超过 8 m,2 号墩的立柱、盖梁,其模板、钢筋工程量套用定额时可以按超高调整。

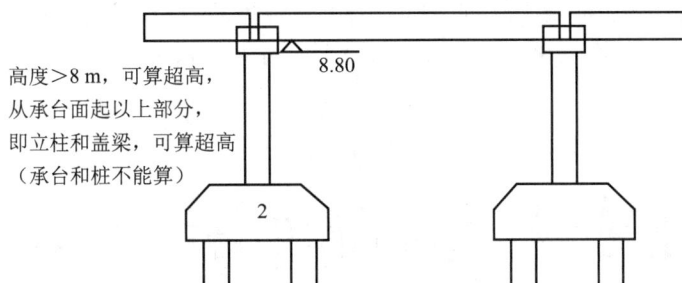

图 5-20 桥墩示意图二

1 号~2 号墩的梁跨部分(见图 5-21),1 号墩处梁底高度 7.8 m 和 2 号墩处梁底高度 8.8 m,其平均高度为(8.8+7.8)/2=8.3 m,大于 8 m,可以计超高,根据是现浇梁还是架梁来计算超高。

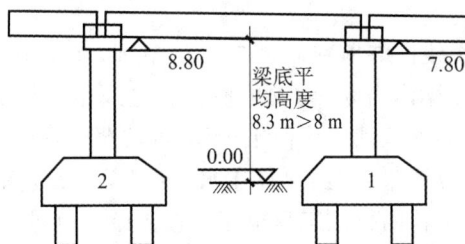

图 5-21 桥墩示意图三

④ 桥涵及护岸工程中绝对标高 2.2 m 以下部分的项目(不包括打桩与搭拆支架),在无筑围堰等防水措施而需赶潮施工时,可按相应定额增计 75% 的人工及机械台班数量。

任务 **2** 桩基工程

桩基工程定额内容包括搭拆桩基础工作平台、组装拆卸船排、组装拆卸柴油打桩机、打钢筋混凝土方桩、打钢筋混凝土管桩、打钢管桩、管桩填芯、接桩、送桩、埋设拆除钢护筒、钻机钻孔、灌注桩混凝土、灌注桩底注浆、安装声测管、静钻根植桩。

学习活动 1　桩基础工作平台

一、定额规定

打桩机工作平台适用于陆上、支架上打桩及钻孔桩,分陆上与水上两种。

1. 水上与陆上工作平台的划分(见图 5-22)

1) 水上工作平台

从河道两侧原有的河岸线向陆地延伸 2.5 m 的范围,在这个范围内都属于水上工作平台。但是按这个规定在实际操作当中,会发生桥台打桩或钻孔桩的工作平台一半处于水上工作平台范围,另一半属于陆上范围。为便于操作,可按照桥梁中心线与桥台临水的一排桩中心线,它们的交点所处的位置来确定:交点在水上工作平台范围内,这个桥台的工作平台就按水上工作平台来计算,桥台的打桩工程也相应按支架上打桩计算;反之就是陆上工作平台,那么打桩工程也相应按陆上打桩计算,见图 5-23。

需注意的是,安装梁不以上述标准来区分,以实际施工方法来套用,陆上架梁指用吊车架梁,水上架梁指用船排架梁。

2) 陆上工作平台

在河塘坑洼地段施工时,当平均水深超过 2 m 时,可套用水上工作平台定额;当平均水深在 1~2 m 范围内时,按水上工作平台定额消耗量乘以 50% 计算;当平均水深在 1 m 以内

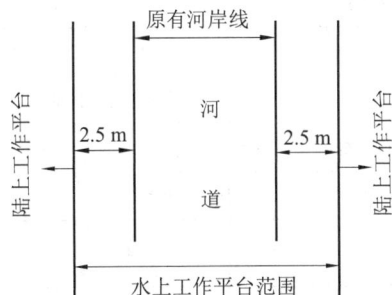

图 5-22　水上、陆上工作平台划分图示一

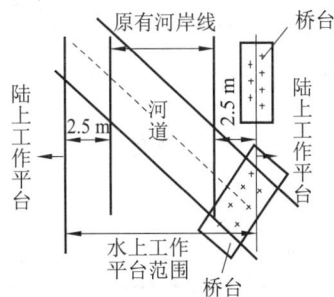

图 5-23　水上、陆上工作平台划分图示二

时,按陆上工作平台计算。

打桩定额中陆上打桩全部采用履带式桩机,所以打桩平台都以碎石垫层来编制。陆上工作平台按锤重划分为 2.5 t 以内、5.0 t 以内、8.0 t 以内三类,其碎石垫层的厚度分别取定为 10 cm、15 cm 和 20 cm。

水上工作平台采用圆木桩作支架,按锤重划分为 0.6 t 以内、1.2 t 以内、1.8 t 以内、2.5 t 以内和 4.0 t 以内五类。

搭拆水上工作平台定额已包括组装拆卸船排及打拔桩架。如采用钢结构形式水上工作平台,应另行计算。

2. 桩基础工作平台定额的选用

桩基础工作平台按打桩机械锤重及陆上、水上工作平台来选用。

1) 打入桩

锤重的选择是根据相应的打桩定额中柴油打桩机的锤重来确定。例如,假设陆上打钢筋混凝土方桩,桩长 20 m,需搭设陆上桩基础工作平台,根据表 5-3 查得履带式柴油打桩机的锤重为 5 t,故陆上桩基础工作平台定额应选择锤重≤5.0 t,定额编号为 04-3-1-2(见表 5-4)。

表 5-3　打钢筋混凝土方桩

定额编号			单位	04-3-1-23	04-3-1-24	04-3-1-25	04-3-1-26
项目				$L \leqslant 12$ m		$L \leqslant 28$ m	
				陆上	支架上	陆上	支架上
				m³	m³	m³	m³
人工	00070111	综合人工(土建)	工日	0.4186	0.5442	0.2691	0.3902
材料	04290407	钢筋混凝土方桩(制品)	m³	(1.0100)	(1.0100)	(1.0100)	(1.0100)
	35091901	钢桩帽摊销	kg	0.0733	0.0733	0.0733	0.0733
		其他材料费	%	0.6929	0.6929	0.6929	0.6929
机械	99030030	履带式柴油打桩机 2.5 t	台班	0.0465			
	99030050	履带式柴油打桩机 5 t	台班			0.0299	
	99030120	轨道式柴油打桩机 2.5 t	台班		0.0605		
	99030140	轨道式柴油打桩机 4 t	台班				0.0434
	99090090	履带式起重机 15 t	台班	0.0465	0.0605	0.0299	0.0434

注:工作内容为准备工作、捆桩、吊桩、就位、打桩、校正、移动桩架、安置或更换衬垫、添加润滑油、燃料、测量、记录等。

表 5-4　搭、拆桩基础工作平台

定额编号				04-3-1-1	04-3-1-2	04-3-1-3
项目			单位	陆上桩基础工作平台		
				锤重≤2.5 t	锤重≤5.0 t	锤重≤8.0 t
				m²	m²	m²
人工	00070111	综合人工(土建)	工日	0.0962	0.1154	0.1355
材料	04050215	碎石 5～25	t	0.1551	0.2327	0.3102
机械	99130110	内燃光轮压路机轻型	台班	0.0003	0.0003	0.0003
	99130350	内燃夯实机 700 N·m	台班	0.0054	0.0081	0.0108

注:工作内容为平整场地、铺碎石、碾压等。

2) 钻孔灌注桩

桩径 Φ≤1000 mm 时,套用锤重≤2.5 t 的桩基础工作平台;桩径 Φ>1000 mm 时,套用锤重≤4.0 t 的桩基础工作平台。当钻孔桩采用硬地法施工时,按批准的施工组织设计另行计算,陆上工作平台不再计算。若原有道路可利用时,则不计陆上工作平台。

3. 组装拆卸柴油打桩机

定额中组装拆卸柴油打桩机分为轨道式和履带式,应根据打桩定额中相应的桩机类别和锤重选用定额。组装拆卸柴油打桩机定额中未考虑使用路基箱板,发生时可另计。

二、工程量计算规则

1. 桩基础工作平台面积计算公式(见表 5-5)

桩基础工作平台面积(见图 5-24)计算分为桥梁打桩、钻孔灌注桩和护岸打桩三种情形。

表 5-5　桩基础工作平台面积计算公式

	桥梁打桩	钻孔灌注桩	护岸打桩
每座桥台(桥墩)的工作平台	$F_1=(5.5+A+2.5)\times(6.5+D)$	$F_1=(A+6.5)\times(6.5+D)$	
每条通道的工作平台	$F_2=6.5\times[L-(6.5+D)]$	$F_2=6.5\times[L-(6.5+D)]$	
工作平台合计	$F=N_1F_1+N_2F_2$	$F=N_1F_1+N_2F_2$	$F=(L+6)\times(6.5+D)$

注:① F 为工作平台总面积(m²)。
② F_1 为每座桥台(墩)工作平台面积(m²)。
③ F_2 为桥台至桥墩间或桥墩至桥墩间通道工作平台面积(m²)。
④ N_1 为桥台和桥墩总数量。
⑤ N_2 为通道总数量。
⑥ D 为两排桩之间距离(m)。
⑦ L 为桥梁跨径或护岸的第一根桩中心至最后一根桩中心之间的距离(m)。
⑧ A 为桥台(墩)每排桩的第一根桩中心至最后一根桩中心之间的距离(m)。

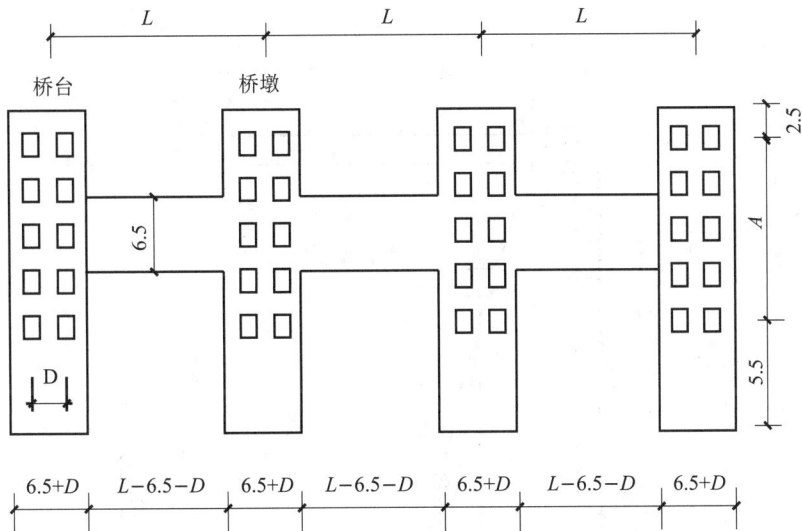

图 5-24 桩基础工作平台面积计算示意图

2. 组装拆卸桩机的工程量计算规定

（1）护岸工程按每 100 m 组装拆卸一次桩机计算，其尾数不足 100 m 时按 100 m 计算，但不得增计设备运输。

（2）桥梁及护岸工程的桩基础因航运、交通、高压线等影响不能连续施工时，可增计组装拆卸桩机的次数，设备运输费用应根据现场具体情况计算。比如，打驳岸桩时受高压线影响，桩机可能只要放倒龙门架，走过高压线位置即可重新竖起龙门架，按定额规定可以算一次安拆，但是运输费用就不能再算了。又比如，桥梁的两个桥台打桩，因河道通航的需要导致支架平台不能连续设置，桩机又没有桥梁可直接通过或有桥梁但是不能承受该荷载通行，需绕道采用平板车装运桩机至对岸桥台打桩时，不仅可计算组装拆卸桩机的次数，还可计算设备运输费用。

例 5-2 根据提供的桥梁工程有关设计图纸（见图 5-25 和图 5-26），计算桥梁钻孔灌注桩工作平台面积，并套用适合的定额子目。

解 每座桥台和桥墩工作平台面积：$(8.4+6.5)×(6.5+0)=96.85(m^2)$

小计：$96.85×4=387.4(m^2)$

$1^{\#}$ 墩～$2^{\#}$ 墩之间的通道平台面积：$6.5×(10-6.5)=22.75(m^2)$

$0^{\#}$ 台～$1^{\#}$ 墩、$2^{\#}$ 墩～$3^{\#}$ 台之间的通道平台面积：$6.5×(9.83-6.5)×2=43.29(m^2)$

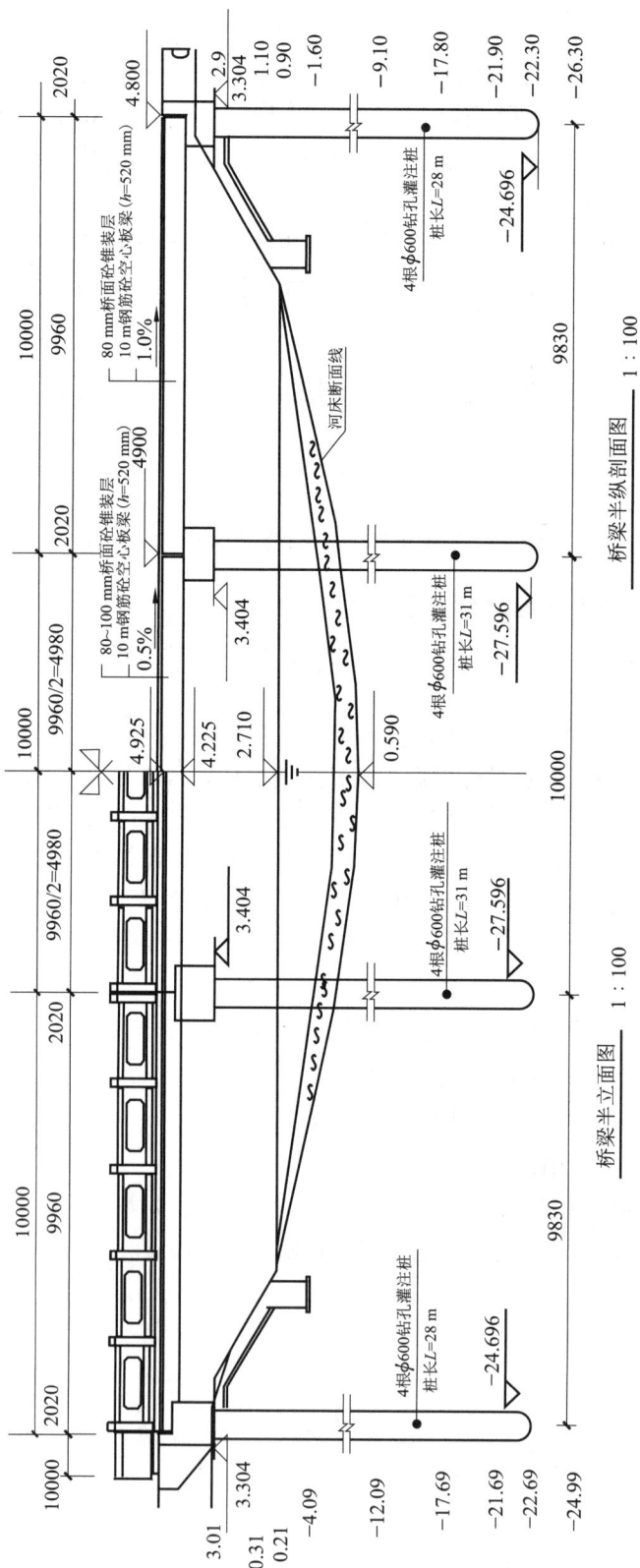

图5-25 桥梁立面图

桥梁半纵剖面图　1：100

桥梁半立面图　1：100

80 mm桥面砼锥装层
10 m钢筋砼空心板梁 (h=520 mm)
1.0%

80~100 mm桥面砼锥装层
10 m钢筋砼空心板梁 (h=520 mm)
0.5%

河床断面线

4根φ600钻孔灌注桩
桩长L=28 m

4根φ600钻孔灌注桩
桩长L=31 m

4根φ600钻孔灌注桩
桩长L=31 m

4根φ600钻孔灌注桩
桩长L=28 m

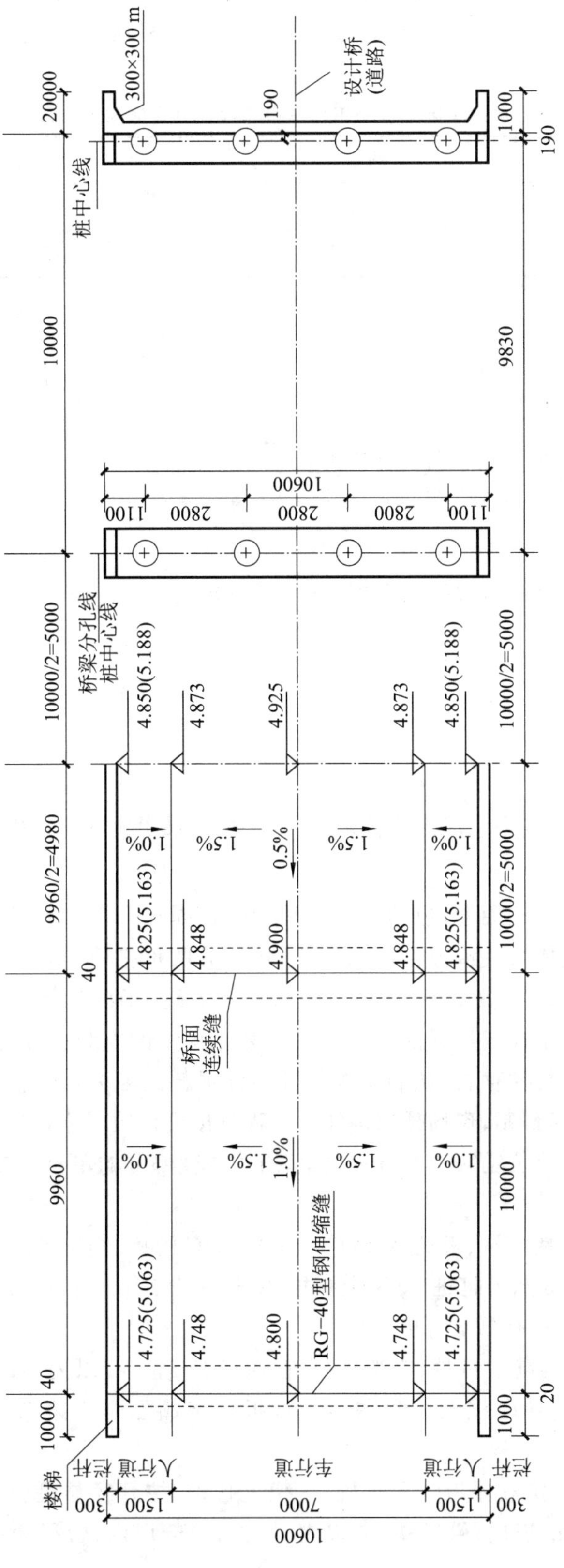

图5-26 桥梁平面图

根据图纸可知,钻孔灌注桩的桩径为 600 mm,故应选择锤重≤2.5 t 的桩基工作平台定额。因桥墩所在区域为水上,桥台所在区域为陆上,桥台与桥墩之间的通道大部分在水上平台范围内,则列项见表 5-6。

表 5-6 水上及陆上桩基工作平台工程量及定额编号对应表

项目名称	定额编号	工程数量/m²
陆上工作平台	04-3-1-1	96.85×2＝193.70
水上工作平台	04-3-1-7	96.85×2＋22.75＋43.29＝259.74

学习活动 2 打桩工程

打桩工程内容包括打钢筋混凝土方桩、打钢筋混凝土管桩、打钢管桩、接桩、送桩。

一、定额规定

1. 打桩

打桩定额中,陆上打桩采用履带式桩机,支架上打桩采用轨道式桩机。

1) 打混凝土桩

打桩定额中列出了桩的用量,包括基本用量和打桩损耗。基本用量就是打桩定额中括号部分的消耗量。不论成品桩或预制桩,打桩损耗部分的价格应与基本用量一致。现场预制桩的价格应包括预制桩的混凝土、模板、钢筋、预制场地、场内运输等。若采用工厂预制桩,桩的消耗量不变,价格按工厂成品价计算。安装工程中的安装损耗也是同样计算,构件安装损耗只是部分其他构件存在,预制梁等构件不计损耗。因为目前新定额实行量价分离的形式,如果构件为现场预制,现场预制构件的工程量按设计数量来确定,不包括损耗,即预制工程量只等于打桩或安装定额中的基本用量,所以损耗部分的单价需要自行确定,并计入打桩定额或安装定额中。

定额中混凝土桩包括方桩、板桩、管桩(PC 桩)、PHC 管桩、钢管桩。

(1) 打方桩定额分为陆上打桩、支架上打桩,桩长分为 12 m 以内、28 m 以内和 45 m 以内,其中桩长 45 m 以内只有陆上打桩子目。

(2) 打板桩定额分为陆上打桩、支架上打桩,桩长分为 8 m 以内、12 m 以内和 16 m 以内。定额中已包括打拔导向桩的工作内容。打板桩定额已列入第二章基坑与边坡支护工程。

(3) 打管桩(PC 桩)定额分为陆上打桩、支架上打桩,按管径与桩长两个条件划分为管径 $\Phi400$ 以内、桩长 16 m 以内;管径 $\Phi550$ 以内、桩长 24 m 以内;管径 $\Phi550$ 以内、桩长 32 m 以内的子目。

（4）打 PHC 管桩定额只适用于陆上打桩，按管径划分为 $\Phi600$ 以内，桩长分别为 24 m 以内、32 m 以内和 40 m 以内；管径 $\Phi800$ 以内，桩长分别为 24 m 以内、32 m 以内、40 m 以内和 60 m 以内；管径 $\Phi1000$ 以内，桩长分别为 24 m 以内、32 m 以内、40 m 以内和 60 m 以内的子目。

根据 2018 年 2 月 1 日起实施的《预应力混凝土管桩技术标准（JGJ/T 406—2017）》，采用离心和预应力工艺成型的圆环形截面的预应力混凝土桩，简称管桩。桩身混凝土强度等级为 C80 及以上的管桩为高强度混凝土管桩（简称 PHC 管桩），桩身混凝土强度等级为 C60 的管桩为混凝土管桩（简称 PC 管桩），主筋配筋形式为预应力钢棒和普通钢筋组合布置的高强度混凝土管桩为混合配筋管桩（简称 PRC 管桩）。

2）打钢管桩

打钢管桩定额只适用于陆上桩，按直径划分为 $\Phi450$ 以内、$\Phi650$ 以内、$\Phi1000$ 以内，分别编制了桩长 30 m 以内、30 m 以外的子目。

3）其他说明

（1）本册定额已综合取定土质类别。

（2）本册定额按打直桩计算。打斜桩斜度在 1:6 以内时，人工数量乘以 1.33 系数计算，机械台班数量乘以 1.43 系数计算。

（3）压桩或射水沉桩可另行计算。

（4）打桩定额不包括桩头的凿除，套用第六册《拆除工程》相应定额。

（5）定额中不包括试桩及测试内容。

（6）单位工程中打桩工程量小于下表工程数量者为小型工程，按相应定额中的人工及机械台班数量乘以下表系数计算，其划分范围见表 5-7。

表 5-7　小型工程打桩工程量划分及系数表

桩类	工程数量	系数
预制混凝土板桩	≤50 m³	1.10
预制混凝土方桩	≤80 m³	1.10
钢管桩长度≤30 m	≤100 t	1.25
钢管桩长度>30 m	≤150 t	1.25

2. 接桩

接桩定额分为方桩焊接桩、钢管桩电焊接桩、钢筋混凝土管桩电焊接桩和 PHC 管桩电焊接桩。混凝土管桩和钢管桩接桩需要区分管径不同。

方桩焊接桩的型钢用量可按设计图纸作相应调整。这里的型钢主要指角钢，桩的钢帽属于桩的预埋铁件，套用第五分册《钢筋工程》相应定额。

3. 送桩

1）混凝土桩送桩

混凝土桩送桩按相应的送桩定额计算，送桩定额按 4 m 为界，超过 4 m 按送桩定额乘以下列系数计算，见表 5-8。

表 5-8 混凝土桩送桩深度系数表

送桩深度/m	系数
≤5	1.2
≤6	1.5
≤7	2.0
>7	每超过 1 m 按调整后 7 m 为基数递增 75% 计算

送桩定额乘送桩调整系数时,工程量不按高度分段计算,按工程量统算,见图 5-27。

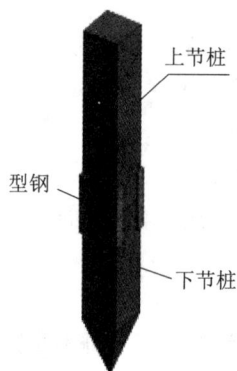

图 5-27 预制方桩接桩示意图

2)钢管桩送桩

根据送桩深度,按相应打桩定额的人工、机械台班数量乘以下列系数计算,见表 5-9。

表 5-9 钢管桩送桩深度系数表

送桩深度/m	系数
≤2	1.25
≤4	1.43
>4	1.67

二、工程量计算规则

1. 打桩

(1)钢筋混凝土方桩按桩长(包括桩尖长度)乘以桩截面面积以立方米计算,钢筋混凝土管桩及 PHC 管桩按桩长(包括桩尖长度)以米计算。

(2)钢管桩按设计长度(设计桩顶至桩底标高)、管径、壁厚以吨计算。

① 计算公式为

$$W = \frac{(D-\delta) \times \delta \times 0.0246 \times L}{1000}$$

式中:W——钢管桩重量(t);

D——钢管桩直径(mm);

δ——钢管桩壁厚(mm);

L——钢管桩长度(m)。

② 钢管桩内切割按设计图纸以根计算,精割盖帽按设计图示数量以个计算。

2. 接桩

打入桩按设计图纸以个计算,方桩焊接桩的型钢用量可按设计图纸作相应调整。

3. 送桩

(1)钢筋混凝土方桩按预制桩截面面积乘以送桩高度(送桩起始点以下至设计桩顶面的距离)以立方米计算。

(2)钢筋混凝土管桩及 PHC 管桩按预制桩送桩高度(送桩起始点以下至设计桩顶面的距离)以米计算。

(3)钢管桩送桩工程量按送桩高度(送桩起始点以下至设计桩顶面的距离)、管径、壁厚等参数以吨计算。

(4)送桩起始点规定。

① 陆上打桩为原地面平均标高以上 0.5 m 处。

② 支架上打桩为当地施工期间的最高潮水位以上 0.5 m 处。

4. 凿除桩头

凿除打入桩桩顶混凝土按拆除钢筋混凝土结构定额人工及机械台班数量乘以 1.25 系数计算,其工程量按拆除实体积以立方米计算。

拆除定额中已包括废料的场内运输,但不包括场外运输,废料容重统一按 2.2 t/m³计算。

例 5-3 某桥台陆上桩基础(见图 5-28)采用 400 mm×500 mm 的预制混凝土方桩,桩长为 25 m,共 10 根,每根桩分两节预制,原地面标高为 1.5 m,桩顶标高为 -2 m,需凿除桩顶混凝土 0.5 m,试计算打桩、接桩、送桩、凿除桩头、废料外运的工程量,并找出定额编号。

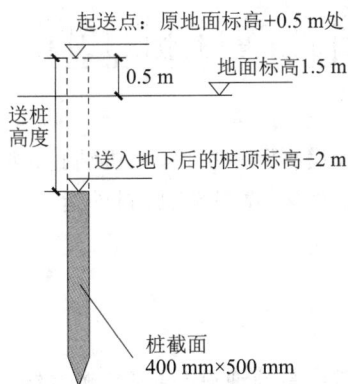

图 5-28　送桩示意图一

(1)打桩:04-3-1-25

$$V = S_{桩截面} \times 桩长 \times 根数 = 0.4 \times 0.5 \times 25 \times 10 = 50 (m^3)$$

（2）接桩：04-3-1-61

$$1 \times 10 = 10（个）$$

（3）送桩：04-3-1-72

$$V = S_{桩截面} \times 送桩高度 \times 根数$$

$$送桩高度 = 原地面标高 + 0.5 \text{ m} - 桩顶标高 = 1.5 + 0.5 - (-2) = 4（\text{m}）$$

$$V = 0.4 \times 0.5 \times 4 \times 10 = 8（\text{m}^3）$$

（4）凿除桩头：04-6-2-5

$$V = S_{桩截面} \times 凿桩高度 \times 根数 = 0.4 \times 0.5 \times 0.5 \times 10 = 1（\text{m}^3）$$

（5）废料外运：04-1-3-1

其工程量等同于凿除桩头，为 1 m³。该部分定额可以套用第一册《土方工程》中的土方场外运输子目。

知识拓展

如图 5-29 所示，若设计图纸中设计桩顶标高为 4 m，原地面标高为 1.5 m，则陆上打桩时其起送点为 1.5 + 0.5 = 2 m 处，低于设计桩顶标高，此时则无需送桩。

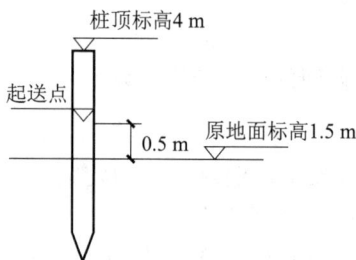

图 5-29　送桩示意图二

学习活动 3　钻孔灌注桩工程

钻孔灌注桩工程内容包括埋设拆除钢护筒、钻机钻孔、灌注桩混凝土、灌注桩底注浆、安装声测管、制作安装钢筋笼、泥浆外运、凿桩头、废料外运等。

一、定额规定

钻孔桩的主要施工工艺包括护筒的埋设与拆除、泥浆制作、钻孔、清孔、钢筋笼的制作及安装、混凝土灌注、灌注桩底注浆、安装声测管、凿除余桩等。

定额已综合取定土质类别，遇地下障碍物如老桥桩基础、嵌岩桩等特殊地质条件时，应另行计算。

定额未包括装拆钻机、凿除余桩和废泥浆处理。钻机的安拆及场外运输，可根据钻机实际作业台数计算。凿除余桩可套用第六分册《拆除工程》相应定额。泥浆外运套用第一分册《土方工程》相应定额。

钻孔灌注桩需预埋铁件时,可套用第五分册《钢筋工程》相应定额。

1. 埋拆护筒

护筒的作用:一是固定桩位,二是保护孔口,三是隔离地面水,四是保持孔内外有一定的水位差以维护孔壁不致坍塌。陆上桩护筒一般采用挖埋法,在黏性土中埋置深度不宜小于1 m,砂性土中不宜小于2 m。如护筒底土质较差时容易渗水坍塌,应挖深换土。水中埋设护筒时,应采用机械振动或加压等方式将护筒穿过淤泥,沉入河底稳定的土层。

护筒一般有钢护筒和钢筋混凝土护筒两类,因为在上海实际施工中钢筋混凝土护筒使用不多,所以定额中按钢护筒取定。

定额中的直径是指钻孔桩桩径,定额中已包括钢护筒摊销量。如果在水中作业钢护筒没有办法拔出时,可按钢护筒的实际用量减去定额消耗量一次性增列计算。当实际用量不能确定时,可按表5-10所列重量减去定额消耗量增列计算。

表 5-10　护筒重量参考表

桩径	Φ600	Φ800	Φ1000	Φ1200	Φ1600
护筒重量/(kg/m)	92.4	122.0	151.6	241.6	320.4

2. 制作泥浆

泥浆的作用:一是在钻孔过程中可增大静水压力,防止孔壁坍塌;二是延迟泥渣的沉淀,减少沉渣;三是悬浮沉渣。泥浆主要是由黏土和水拌和而成,必要时可用膨润土替换黏土,根据需要还可适量添加纯碱、化学浆糊等以改善泥浆性能,定额中护壁泥浆已在钻孔子目中予以考虑。

3. 钻孔

钻孔应采用三班制连续作业,在钻孔过程中应经常测试泥浆的相对密度及黏度,注意保持孔内水位。

钻孔定额按钻机类型和桩径划分子目,分为回旋钻机钻孔 Φ600 以内、Φ800 以内、Φ1000以内、Φ1200 以内、Φ1500 以内;旋挖钻机钻孔 Φ600 以内、Φ800 以内、Φ1000 以内、Φ1200 以内、Φ1600 以内。旋挖钻机钻孔还进一步细分不同深度,计量单位均为立方米。

4. 清孔

清孔就是用比重较小的泥浆置换出带有悬浮钻渣的泥浆,其目的是清除钻渣和沉淀层,尽量减少孔底沉淀层的厚度,使桩的承载力得到保证。一般采用二次清孔法:第一次在成孔质量检查后进行;第二次在下放钢筋笼、导管安装完毕后进行。定额中清孔工作已包括在灌注混凝土子目当中。

5. 制作安装钢筋笼

灌注桩的钢筋笼主筋全部采用焊接,与箍筋的连接采用部分点焊、部分绑扎的方式。

6. 灌注水下混凝土

灌注桩混凝土一般均采用导管法浇筑,浇筑前应在导管中设置一隔水球,混凝土灌注时将吊放隔水球的铁丝或绳子剪断,其作用是保证混凝土不与泥浆混合。灌注混凝土时,导管留在混凝土中的埋入深度一般应控制在 2～4 m,埋入深度过小易形成灌注桩夹泥现象,埋入深度过大会造成导管拔不出甚至拔断,从而造成断桩事故。混凝土的实际灌注高度应比设计桩顶高出一定的高度,应满足操作规程的要求。

7.灌注桩底注浆

灌注桩底注浆是指灌注桩成桩后一定时间,通过预设于桩身内的注浆导管及与之相连的桩端、桩侧注浆阀注入水泥浆,使桩端、桩侧土体(包括沉渣和泥皮)得到加固,从而提高单桩承载力,减小沉降。

8.声测管

声测管是灌注桩进行超声检测法时探头进入桩身内部的通道,利用声测管可以检测出一根桩的质量好坏。它是灌注桩超声检测系统的重要组成部分,它在桩内的预埋方式及其在桩的横截面上的布置形式,将直接影响检测结果。因此,需检测的桩应在设计时将声测管的布置和埋置方式标入图纸,在施工时应严格控制埋置的质量、管壁的厚度,以确保检测工作顺利进行。

二、工程量计算规则

1.埋设拆除钢护筒

埋设拆除钢护筒定额分为陆上埋设和支架上埋设两类,根据桩径分为 $\Phi600$ 以内、$\Phi800$ 以内、$\Phi1000$ 以内、$\Phi1200$ 以内、$\Phi1500$ 以内,以米计算。

2.成孔

成孔也称钻机钻孔,工程量按成孔深度乘以设计桩截面面积以立方米计算。成孔深度指原地面(或河床)至设计桩底的深度。

3.灌注混凝土

灌注混凝土定额中已考虑扩孔因素,工程量按下列规定计算:

(1)陆上灌注桩按设计桩长(设计桩顶至桩底)乘以设计桩截面面积以立方米计算;

(2)水上灌注桩按设计桩长增加 0.75 m,乘以设计桩截面面积以立方米计算。

4.灌注桩底注浆

灌注桩底注浆按设计规定的单根注浆量以立方米计算。

5.声测管

声测管按设计要求设置,以吨计算。

6.钢筋笼

钻孔灌注桩钢筋笼按设计图示用量以吨计算。定额套用第五分册《钢筋工程》相应子目。

7.凿除余桩

凿除钻孔灌注桩桩顶混凝土按拆除钢筋混凝土结构定额人工及机械台班数量乘以 0.8 系数计算,其工程量按拆除的实体积以立方米计算。

拆除定额中已包括废料的场内运输,但不包括场外运输,废料容重统一按 2.2 t/m³ 计算。

例 5-4　Φ800 水上钻孔灌注桩工程,采用回旋钻机施工,设计桩长 20 m,桩顶标高为 1.5 m,河床底标高为 3.5 m,共 20 根。钢护筒埋设深度为 5 m,桩顶需凿除混凝土 0.6 m。请计算该工程的埋拆护筒、成孔、灌注混凝土、泥浆外运、凿除桩顶混凝土、废料外运的工程量,并找出定额编号。

解　(1) 埋拆护筒:04-3-1-97

$$埋设深度×根数＝5×20＝100(m)$$

(2) 成孔:04-3-1-102

$$V＝S_{桩截面}×孔深×根数＝\pi×0.4^2×(20+3.5-1.5)×20＝221.17(m^3)$$

(3) 灌注混凝土:04-3-1-118

$$V＝S_{桩截面}×桩长×根数＝\pi×0.4^2×(20+0.75)×20＝208.60(m^3)$$

(4) 泥浆外运:04-1-3-2

其工程量等同于成孔的工程量,为 221.17 m³

(5) 凿除桩顶混凝土:04-6-2-5

$$V＝S_{桩截面}×凿桩高度×根数＝\pi×0.4^2×0.6×20＝6.03(m^3)$$

(6) 废料外运:04-1-3-1

其工程量等同于凿除桩顶混凝土,为 6.03 m³。其定额可以套用第一册《土方工程》中的土方场外运输子目。

任务 **3**
现浇混凝土工程

现浇混凝土工程定额内容包括垫层、基础及承台、支撑梁与横梁、墩台身、墩台帽与墩台盖梁、梁、板、挡墙、箱涵、其他构件、混凝土接头及灌缝、桥面铺装、桥头搭板、钢管拱肋混凝土。

一、定额规定

1. 垫层

基坑开挖到设计标高后就应铺设垫层,垫层分为碎石垫层和混凝土垫层。

2. 基础及承台

基础与承台分为承台支承在桩体上,基础支承在垫层上。

承台模板定额分为有底模和无底模两种,应视不同的施工方法套用相应定额。有底模承台是指承台脱离地面,需铺设底模施工的承台,如高桩承台、水上承台等。无底模承台是指承台直接依附在地面或基础上,不需铺设底模。有底模承台和无底模承台模板应分列计算,套用第七分册《措施项目》相应定额。

3. 支撑梁与横梁

定额中支撑梁按斜梁编制,横梁按连系梁编制。

4. 墩台身

定额中墩台身分为实体式和柱式两种。实体式墩台身(见图5-30)的主要特点是依靠自身重量来平衡外力,保持结构的稳定,因此圬工体积较大。柱式墩台身(见图5-31)属于轻型墩台,在桥梁工程中运用较广,其墩身重量较轻,节约圬工材料,外观也比较轻巧美观。

柱式墩台身定额已综合了矩形、方形和圆形,但不包括异形立柱。

U形桥台(见图5-32)是实体式墩台身的常用形式,一般情况下其桥台外侧都是垂直面,而内侧则向内放坡,其混凝土工程量可按一个长方体减去中间空的一块截头方锥体,再减去台帽处的长方体计算。

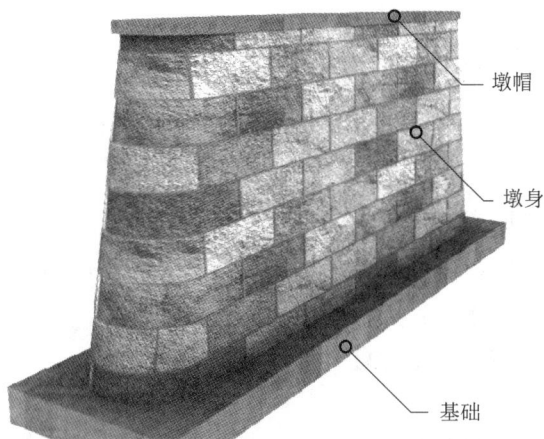

图 5-30　实体式墩台身

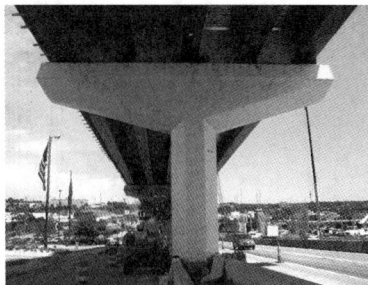

图 5-31　柱式墩台身

大长方体体积：$V_1 = ABH$

截头方椎体积：$V_2 = H/6[a_1 b_1 + a_2 b_2 + (a_1 + a_2)(b_1 + b_2)]$

台帽处的长方体体积：$V_3 = Ab_3 h_1$

桥台体积：$V = V_1 - V_2 - V_3$

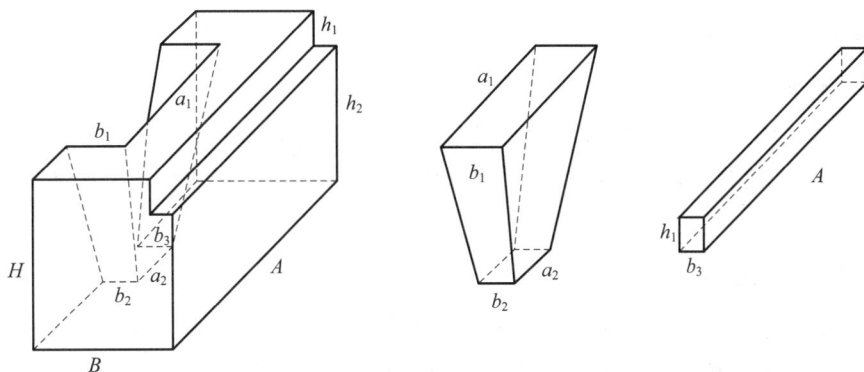

图 5-32　U 形桥台体积计算示意图

5. 墩台帽与墩台盖梁

墩台帽与墩台盖梁的区别：墩台帽（见图 5-33）是在实体式墩台身上施工，墩台盖梁（见图 5-34）是在排架桩或柱式墩台身上施工。台帽或台盖梁上有耳墙时，耳墙并入台帽或台盖梁计算。

6. 箱梁

箱梁定额包括现浇 0$^{\#}$ 块箱梁、悬浇箱梁和支架上现浇箱梁。定额中不包括 0$^{\#}$ 块扇形支架、挂篮和现浇箱梁支架。箱梁内模无法拆除时，按该部分无法拆除的模板数量以每平方米增加木模材料 0.03 m^3 计算。

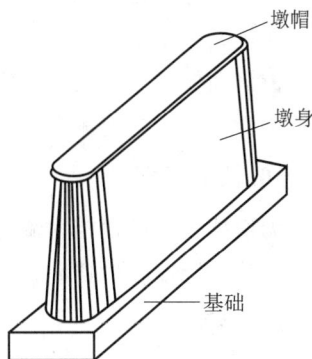

图 5-33　墩台帽

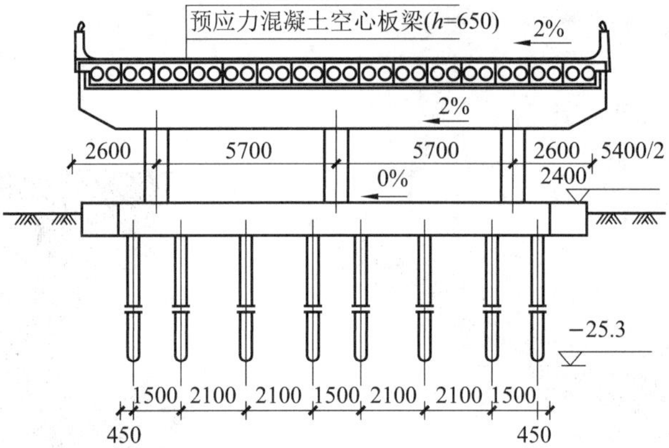

图 5-34　墩台盖梁

箱梁定额适用于城市下立交工程。

7. 板与板梁

现浇混凝土板梁分为实体式和空心式两类。

板的高度以 30 cm 以内为准,超过时套用板梁定额。若现浇板为斜交板时,其模板参照斜交梁规定执行,即人工数量乘以 1.2 计算,模板摊销量乘以 1.05 系数计算。若为现浇异形板,模板应另行计算。

8. 其他构件

其他构件定额中包括防撞护栏、立柱端柱灯柱、地梁侧石缘石等。防撞护栏定额是整个桥涵定额中唯一采用定型钢模的,防撞护栏定额中未包括支架,可以套用措施项目中的悬挑支架计算。

9. 混凝土接头及灌缝

现浇混凝土接头及灌缝定额项目包括板梁间灌缝、可调式骨架、板梁底勾缝、梁与梁接头以及柱与柱接头。板梁间灌缝即两板梁之间铰缝的细石混凝土灌注。梁与梁接头适用于两 T 形梁之间的横隔梁以及翼板的连接。

板梁间铰缝定额(灌缝、可调式骨架)中已包括模板的消耗量,可调式骨架中已包括钢筋的消耗量。

板梁间铰缝可调式骨架定额仅适用于既有空心板梁桥梁铰缝的改、扩建工程。若可调式铰缝骨架数量与定额含量不一致,可进行调整。

10. 挡墙及压顶

无论挡土墙还是挡水墙均执行挡墙定额,本定额适用于嵌石混凝土挡墙和混凝土挡墙,如果是砖挡墙或石砌挡墙,套用砌筑定额计算。压顶主要适用于护岸工程。

11. 桥面铺装

水泥混凝土桥面铺装定额中分为人行道、车行道的铺装,已包括模板摊销,未包括路面锯纹,发生时可套用第二分册《道路工程》相应定额。沥青混凝土桥面铺装及下立交沥青混凝土路面铺装工程,也套用第二分册《道路工程》相应定额计算。

二、工程量计算规则

（1）混凝土工程量按设计尺寸以实体积（扣除空心板、梁的空心体积）计算，不扣除钢筋、铁丝、铁件、预留压浆孔道和螺栓所占的体积。

（2）现浇混凝土的模板工程量计算均按模板接触混凝土的面积计算，套用第七分册《措施项目》相应定额。

（3）现浇混凝土墙、板上单孔面积在 0.3 m^2 以内的孔洞体积不予扣除，孔洞侧壁模板不计工程量；单孔面积在 0.3 m^2 以外的应予扣除，孔洞侧壁模板并入墙、板模板工程量。也就是说，在计算混凝土和模板工程量时如果遇到单孔面积 0.3 m^2 以内的孔洞，就当这个孔洞不存在；而当孔洞单孔面积在 0.3 m^2 以外时，应按实计算。

（4）钢筋和预埋铁件的工程量按设计图纸数量计算，损耗已在定额中考虑。施工用钢筋经建设单位认可后增列计算，套用第五分册《钢筋工程》相应定额。

（5）现浇箱涵的底板、顶板按断面积乘以长度，以立方米计算，断面积包括与侧墙连接的扩大部分。侧墙按断面积乘以长度，以立方米计算，侧墙的高度不包括侧墙的扩大部分，无扩大部分时，侧墙的高度按底板的上表面至顶板的下表面计算。

例 5-5 如图 5-35～图 5-37，图示尺寸单位为 cm，试计算桥墩承台混凝土工程量及承台模板工程量。

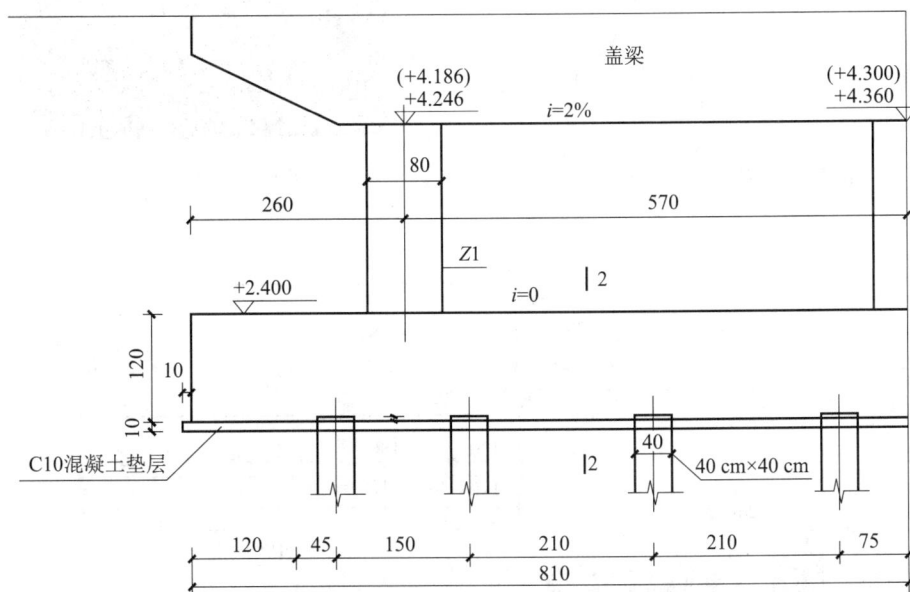

图 5-35 桥墩承台立面图

解 桥墩承台混凝土工程量，计算示意图见图 5-38 和图 5-39。

$$[(8.1-1.2)\times 2\times 2.4+\pi\times 1.2^2]\times 1.2=45.17(\text{m}^3)$$

桥墩承台模板工程量（无底模）

$$[(8.1-1.2)\times 4+2\times\pi\times 1.2)\times 1.2=42.17(\text{m}^2)$$

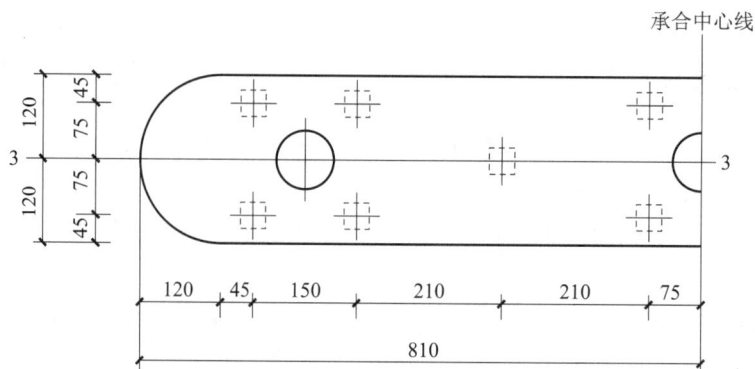

图 5-36 桥墩承台平面图

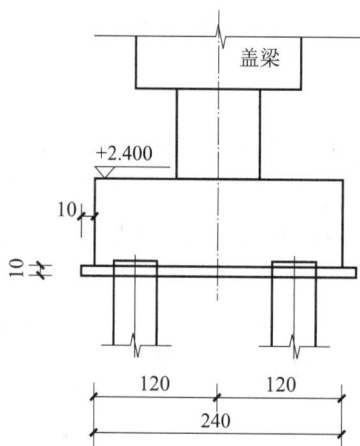

图 5-37 桥墩承台左视图

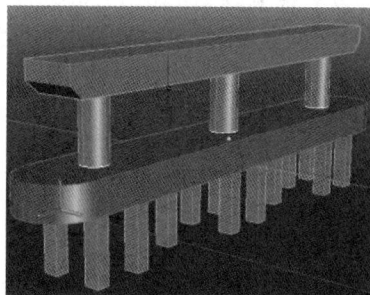

图 5-38 桥墩三维图

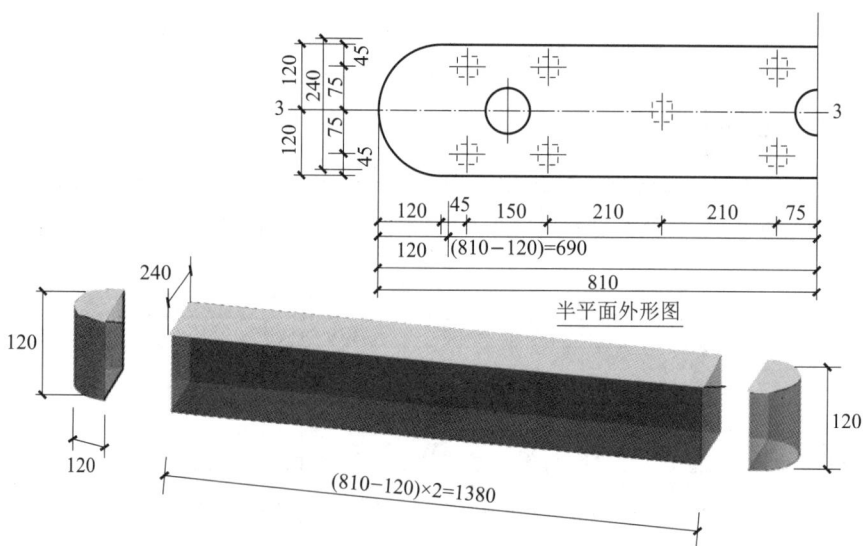

图 5-39 计算示意图

任务 **4**
现场预制混凝土构件

现场预制混凝土构件定额内容包括预制混凝土梁、预制混凝土板、预制混凝土其他构件。

一、定额规定

(1) 本章定额适用于桥涵工程现场预制的混凝土构件,不适用于工厂预制的构件。

(2) 本章定额未包括筑拆地模,发生时套用第七分册《措施项目》相应定额计算。

(3) 预制混凝土梁定额分为预制 T 形梁、箱形梁、纵横系梁。

(4) 预制混凝土板定额分为矩形板。

二、工程量计算规则

(1) 预制构件按设计图纸尺寸扣除空心体积,以实体积计算。梁的堵头板体积不计入工程量内。空心板梁及堵头板示意图见图 5-40。

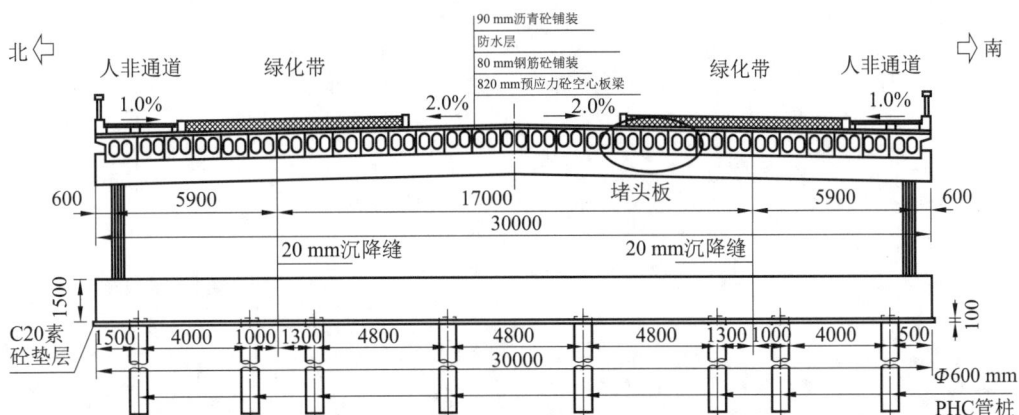

图 5-40 空心板梁及堵头板示意图

（2）预应力混凝土构件的封锚混凝土数量并入构件混凝土工程量计算。封锚混凝土示意图见图 5-41。

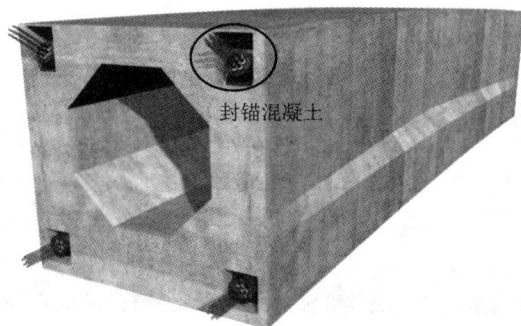

图 5-41　封锚混凝土示意图

例 5-6　某桥梁工程需预制钢筋混凝土方桩 40 根，桩身长 10 m，桩尖长 0.6 m（见图 5-42），桩截面尺寸为 400 mm×500 mm，请计算其混凝土工程量。

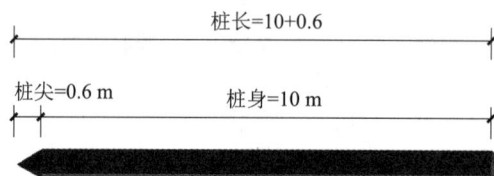

图 5-42　预制桩示意图

解　因桩长需包括桩尖长度，故桩长＝10.6(m)

预制桩混凝土工程量＝$S_{桩截面}$×桩长×根数＝0.4×0.5×10.6×40＝84.8(m^3)

任务 5
预制混凝土构件安装及运输

预制混凝土构件安装及运输定额内容包括安装混凝土梁、安装混凝土板、安装混凝土立柱、安装混凝土盖梁、安装混凝土其他构件、预制构件场内运输。

一、定额规定

（1）预制构件场内运输定额中的运距按 1 km 综合取定，适用于除小型构件外的预制混凝土构件。小型构件指单件混凝土体积 ≤ 0.05 m³ 的构件，其场内运输已包括在项目中。

（2）安装预制构件应根据合理的施工方法套用相应定额。

（3）除安装梁分陆上、水上安装外，其他构件安装均按陆上吊装考虑。

（4）架桥机安装梁定额中不包括架桥机的安装及拆除、预制梁的运输及喂梁作业。

（5）安装预制立柱及盖梁。

① 砂浆接缝、连接套筒灌浆适用于预制拼装桥墩的构件连接。

② 砂浆接缝厚度按 2 cm 考虑，如厚度不同时可对砂浆用量进行调整。

③ 连接套筒每根长度为 80 cm，内径为 Φ70 mm。

④ 预制立柱、预制盖梁安装未考虑地基处理，如实际发生时，套用相关定额。

（6）预制装配式防撞墙中不包括橡胶止水条及伸缩缝安装，如实际发生时，套用相关定额。

（7）预制构件场内运输定额适用于陆上运输。

二、工程量计算规则

（1）安装预制构件按构件混凝土实体积计算，不包括空心部分的体积。

（2）预制立柱及盖梁。

① 砂浆接缝按接触面面积以平方米计算。

② 连接套筒灌浆按根计算。

任务 **6**
桥梁工程实例

一、任务描述

1. 工程概况

本桥梁工程处于外环线上,分上下行桥,总宽度 39 m:为 0.5 m(防撞护栏)+16 m(车行道)+0.5 m(防撞护栏),中间设 5 m 分割带。桥梁总长度为 26.54 m,采用三跨 8 m+10 m+8 m 的空心板梁,梁高均为 65 cm。8 m 板梁全桥共计边板 8 块,中板 56 块;10 m 板梁全桥共计边板 4 块,中板 28 块。桩基础为 40 cm×40 cm 的打入桩(分两节打入),桥台承台为单排桩,桥墩承台为双排柱。桥墩承台与盖梁间设 3 根 $\Phi 800$ 立柱。支座采用 150 mm×250 mm×28 mm 板式橡胶支座,全桥共 384 块。两桥台处设型钢伸缩缝,两桥墩处设桥面连续缝。桥址现场可堆土,场内 1 km 内有可利用土方,但不可利用应废弃的土方需运出现场至指定卸土点。

按设计图纸,钢筋混凝土结构含筋率为墩承台 59.7 kg/m³,立柱 123.2 kg/m³,墩盖梁 193.2 kg/m³。

(1)桩和空心板梁均采用工厂预制构件,构件现场堆放点距桥位 200 m。

(2)除基础垫层和板梁间灌缝采用现场拌制混凝土外,其他混凝土结构均采用泵送商品混凝土。

(3)桥台处原地面平均标高为 4 m,河流常水位为 2.2 m,施工期间最高潮水位为 2.7 m。

(4)桥墩承台需采用围堰挡水施工,由于河道较窄,为确保河道水流的畅通,采用筑拆圆木桩围堰,桥墩两个承台需流水施工,中间围堰共用。

(5)墩盖梁采用满堂式钢管支架进行施工,使用天数为 45 天。

(6)空心板梁中板截面面积为 0.40 m²,边板截面面积为 0.56 m²,采用吊车陆上安装方式架设。

(7)需铺筑混凝土施工便道 200 m。

(8)本工程施工措施费暂不考虑。

(9)企业管理费和利润的费率为 28.39%,安全文明施工费费率为 3%。

2. 要求

根据《2016 上海市市政工程预算定额》，计算该工程的分项工程量（上行桥部分），编制工程量计算表。

二、工程量计算

工程数量计算表（上行桥部分）见表 5-11。

表 5-11　工程数量计算表（上行桥部分）

顺序	定额编号	分项工程名称	工程量计算式	单位	数量
1		工作平台	因为本工程采用的是预制方桩		
		$0^{\#}$、$3^{\#}$桥台工作平台	$F_1=(A+8)(6.5+D)=(15+8)(6.5+0)=149.5$		
		$1^{\#}$、$2^{\#}$桥墩工作平台	$F_2=(A+8)(6.5+D)=(13.8-0.45\times2+8)(6.5+0.75\times2)=167.2$		
		$2^{\#}$桥墩~$3^{\#}$桥台、$0^{\#}$桥台~$1^{\#}$桥墩的通道	$F_3=6.5[L-(6.5+D)]=6.5[8-0.2-1/2(6.5+0.75\times2)-1/2(6.5+0)]=3.575$		
		$1^{\#}$桥墩~$2^{\#}$桥墩的通道	$F=6.5[L-(6.5+D)]=6.5[10-(6.5+0.75\times2)]=13$		
	04-3-1-2	陆上平台合计	查定额 P69"打钢筋混凝土方桩（04-3-1-25）"中的机械为履带式柴油打桩机 5 t	m²	299
			$149.5\times2=299$		
	04-3-1-8	水上平台合计	查定额 P69"打钢筋混凝土方桩（04-3-1-26）"中的机械为轨道式柴油打桩机 4 t		
			$167.2\times2+3.575\times2+13=354.55$	m²	354.55
2	04-7-10-25	5.0 t 以内柴油打桩机场外运输费	根据"打钢筋混凝土方桩"定额中的机械来确定锤重	台·次	2
3	04-3-1-20	组装、拆卸柴油打桩机（锤重≤5.0 t，履带式）		架·次	1
4	04-3-1-18	组装、拆卸柴油打桩机（锤重≤4.0 t，轨道式）		架·次	1
5		打钢筋混凝土方桩	$V=$桩截面面积×桩长×根数		
	04-3-1-25	桥台桩	$V=0.4\times0.4\times25.8\ \text{m}\times11\ 根\times2\ 个=90.816$	m³	90.82
	04-3-1-26	桥墩桩	$V=0.4\times0.4\times27.3\ \text{m}\times14\ 根\times2\ 个=122.304$	m³	122.30
6	04-3-1-61	方桩焊接桩	因为每根桩分两节打入，故 22+28	个	50
7		送桩	$V=$桩截面面积×送桩高度×根数		

顺序	定额编号	分项工程名称	工程量计算式	单位	数量
		陆上送桩(桥台桩)	起送点＝原地面标高＋0.5＝4＋0.5 ＝4.5 m 送桩高度＝起送点标高－桩顶标高 桩长＝桩顶标高－桩底标高 0♯台桩顶标高＝25.8－21.081＝ 4.719 m 4.5－4.719＜0,不需要送桩 3♯台桩顶标高＝25.8－21.237＝ 4.563 m 4.5－4.563＜0,不需要送桩	m³	0
	04-3-1-73	支架上送桩(桥墩桩)	起送点＝最高潮水位＋0.5＝2.7＋ 0.5＝3.2 m 送桩高度＝起送点标高－桩顶标高＝ 3.2－2＝1.2 m 桩长＝桩顶标高－桩底标高 27.3＝桩顶标高－(－25.3) 桩顶标高＝2 m V＝桩截面面积×送桩高度×根数＝ 0.4×0.4×1.2 m×28 根＝5.376 m³	m³	5.376
8	04-6-2-5	拆除钢筋混凝土结构(凿桩头)	V＝桩截面面积×凿除长度×根数 已知承台顶标高2.4 m,承台高度1.2 m,则承台底标高＝2.4－1.2＝1.2 m 又已知桩顶伸入承台50 mm,则桩顶标高＝1.2＋0.05＝1.25 m 又已知桩长 L＝27.3 m,桩底标高为－25.3 m,则桩顶标高＝2 m 说明打完桩后,桩头凿除了0.75 m	m³	4.06
		桥墩桩	V＝0.4×0.4×0.75 m×28 根＝3.36		
		桥台桩 0♯台	0♯台盖梁底平均标高＝(4.619＋ 4.319)/2＝4.469 凿桩后的桩顶标高＝4.469＋0.05＝ 4.519 m 凿桩前的桩顶标高＝25.8－21.081＝ 4.719 m 凿桩长度＝4.719－4.519＝0.2 m V＝0.4×0.4×0.2 m×11 根＝0.352		
		桥台桩 3♯台	3♯台盖梁底平均标高＝(4.463＋ 4.163)/2＝4.313 凿桩后的桩顶标高＝4.313＋0.05＝ 4.363 m 凿桩前的桩顶标高＝25.8－21.237＝ 4.563 m 凿桩长度＝4.563－4.363＝0.2 m V＝0.4×0.4×0.2 m×11 根＝0.352		

顺序	定额编号	分项工程名称	工程量计算式	单位	数量
			合计＝3.36＋0.352×2＝4.064		
9	04-1-3-1	废料外运	同上	m^3	4.06
10	04-3-3-4	桥墩承台混凝土	$[(8.1-1.2)×2×2.4+\pi×1.2^2]×$ $1.2×2$ 个＝45.17×2 个＝90.34	m^3	90.34
11	04-7-3-6	桥墩承台模板(无底模)	$[(8.1-1.2)×4+2×\pi×1.2]×1.2$ $×2$ 个＝42.17×2 个＝84.34	m^2	84.34
12	04-5-1-4	桥墩承台钢筋	90.34×59.7/1000＝5.393	t	5.393
13	04-3-3-8	桥墩立柱混凝土(柱式墩身)	立柱平均高＝(4.3＋4.36)/2-2.4＝ 1.93 m	m^3	5.82
			$\pi×0.4^2×1.93×6$ 个＝5.82		
14	04-7-3-10	桥墩立柱模板	$2×\pi×0.4×1.93×6$ 个＝29.10	m^2	29.10
15	04-5-1-4	桥墩立柱钢筋	5.82×123.2/1000＝0.717	t	0.717
16	04-3-3-11	桥墩盖梁混凝土	$[(16.6×0.85)＋(0.25^2×2)-(2.1$ $×0.45)]×1.2×2$ 个＝15.95×2 个＝ 31.90 m^3	m^3	31.90
17	04-7-3-13	桥墩盖梁模板		m^2	94.54
		底模	$[\sqrt{(0.45^2＋2.1^2)}×2＋(16.6-2.1×$ $2)]×1.2-\pi×0.4^2×3$ 个＝18.526		
		侧模	$[(16.6×0.85)＋(0.25^2×2)-(2.1$ $×0.45)]×2$ 侧＝13.292×2 侧＝26.58		
		边模	$(0.65＋0.25)×1.2×2$ 侧＝2.16		
			小计＝47.269×2 个＝94.54		
18	04-5-1-4	桥墩盖梁钢筋	31.90×193.2/1000＝6.163	t	6.163
19	04-3-3-12	桥台盖梁混凝土		m^3	39.00
		(1)主体	$(0.25×1.6＋0.75×0.8)×17＝17$		
		(2)挡块	$0.75×0.25×0.25×2$ 个＝0.094		
		(3)耳墙	$(2×1.633-1/2×1.5×1.133)×$ $0.25×2$ 个＝1.208		
		(4)牛腿	$1/2×(0.35＋0.65)×0.15×16＝1.2$		
			小计＝19.502×2 个＝39.00		
20	04-7-2-4	立柱脚手架	水上工作平台面标高＝常水位标高＋ 0.5 m＝2.2＋0.5＝2.7 m	m^2	59.79
			盖梁底平均标高＝(4.3＋4.36)/2＝ 4.33 m		

续表

顺序	定额编号	分项工程名称	工程量计算式	单位	数量
			立柱脚手架=(4.33-2.7)×(π×0.8+3.6)=9.965		
			小计=9.965×6个=59.79		
21	04-7-2-6	盖梁脚手架	水上工作平台面标高=常水位标高+0.5 m=2.2+0.5=2.7 m	m²	194.43
			盖梁顶标高=4.33+0.85=5.18 m		
			盖梁脚手架=(5.18-2.7)×[(16.6+1.2)×2+3.6]=97.216		
			小计=97.216×2个=194.43		
22	04-7-3-56	现浇盖梁支架	根据定额规定,现浇盖梁支架工程量按高度(盖梁底至承台顶面的高度)乘以长度(盖梁长+0.9 m)乘以宽度(盖梁宽+0.9 m)计算,并扣除立柱所占体积	m³空间体积	136.03
			[(4.33-2.4)×(16.6+0.9)×(1.2+0.9)-π×0.4²×(4.33-2.4)×3个]×2个=136.03		
23	04-7-3-57	支架使用费	根据定额规定,满堂式钢管支架每立方米空间体积按35 kg(包括连接件等)计算,支架的使用天数按实计算	吨·天	214.25
			136.03×35/1000×45=214.25		
24	04-7-3-55	支架预压	136.03×35/1000=4.761	t	4.761
25		圆木桩围堰(高3 m以内)	围堰高=最高潮水位-河床底中心标高+0.5=2.7-1.2+0.5=2 m		
	04-7-5-8	筑拆	(5.8+8.1)×2+43.44=71.24	m	71.24
	04-7-5-9	养护	围堰长度×潮汛次数 71.24×2=142.48	米·次	142.48
26	04-3-3-2	桥墩盖梁垫层混凝土	[(8.1-1.2)×2×2.6+π×1.3²]×0.1×2个=8.238×2个=16.48	m³	16.48
27	04-3-5-1	陆上安装板梁(L≤10 m)	因采用吊车架梁,故为陆上安装 梁截面面积×梁长×数量	m³	163.56
		预应力混凝土空心板梁(7.96 m)边板	0.56 m²×7.96 m×4片=17.830		
		预应力混凝土空心板梁(7.96 m)中板	0.40 m²×7.96 m×26片=82.784		
		预应力混凝土空心板梁(9.96 m)边板	0.56 m²×9.96 m×2片=11.155		

续表

顺序	定额编号	分项工程名称	工程量计算式	单位	数量
		预应力混凝土空心板梁 (9.96 m)中板	$0.40 \text{ m}^2 \times 9.96 \text{ m} \times 13$ 片$=51.792$		
			小计$=163.56$		
28	04-3-5-39	预制构件场内运输	桩和空心板梁均采用工厂预制构件	m³	376.68
			$90.82+122.30+163.56=376.68$		
29	04-3-8-3	安装板式橡胶支座(150×250×28)	全桥共 384 块 $1.5 \times 2.5 \times 0.28 \times 384 = 403.20$	dm³	403.20
30	04-3-8-16	安装型钢伸缩缝	两桥台处设型钢伸缩缝	m	34
			$17 \times 2 = 34$		
31	04-3-8-17	安装桥面连续	两桥墩处有桥面连续缝	m	34
			$17 \times 2 = 34$		
32	04-3-3-34 换	车行道防水混凝土铺装 C30($h=80$ mm)	$(8+10+8) \times 17 \times 0.08 = 35.36$	m³	35.36
33	04-2-3-8 换	机械摊铺粗粒式沥青混凝土(AC-25)($h=55$ mm)	$(8+10+8) \times 17 = 442$	m³	442
34	04-7-6-2	施工便道	便道长度×便道宽度,定额规定桥梁工程便道宽度为 5 m $200 \times 5 = 1000$	m²	1000
35	04-7-6-3	堆料场地	主跨<25 m 的桥梁取 250 m²	m³	250
36	04-7-10-5	履带式起重机(25 t 以内)安装及拆除费		台	1
37	04-7-10-18	1 m³ 以内单斗挖掘机场外运输费		台·次	1
38	04-7-10-20	压路机(综合)场外运输费		台·次	2
39	04-7-10-21	沥青混凝土摊铺机场外运输费		台·次	1

三、预算书

预算书见表 5-12。

表 5-12 预算书

工程名称:××桥梁工程

序号	编号	名称	单位	工程量	单价/元	合价/元
1	04-3-1-2	搭、拆陆上桩基础工作平台 锤重≤5.0 t	m²	299	62.84	18789.16
2	04-3-1-8	搭、拆水上桩基础工作平台 锤重≤4.0 t	m²	354.55	831.31	294740.96

续表

序号	编号	名称	单位	工程量	单价/元	合价/元
3	04-7-10-25	5.0 t 以内柴油打桩机场外运输费	台·次	2	11184.29	22368.58
4	04-3-1-20	组装、拆卸柴油打桩机 履带式 锤重≤5.0 t	架·次	1	12528.27	12528.27
5	04-3-1-18	组装、拆卸柴油打桩机 轨道式 锤重≤4.0 t	架·次	1	18020.73	18020.73
6	04-3-1-25	打钢筋混凝土方桩 $L \leq 28$ m 陆上	m³	90.82	1869.83	169817.96
7	04-3-1-26	打钢筋混凝土方桩 $L \leq 28$ m 支架上	m³	122.3	1930.91	236150.29
8	04-3-1-61	方桩焊接桩	个	50	554.92	27746
9	04-3-1-73	送方桩 $L \leq 28$ m 支架上	m³	5.376	438.71	2358.5
10	04-6-2-5 系	拆除钢筋混凝土结构	m³	4.064	534.89	2173.79
11	04-1-3-1	废料外运	m³	4.064	129.6	526.69
12	04-3-3-4	混凝土承台 预拌混凝土(泵送型)C25 粒径 5～40	m³	90.34	638.21	57655.89
13	04-7-3-6	桥涵工程模板 承台 无底模模板	m²	84.34	70.84	5974.65
14	04-5-1-4	现场绑扎钢筋 桥梁 下部结构钢筋	t	5.393	5865.28	31631.46
15	04-3-3-8	混凝土柱式墩台身 预拌混凝土(泵送型)C20 粒径 5～40	m³	5.82	704.53	4100.36
16	04-7-3-10	桥涵工程模板 柱式墩台身 模板	m²	29.1	170.64	4965.62
17	04-5-1-4	现场绑扎钢筋 桥梁 下部结构钢筋	t	0.717	5865.28	4205.41
18	04-3-3-11	混凝土墩盖梁 预拌混凝土(泵送型)C30 粒径 5～40	m³	31.9	664.96	21212.22
19	04-7-3-13	桥涵工程模板 墩盖梁 模板	m²	94.54	152.34	14402.22
20	04-5-1-4	现场绑扎钢筋 桥梁 下部结构钢筋	t	6.163	5865.28	36147.72
21	04-3-3-12	混凝土台盖梁 预拌混凝土(泵送型)C30 粒径 5～40	m³	39	674.55	26307.45
22	04-7-2-4	脚手架 桥梁立柱 高 10 m 以内	m²	59.79	40.97	2449.6
23	04-7-2-6	脚手架 桥梁盖梁 高 10 m 以内	m²	194.43	31.61	6145.93
24	04-7-3-56	桥梁满堂式 钢管支架(空间体积)	m³	136.03	34.62	4709.36
25	04-7-3-57	钢管支架使用费	t·天	214.25	5.77	1236.22
26	04-7-3-55	桥梁支架 支架预压	t	4.761	116.92	556.66
27	04-7-5-8	圆木桩围堰 高 3 m 以内 筑拆	延长米	71.24	3392.91	241710.91
	Z04093301	土方	m³	958.89	26.44	25354.02
28	04-7-5-9	圆木桩围堰 高 3 m 以内 养护	延长米·次	142.48	209.13	29796.84

续表

序号	编号	名称	单位	工程量	单价/元	合价/元
	Z04093301	土方	m³	12.82	26.44	339.06
29	04-3-3-2	垫层 混凝土 预拌混凝土（非泵送型）C20 粒径 5～40	m³	16.48	680.04	11207.06
30	04-3-5-1	陆上安装板梁 L≤10 m	m³	163.56	2138.42	349759.98
31	04-3-5-39	预制构件场内运输	m³	376.68	69.18	26058.72
32	04-3-8-3	安装板式橡胶支座	dm³	403.2	87.47	35267.9
33	04-3-8-16	安装伸缩缝 型钢伸缩缝	m	34	1083	36822
34	04-3-8-17	安装桥面连续	m	34	35.61	1210.74
35	04-3-3-34 换	桥面铺装 车行道预拌混凝土（泵送型）C30 粒径 5～40	m³	35.36	759.65	26861.22
36	04-2-3-8 换	机械摊铺粗粒式沥青混凝土（AC-25）厚 8 cm 厚度（cm）：5.5 粗粒式沥青混凝土 AC-25	100 m²	4.42	10750.34	47516.5
37	04-2-3-9	机械摊铺粗粒式沥青混凝土（AC-25）±1 cm粗粒式沥青混凝土 AC-25	100 m²	4.42	−3316.59	−14659.33
38	04-7-6-2	施工便道 混凝土 预拌混凝土（非泵送型）C20 粒径 5～20	m²	1000	140.23	140230
39	04-7-6-3	堆料场地 预拌混凝土（非泵送型）C20 粒径 5～20	m²	250	136.72	34180
40	04-7-10-5	履带式起重机（25 t 以内）安装及拆除费	台	1	6546.87	6546.87
41	04-7-10-18	1 m³ 以内单斗挖掘机场外运输费	台·次	1	4389.57	4389.57
42	04-7-10-20	压路机（综合）场外运输费	台·次	2	3797.55	7595.1
43	04-7-10-21	沥青混凝土摊铺机场外运输费	台·次	1	5886.79	5886.79
合计			元			2017302.57

四、费用表

费用表见表 5-13。

表 5-13 费用表

工程名称：××桥梁工程

序号	名称	基数说明	费率/（%）	金额/元
1	直接费	其中人工费＋其中材料费＋施工机具使用费＋其中主材费＋其中设备费		2017302.6
1.1	其中人工费	人工费		578206.86
1.2	其中材料费	材料费		1190983.05

续表

序号	名称	基数说明	费率/(%)	金额/元
1.3	施工机具使用费	机械费		222419.27
1.4	其中主材费	主材费		25693.42
1.5	其中设备费	设备费		
1.6	土方泥浆外运费	土方泥浆外运费		526.69
2	企业管理费和利润	其中人工费	28.39	164152.93
3	安全文明施工费	直接费	3	60519.08
4	施工措施费	措施项目合计		
5	其他项目费	其他项目费		
6	小计	直接费＋企业管理费和利润＋安全文明施工费＋施工措施费＋其他项目费		2241974.61
7	税前补差	税前补差		
8	增值税	小计＋税前补差	9	201777.71
9	税后补差	税后补差		
10	甲供材料	甲供费		
11	工程造价	小计＋税前补差＋增值税＋税后补差－甲供材料		2443752.32

五、工料机表

工料机表见表 5-14。

表 5-14　工料机表

工程名称：××桥梁工程

序号	名称	单位	数量	单价/元	合价/元
1	综合人工(土建)市政	工日	2439.68	237	578203.92
2	热轧带肋钢筋(HRB400) $\Phi10\sim32$	t	9.48	3871.5	36715.02
3	热轧光圆钢筋(HPB300) $\Phi\leqslant10$	t	3.1	4103.83	12707.49
4	钢丝绳	kg	0.01	5.41	0.06
5	热轧型钢 综合	kg	1667.03	4.04	6734.78
6	橡胶板	kg	20.81	7.17	149.19
7	塑料薄膜	m²	265.28	1.19	315.68
8	尼龙帽	个	42.88	0.43	18.44
9	尼龙绳	kg	0.01	23.32	0.19
10	白棕绳	kg	57.97	4.47	259.12

续表

序号	名称	单位	数量	单价/元	合价/元
11	编织袋	只	853.01	2.61	2226.35
12	草垫	只	10.75	0.98	10.54
13	六角螺栓连母垫	kg	136.82	6.34	867.44
14	电焊条	kg	275.28	5.67	1560.84
15	圆钉	kg	45.69	6.47	295.63
16	骑马钉	kg	1.63	7.38	12.05
17	镀锌铁丝	kg	142.82	5.3	756.92
18	铁件	kg	225.82	6.36	1436.22
19	切缝机刀片	片	0.2	809.24	161.85
20	风镐凿子	根	1.14	12.45	14.17
21	破碎锤钎杆 $\Phi140$	根	0.01	328.15	4.66
22	黄砂 中粗	t	0.97	178.64	173.5
23	碎石 5～25	t	69.58	150.49	10470.34
24	道碴 50～70	t	46.23	93.2	4308.35
25	钢筋混凝土方桩(制品)	m³	215.25	1672.75	360060.8
26	先张法预应力空心板梁 (钢筋 100 kg,钢绞线 35 kg)	m³	163.56	2092.04	342173.57
27	成材	m³	0.34	1579.53	535.46
28	圆木	m³	17.58	1689.66	29697.28
29	木板成材	m³	0.06	1607.98	93.75
30	枕木	m³	5.23	1644.85	8606.99
31	木丝板	m²	25.3	29.12	736.74
32	竹笆 1000×2000	m²	444.54	7.23	3214.01
33	石油沥青	kg	243.5	4.32	1051.43
34	环氧聚胺脂嵌缝膏	kg	24.28	10.53	255.63
35	重质柴油	kg	3.83	6.18	23.66
36	氧气	m³	1.49	2.22	3.3
37	乙炔气	m³	0.58	10.98	6.39
38	铁件	kg	226.39	6.28	1421.75
39	水	m³	108.68	5.82	632.54
40	钢模板	kg	132.44	4.8	635.72
41	木模板成材	m³	0.73	1515.22	1100.35

续表

序号	名称	单位	数量	单价/元	合价/元
42	钢模支撑	kg	116.97	5.1	596.52
43	钢模零配件	kg	49.48	5.09	251.85
44	钢管 Φ48.3×3.6	kg	72.2	3.86	278.67
45	钢管底座 Φ48	只	1.13	7.78	8.79
46	对接扣件 Φ48	只	1.63	6.03	9.81
47	迴转扣件 Φ48	只	2.37	6.18	14.67
48	直角扣件 Φ48	只	13.26	6.01	79.67
49	扣件螺栓	只	118.1	0.59	69.68
50	钢管支架使用费	t·天	214.25	5.77	1236.22
51	钢直扶梯	kg	0.42	7.14	2.99
52	钢板网	m²	5.92	73.45	435.18
53	安全网(锦纶)	m²	9.22	9.18	84.66
54	钢桩帽摊销	kg	45.83	4.27	195.68
55	送桩器摊销	kg	4.15	5.14	21.34
56	打桩专用圆木墩	只	0.04	26.43	1.14
57	涤纶针刺土工布 200 g/m²	m²	675.97	10.36	7003.05
58	橡胶支座	dm³	403.2	61.4	24757.69
59	型钢伸缩缝	m	34	924.91	31446.84
60	预拌混凝土(泵送型) C20 粒径 5～40	m³	5.88	593.2	3486.97
61	预拌混凝土(泵送型) C25 粒径 5～40	m³	91.24	601.46	54878.89
62	预拌混凝土(泵送型) C30 粒径 5～40	m³	107.32	607.77	65227.13
63	预拌混凝土(非泵送型) C20 粒径 5～20	m³	215.7	592.23	127744.66
64	预拌混凝土(非泵送型) C20 粒径 5～40	m³	16.64	595.15	9906.09
65	粗粒式沥青混凝土 AC-25	t	58.36	533.59	31137.87
66	其他材料费	元	2657.06	1	2657.06
67	履带式单斗液压挖掘机 1 m³	台班	0.3	1642.5	498.01
68	液压镐头	台班	0.22	373.19	83.86
69	履带式柴油打桩机 5 t	台班	3.22	2334.74	7507.36
70	履带式柴油打桩机 8 t	台班	3.13	2623.19	8197.47
71	轨道式柴油打桩机 0.6 t	台班	28.29	749.57	21205.9
72	轨道式柴油打桩机 4 t	台班	6.28	1993.14	12508.97
73	混凝土切缝机	台班	1.3	273.87	356.03

序号	名称	单位	数量	单价/元	合价/元
74	混凝土振捣器 插入式	台班	29.6	10.28	304.31
75	混凝土振捣器 平板式	台班	10.04	10.19	102.31
76	混凝土振动梁	台班	6.1	28.49	173.78
77	载重汽车6 t	台班	0.9	662.94	595.38
78	平板拖车组 60 t	台班	2.98	2175.3	6473.25
79	履带式起重机 10 t	台班	31.82	1029.47	32755.91
80	履带式起重机 15 t	台班	8.49	1161.81	9865.51
81	汽车式起重机8 t	台班	1.01	1190.28	1204.09
82	汽车式起重机 12 t	台班	5	1292.77	6463.86
83	汽车式起重机 20 t	台班	7.34	1490.2	10936.46
84	汽车式起重机 40 t	台班	2.34	2029.37	4739.39
85	电动卷扬机 单筒快速 10 kN	台班	9.97	382.08	3810.68
86	电动卷扬机 双筒快速 50 kN	台班	42.02	493.36	20733.45
87	内燃光轮压路机 轻型	台班	0.59	661.91	390.33
88	钢轮振动压路机 10 t	台班	0.18	877.26	161.33
89	内燃夯实机 700 N·m	台班	2.42	33	79.92
90	沥青混凝土摊铺机 8 t 带自动找平	台班	0.15	2999	441.45
91	钢筋切断机 Φ40	台班	6.32	48.44	306.17
92	钢筋弯曲机 Φ40	台班	6.32	28.62	180.89
93	混凝土磨光机	台班	6.1	24.4	148.83
94	木工圆锯机 Φ500	台班	0.3	30.6	9.26
95	交流弧焊机 32 kVA	台班	20.97	107.69	2258.4
96	风镐	台班	1.27	8.75	11.15
97	铁驳船 80 t	t·天	10971.78	2.02	22162.99
98	电动空气压缩机 6 m³/min	台班	0.64	254.81	162.36
99	电动单级离心清水泵 Φ50	台班	8.55	32.1	274.42
100	废料外运	m³	4.06	129.6	526.69
101	履带式单斗液压挖掘机进出场费 ≤1 m³	台次	1	4389.57	4389.57
102	内燃光轮压路机进出场费	台次	2	3797.55	7595.1
103	沥青混凝土摊铺机进出场费	台次	1	5886.79	5886.79
104	履带式柴油打桩机进出场及安拆费 ≤5 t	台次	2	11184.29	22368.57
105	履带起重机安装及拆除费 ≤25 t	台	1	6546.87	6546.87
106	土方 松方	m³	971.71	26.44	25693.08

项目 6

措施项目

CUOSHI XIANGMU

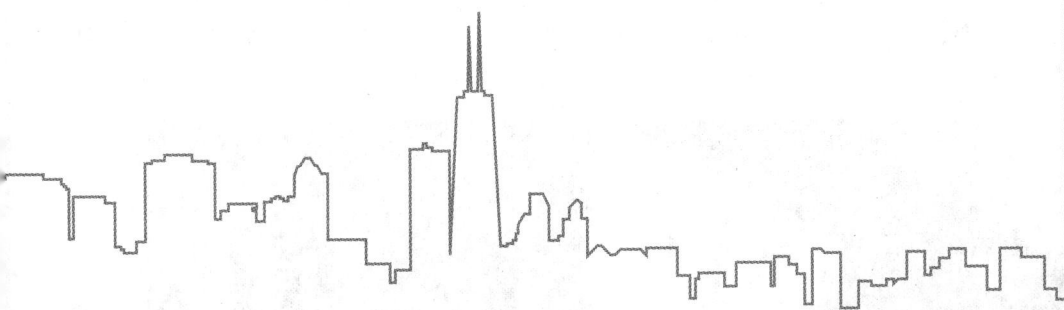

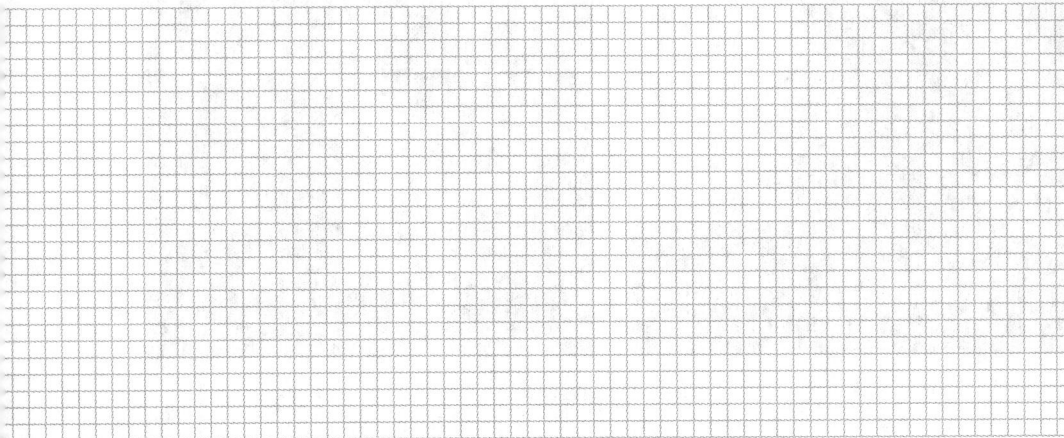

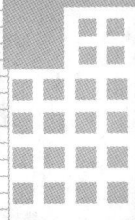

措施项目定额包括临时工程,脚手架工程,混凝土模板及支架,混凝土输送及泵管安拆使用,围堰,便道及便桥,洞内临时设施,施工排水、降水,工程监测、监控,大型机械设备安拆及场外运输。

任务1
脚手架工程

脚手架(见图 6-1)是为了保证各施工过程顺利进行而搭设的工作平台。按搭设的位置分为外脚手架、里脚手架;按材料不同分为木脚手架、竹脚手架、钢管脚手架;按构造形式分为立杆式脚手架、桥式脚手架、门式脚手架、悬吊式脚手架、挂式脚手架、挑式脚手架、爬式脚手架。

图 6-1　脚手架

一、定额知识

脚手架定额划分为双排脚手架、简易脚手架、桥梁立柱脚手架、桥梁盖梁脚手架、预制盖梁安装操作平台等子目。

双排脚手架适用于各类工程;简易脚手架适用于高度在 1.8～3.6 m 的结构工程;桥梁立柱及盖梁脚手架适用于桥梁的立柱和盖梁施工。

二、工程量计算规则

1.简易、双排脚手架工程量计算

(1) 脚手架面积按长度乘以高度的垂直投影面积计算。其中,长度一般以结构中心长度计算。

(2) 楼梯脚手架按水平投影的长度乘以顶高计算。

2.桥梁立柱及盖梁脚手架工程量计算

(1) 立柱脚手架按原地面至盖梁底面的高度乘以长度计算,其长度按立柱外围周长加 3.6 m 计算。

(2) 盖梁脚手架按原地面至盖梁顶面的高度乘以长度计算,其长度按盖梁外围周长加 3.6 m 计算。

3.预制板梁梁底勾缝脚手架工程量计算

每孔(跨)脚手架工程量,以该孔(跨)梁底平均高度乘以梁长计算,然后累计全桥的数量。套用定额时,应根据梁底的平均高度套用简易脚手架(高 3.6m 以内)或双排脚手架。

4.预制盖梁安装操作平台工程量计算

预制盖梁安装操作平台按水平投影面积计算。

例 6-1 某独立柱截面尺寸为 400 mm×500 mm,高度为 6 m,共 10 根,试计算脚手架的工程量。

解 独立柱脚手架面积＝[(0.4＋0.5)×2＋3.6]×6×10＝324(m²)

例 6-2 某桥梁立柱(见图 6-2),直径为 Φ800 mm,全桥共计 12 根,原地面标高为 4 m,盖梁底面标高为 8.5 m,试计算其脚手架的工程量。

解 根据定额计算规则可知:立柱脚手架按原地面(或水上工作平台面)至盖梁底面的高度乘以长度计算,其长度按立柱外围周长加 3.6 m 计算。

立柱脚手架面积＝(π×0.4²＋3.6)×(8.5－4)×12＝221.54(m²)

例 6-3 某桥梁盖梁(见图 6-3),长 16 m,宽 3 m,高 0.8 m(不包括挡块高度),其水上工作平台面标高为 2.8 m,盖梁底面标高为 8.5 m,试计算其脚手架的工程量。

解 根据定额计算规则可知:盖梁脚手架按原地面(或水上工作平台面)至盖梁顶面的高度乘以长度计算,其长度按盖梁外围周长加 3.6 m 计算。

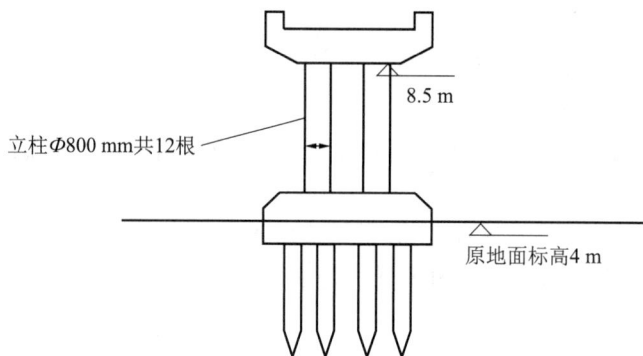

图 6-2　某桥墩示意图

立柱Φ800 mm共12根

原地面标高4 m

8.5 m

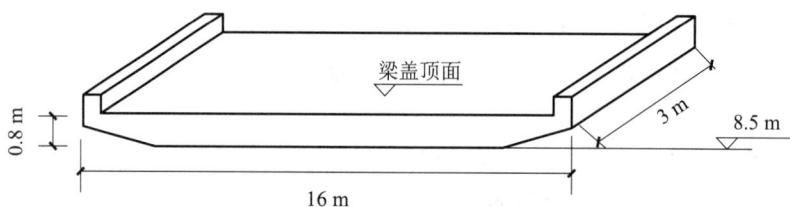

图 6-3　盖梁示意图

梁盖顶面

0.8 m

16 m

3 m

8.5 m

盖梁脚手架面积＝[(16＋3)×2＋3.6]×(8.5＋0.8－2.8)＝270.40(m²)

例 6-4　某高架桥需架设预制空心板梁(见图 6-4)。现已知 1 号桥墩梁底标高 8.4 m，2 号桥墩梁底标高 8.8 m，原地面平均标高 4.1 m，该跨长度为 16 m。试计算该跨板梁勾缝脚手架的工程量，并确定脚手架的类型。

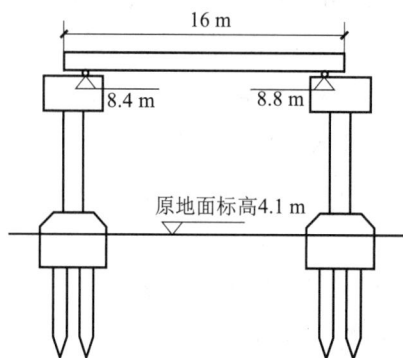

16 m

8.4 m　　8.8 m

原地面标高4.1 m

图 6-4　勾缝脚手架计算示意图

解　根据定额计算规则可知，预制板梁梁底勾缝脚手架，以该跨梁底平均高度乘以梁长计算，然后累计全桥的数量。

套用定额时，应根据梁底的平均高度套用简易脚手架(高 3.6 m 以内)或双排脚手架。

勾缝脚手架面积＝[(8.4＋8.8)/2－4.1]×16＝72(m²)

因其高度＝(8.4＋8.8)/2－4.1＝4.5(m)，大于 3.6 m，故选用双排脚手架。

混凝土模板是指新浇混凝土成型的模板以及支承模板的一整套构造体系。模板有不同的分类方法,按照形状分为平面模板和曲面模板;按受力条件分为承重模板和非承重模板。

定额中按工程类别分为道路工程模板、桥涵工程模板、隧道工程模板三类,其中桥涵工程模板和隧道工程模板又根据施工的部位进一步细分。如桥涵工程模板分为基础模板、承台模板、墩台身模板、墩台帽模板、墩台盖梁模板等。桥梁墩身模板见图6-5,桥梁支架见图6-6。

图 6-5　桥梁墩身模板

图 6-6　桥梁支架

当进行桥梁现浇盖梁、现浇梁板施工时,需搭设支架。支架自身要有足够的强度和刚度,能够满足桥梁自重和施工荷载的要求。为满足支架地基承载力要求,支架要经过预压,预压荷载为总荷载的 1.1 倍以上,以消除支架和地基的变形,从而保证施工安全。

支架与脚手架的区别在于:支架是用来承受结构重量的,而脚手架是为了解决施工人员操作的工作面问题。

　　桥梁支架按目前常用的形式分为满堂式钢管支架、装配式钢支架、0 号块扇形支架和防撞护栏悬挑支架。满堂式钢管支架是目前最常用的桥梁支架。装配式钢支架包括万能杆件、贝雷架等形式。防撞护栏悬挑支架主要用于跨河桥、桥下有通行要求或高度较高的桥梁防撞护栏的施工,其支架材料在定额中按摊销进行计算。

一、定额知识

　　(1) 桥梁模板定额中已包括底模,但不包括支架。模板按部位取定了木模、工具式钢模(除防撞护栏采用定型钢模外),并结合桥梁实际情况综合了不分部位的复合模板与定型钢模定额。

　　(2) 支架定额均不包括地基加固。

　　(3) 满堂式钢管支架和装配式钢支架定额中未包括使用费。

二、工程量计算规则

　　(1) 模板工程量按模板与混凝土接触面积以平方米计算。

　　(2) 现浇混凝土墙、板上单孔面积在 0.3 m^2 以内的孔洞侧壁模板不计工程量;单孔面积在 0.3 m^2 以外的应予扣除,孔洞侧壁模板并入墙、板模板工程量。

　　(3) 桥梁支架计算规定。

　　① 桥梁支架(除悬挑支架按防撞护栏长度计算外)以立方米空间体积计算,水上支架的高度从工作平台顶面起算。

　　② 现浇梁、板支架工程量按高度(结构底至原地面的纵向平均高度)乘以纵向距离(两盖梁间的净距离)乘以宽度(桥宽+1.5 m)计算。

　　③ 现浇盖梁支架工程量按高度(盖梁底至承台顶面的高度)乘以长度(盖梁长+0.9 m)乘以宽度(盖梁宽+0.9 m)计算,并扣除立柱所占体积。

　　④ 桥梁支架使用工程量按吨·天计算。满堂式钢管支架以每立方米空间体积按 35 kg(包括连接件等)计算,装配式钢支架除万能杆件以每立方米空间体积按 125 kg(包括连接件等)计算外,其他形式的装配式支架按实计算。支架的使用天数按实计算。

　　(4) 现场预制混凝土构件地模计算规定。

　　① 板按 $4 \text{ m}^2/\text{m}^3$ 混凝土地模,梁按 $6 \text{ m}^2/\text{m}^3$ 混凝土地模,其他构件按 $4 \text{ m}^2/\text{m}^3$ 砖地模计算。

　　② 拆除地模套用第六分册《拆除工程》相应定额,砖地模、混凝土地模的厚度分别为 7.5 cm 和 10 cm。

　　③ 利用原有场地时不计地模费,需加固和修复时可另行计算。

　　(5) 0 号块扇形支架及挂篮计算规定。

　　① 0 号块扇形支架的安拆工程量按顶面梁宽计算。边跨采用挂篮施工时,其合拢段扇形支架的安拆工程量按梁宽的 50% 计算。

　　② 挂篮、扇形支架的制作工程量按安拆定额括号内所列的摊销量计算。

　　③ 挂篮、扇形支架发生场外运输时可另行计算。

④ 定额中的挂篮形式为自锚式无压重钢挂篮,钢挂篮重量按设计要求确定。推移工程量按挂篮重量乘以推移距离以吨·米计算。

例6-5 某桥墩盖梁(见图 6-7 和图 6-8),长 16 m,宽 3 m,盖梁底标高 8.5 m,承台顶面标高 5.0 m,盖梁下面有 2 根立柱,直径为 Φ800,拟采用满堂式钢管支架,使用时间为 50 天,请计算盖梁支架的有关工程量。

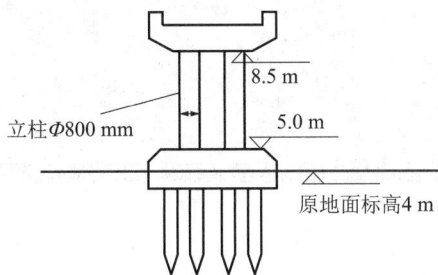

图 6-7 某桥墩示意图

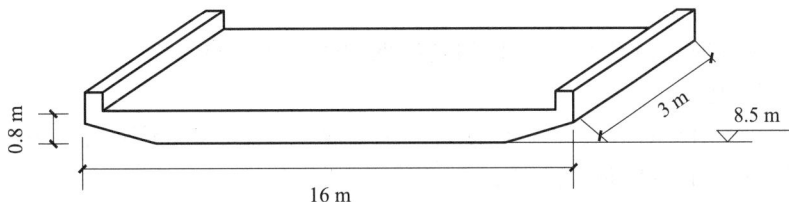

图 6-8 某桥墩盖梁示意图

解 (1)满堂式钢管支架工程量:04-7-3-56

根据定额规定,现浇盖梁支架工程量按高度(盖梁底至承台顶面的高度)乘以长度(盖梁长+0.9 m)乘以宽度(盖梁宽+0.9 m)计算,并扣除立柱所占体积。

$$V = (8.5-5.0) \times (16+0.9) \times (3+0.9) - \pi \times 0.4^2 \times (8.5-5.0) \times 2$$
$$= 227.17(m^3)(空间体积)$$

(2)钢管支架使用费:04-7-3-57

根据定额规定,满堂式钢管支架以每立方米空间体积按 35 kg(包括连接件等)计算,支架的使用天数按实计算。

$$227.17 \times 35/1000 \times 50 = 397.54(吨·天)$$

(3)支架预压:04-7-3-55

$$227.17 \times 35/1000 = 7.951(吨)$$

任务 3
围堰

围堰是一种临时性挡水措施,其作用是确保主体工程及附属设施在修建过程中不受水流侵袭,保证正常施工。

围堰定额形式有筑拆袋装土围堰、筑拆土坝围堰、筑拆圆木桩围堰、筑拆型钢桩围堰、筑拆钢板桩围堰、筑拆拉森钢板桩围堰六种。

一、定额知识

1.围堰定额介绍

1)筑拆袋装土围堰

筑拆袋装土围堰是用草袋装填松散亚黏土或黏土,袋口用铁丝缝合,上下层和内外层相互错缝,尽量堆放整齐,顶宽 1.5 m,两侧放坡。

筑拆袋装土围堰定额分为高度 1 m 以内、2 m 以内、3 m 以内三种,每种高度下设有筑拆、养护子目。

此外,筑拆土坝围堰适用于无潮水影响的小沟浜。土坝的断面尺寸视具体情况通过计算确定。

2)筑拆圆木桩围堰

筑拆圆木桩围堰采用施打木桩两排,内侧用草包、竹篱笆挡土。筑拆圆木桩围堰定额分为高度 3 m 以内、4 m 以内两种,每种高度下设有筑拆、养护子目。

3)筑拆型钢桩围堰

型钢桩由两根槽钢焊接而成。筑拆型钢桩围堰采用施打型钢桩两排,内侧用草包、竹篱笆挡土。筑拆型钢桩围堰定额分为高度 3 m 以内、4 m 以内、5 m 以内三种,每种高度下设有筑拆、使用、养护子目。

4)筑拆钢板桩围堰

钢板桩本身强度大,防水性能好,打入土层时穿透能力强,因此筑拆钢板桩围堰的适用范围相当广。

筑拆钢板桩围堰定额分为高度 3 m 以内、4 m 以内、5 m 以内、6 m 以内四种,每种高度下设有筑拆、使用、养护子目。

5)筑拆拉森钢板桩围堰

筑拆拉森钢板桩围堰定额分为高度 7 m 以内、高度每增减 1 m 两种。高度 7 m 以内下设有筑拆、使用、养护子目,高度每增减 1 m 设有筑拆、使用子目。

2.围堰形式的选择

1)正常条件下围堰形式选择

正常条件下围堰形式按围堰高度选择,即围堰高度确定后,围堰形式及相应的断面尺寸见表 6-1。

表 6-1 正常条件下围堰形式选择

围堰高度/m	选择围堰形式	围堰断面尺寸	
1.00～3.00	袋装土	顶宽为 1.5 m;边坡:内侧为1:1,外侧临水面为1:1.5	
3.01～4.00	圆木桩	围堰宽(m)	2.5
4.01～5.00	型钢桩		2.5
5.01～6.00	钢板桩		3.00
＞6.00	拉森钢板桩		3.35

注:围堰高=(当地施工期的最高潮水位－设计图的实测围堰中心河底标高)+0.50 m。

围堰中心河底标高(见图 6-9)是指在结构物基础底的外边线增加 0.50 m 后,以 1:1 坡线与原河床线的交点向外平移 0.3 m 为围堰脚内侧(或围堰坡脚),再增加围堰底宽一半处的原河床底标高,此标高即为围堰中心河底标高。

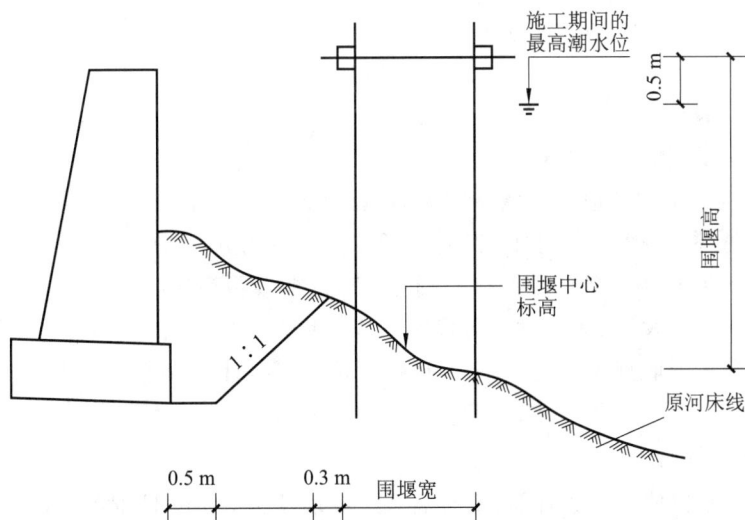

图 6-9 围堰高度计算示意图

2)特殊条件下围堰形式选择

所谓特殊条件是指当遇到以下情况时,不按围堰高度选择围堰,而是以批准的施工组织设计来选择相应形式。

（1）遇有航运要求的河道，选择围堰形式时，首先应考虑不影响河道航运。

（2）河床坡度大于1∶1或河床坡度有突变者以及河水流速大于2 m/s时，应视不同的施工方法决定围堰形式。

（3）拦河围堰（坝）应视具体情况，通过计算确定围堰（坝）的形式。

（4）注意事项。

① 围堰高度在3 m以内，一般应套用筑拆袋装土围堰。若遇施工环境狭窄，筑拆袋装土围堰放坡不允许时，可套用筑拆圆木桩围堰子目（高3 m以内）。

② 虽然围堰高度小于3 m，但是遇有特殊条件时（河床坡度、流速因素），也可套用筑拆钢板桩围堰子目（高3 m以内）。

3.围堰定额有关说明

（1）在筑拆围堰定额中列出每延米所需土方（松方）体积，其中已考虑土方密实度、流失量及损耗量。

（2）在筑拆围堰定额中已包括了组装拆卸船排及打桩机工作内容，不能再重复计算。但未包括船排压舱费用，发生时，压舱的块石数量可按船排总吨位的30%计取。

（3）坝内的河水排除套用抽水定额计算。

（4）筑拆围堰定额中已包括了土方的场内运输。

二、工程量计算规则

1.围堰工程量分为筑拆、使用、养护三部分

1）围堰筑拆（米）

按长度以米计算，公式如下（见图6-10）：

$$L = A + 2 \times (B + C + D)$$

式中：L——围堰长度（m）；

　　　A——结构物基础长度（m）；

　　　B——结构物基础端边至围堰体内侧的距离（m）；

　　　C——围堰体内侧至围堰中心的距离（即1/2围堰底宽）（m）；

　　　D——平行结构物基础的围堰体一端与岸边的衔接距离（m）。

当围堰直线长度大于100 m时，可设腰围堰。腰围堰均按筑拆袋装土围堰计算。

腰围堰道数＝围堰直线长度/50－2，尾数不足1道时计作1道。

$$腰围堰长度 = (D - 围堰坝身平均宽度/2) \times 道数$$

2）围堰使用（延长米·天）

按围堰长度乘以使用天数计算，筑拆袋装土围堰及筑拆圆木桩围堰不计使用工程量。

3）围堰养护（延长米·次）

按围堰长度乘以潮汛次数计算，不受潮汛影响时，不计养护工程量。

围堰的使用天数、潮汛次数按下列规定计算：

（1）驳岸、桥台等新建工程，围堰使用天数为24天，潮汛次数为2次；

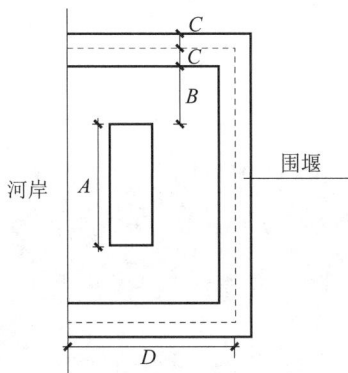

图 6-10 围堰筑拆长度示意图

（2）驳岸、桥台等翻建、改建工程，围堰使用天数为 31 天，潮汛次数为 2 次；

（3）驳岸工程中凡采用高桩承台结构形式的，则不考虑围堰。拆除原有驳岸并需筑建围堰时，其使用天数为 12 天，潮汛次数为 1 次。

2. 围堰的土方量计算

围堰定额中列出土方需要数量，应尽可能就地利用现有的土方来满足围堰的需要，缺少的部分可采用外来土方，缺土来源费用按实计算。

（1）当围堰长度在 150 m 以内时，缺土（外来土方）数量按下述规定计算：

缺土数量＝围堰需要土方数量－可利用的土方数量

（2）当围堰长度大于 150 m 时，其中 150 m 长的缺土数量按上式计算；超出 150 m 部分的缺土数量，则按超出长度的围堰需要土方数量的 50% 计算。如有可利用的土方，则不再另行计算。

若因特殊情况需要一次性完成超过 150 m 长的围堰，则土方的数量计算由承发包双方协商解决。

例 6-6 某一新建驳岸工程，该河道为有潮汛河流。需筑拆高度为 4 m 圆木桩围堰，围堰长 350 m，本地可利用天然密实方 1000 m³，试计算围堰筑拆、养护工程量及所需土方量。

解 （1）筑拆围堰：04-7-5-10

筑拆工程量＝350（m）

（2）养护围堰：04-7-5-11

查本章说明，新建驳岸工程，围堰使用经过潮汛次数为 2 次。

养护工程量＝350×2＝700（延长米·次）

（3）所需土方量：查定额 04-7-5-10 筑拆圆木桩围堰（高度 4 m 以内），每延长米所需土方（松方）数量为 18.94 m³，04-7-5-11 养护围堰每延长米·次所需土方（松方）0.17 m³。查定额 P4"土方体积变化系数表"可知，天然密实方和松方之间的换算系数为 1.32。

① 150 m 长围堰需要土方数量＝150×18.94/1.32＝2152.27（m³）

② 超过 150 m 部分需要土方数量＝（350－150）×18.94/1.32×50%＝1434.85（m³）

③ 养护部分需要土方数量＝700×0.17/1.32＝90.15（m³）

④ 所需土方数量合计＝2152.27＋1434.85＋90.15－1000＝2677（m³）（天然密实方）。

任务 4
便道、便桥及堆料场地

一、定额知识

1. 施工便桥

1）搭拆便桥

搭拆临时便桥定额分为搭拆普通便桥（见图 6-11）、搭拆装配式钢桥（见图 6-12）。普通便桥以平方米计算。

普通便桥分为机动车道便桥及非机动车道便桥，适用于跨越河道或沟槽宽度大于 5 m 的临时便桥，按机动车或非机动车便桥分别套用。

机动车道普通便桥定额适用于汽-10 以下的车辆通行，如超过此标准的车辆通行时，可以另行计算或按荷载等级套用装配式钢桥定额。

图 6-11 塔拆普通便桥

图 6-12 塔拆装配式钢桥

2）搭拆装配式钢桥

装配式钢桥为半穿式桥梁，主梁由各节 3 m 长的桁架用销子连接而成。两边主梁间用横梁联系，每节桁架的下弦杆上设置两根横梁。横梁上放置四组纵梁，靠边搁置的两组纵梁为有扣纵梁。纵梁上铺设木质桥面板，有扣纵梁上的扣子用来固定桥面板的位置。桥面板的两端安放护轮木,通过护轮木与纵梁相连接,将桥面压紧在纵梁上。桥梁两端设有端柱,主梁通过端柱支撑于桥座与座板上。钢桥与路堤用桥头搭板相连接。装配式钢桥的特点是部件轻巧,各部件之间用销子或螺栓连接,装拆方便,能迅速建成,适用于施工及其他车辆通行,也适用于战备时紧急抢修。装配式钢桥的桥面净宽 3.7 m,为单车道设计,跨径为 9～69 m。

装配式钢桥定额分为单排单层加强、双排单层加强、三排单层加强、双排双层加强、三排双层加强共五项。每项又分为搭拆、使用两个子目,搭拆按米计算,使用按米·天计算,搭拆装配式钢桥应按批准的施工组织设计,根据跨径和荷载等级选用相应的钢桥形式,天数按施工合同计算。

2. 施工便道及堆场

施工便道又称临时便道(见图 6-13),与交通便道有所区别。交通便道(见图 6-14)是指在交通封锁情况下施工,为保持交通线路的畅通,根据交通管理部门的要求,需另辟筑交通便道或将道路加宽。交通便道按工程数量套用道路工程相应定额计算。

堆料场地用于材料堆放,包括砂石料堆放场地以及搅拌机使用场地。

图 6-13 施工便道

图 6-14 交通便道

(1)铺筑便道的条件:凡新建道路的内侧路边或排水管道的中心线距原有道路边 30 m以上时,可按规定计算并修筑施工临时便道。若原有道路不能满足运输工程材料的需求,需要加固拓宽时,可以另行计算。

(2)施工便道的结构:定额中便道分为 20 cm 道碴和 20 cm 混凝土两种结构,实际结构不同时允许调整。

(3)便道及堆场不计翻挖及旧料外运。

二、工程量计算规则

1. 施工便道

施工便道按面积以"m²"计算,便道面积＝便道长度×便道宽度。

1)施工便道长度

(1)道路工程:按道路长度的 30% 计算。

(2)排水管道工程:管道按总管长度的 60% 计算,排水箱涵按长度的 80% 计算。

(3)桥涵、护岸及隧道工程按批准的施工组织设计计算。

（4）当一个工地同时施工道路和排水管道时，应选取其中一项大值计算施工便道长度，不得累加计算。

2）施工便道宽度

（1）桥梁、隧道工程为 5 m。

（2）道路、护岸、排水管道工程为 4 m。

2. 堆料场地

（1）堆料场地面积计算的规定：

① 主跨≥25 m 或多孔总长≥100 m 的桥梁、隧道为 500 m²；

② 主跨≥25 m 或多孔总长≥100 m 的桥梁跨河两端同时施工为 750 m²；

③ 主跨<25 m 或多孔总长<100 m 的桥梁为 250 m²；

④ 排水管道为 200 m²；

⑤ 驳岸、防汛墙为 150 m²。

（2）当现场有可利用的场地时，堆料场地面积应扣除该部分面积。

（3）排水管道与泵站工程属于同一排水系统，并由同一单位施工时，堆料场地面积按上述规定标准的 80% 计取。

例 6-7　某公司承包了某道路和管道工程的施工，道路长度为 3000 m，排水管道总管管径规格为 Φ1000，长度为 2800 m，支管管径规格为 Φ600，长度为 240 m。需铺筑施工便道，且现场有 150 m² 可利用的场地，请计算施工便道和堆料场地的工程量。

解　按道路总长 3000 m 计算，施工便道＝3000×30%＝900（m）

按排水管道总管长度 2800 m 计算，施工便道＝2800×60%＝1680（m）

当一个工地同时施工道路和埋管时，应选取其中一项大值计算施工便道长度，

所以，施工便道＝2800×60%×4＝6720（m²）

当现场有可利用的场地时，堆料场地面积应扣除该部分面积，

所以，堆料场地＝200-150＝50（m²）

任务 **5**
施工排水、降水

　　明排水法是在基坑开挖过程中,在坑底设置集水坑,并沿坑底周围或中央开挖排水沟,使水流入集水坑,然后使用水泵抽走。明排水法宜用于粗粒土层,也适用于渗水量小的黏土层。但当土为细砂和粉砂时,地下水渗出会带走细粒,发生流砂现象,导致边坡坍塌、坑底涌砂,难以施工,此时应采用井点降水法。

　　井点降水法是在基坑开挖前,在基坑四周埋设一定数量的滤水管(井),利用抽水设备抽水,从而使所挖的土始终保持干燥状态的方法。所采用的井点类型有轻型井点、喷射井点、电渗井点、管井井点、深井井点等。沟槽排水分类见图 6-15。

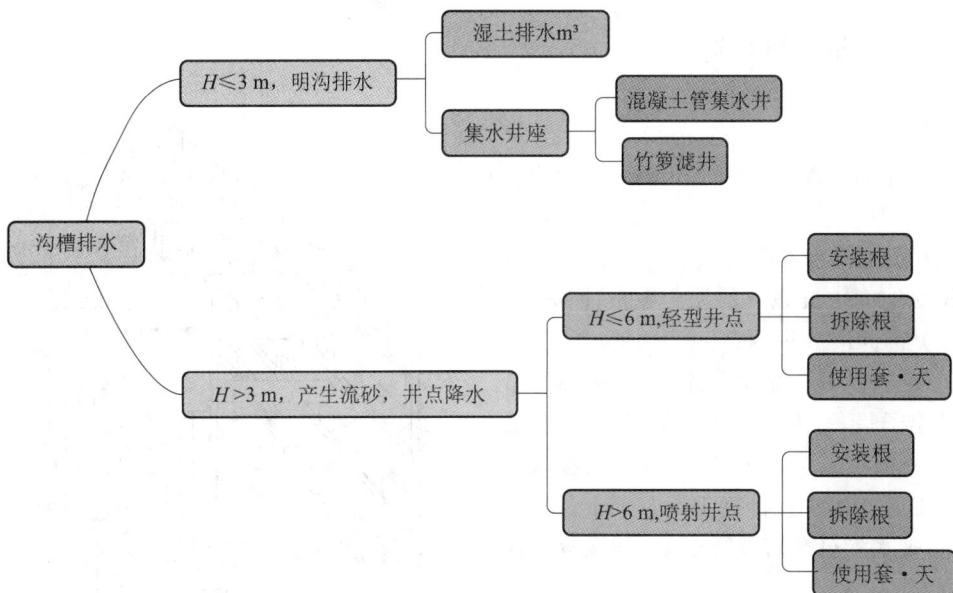

图 6-15　沟槽排水分类

一、定额知识

（1）挖土采用明排水施工时，除大型基坑挖土定额中已列抽水设备外，其他工程可计算湿土排水。

（2）挖土采用井点降水施工时，不得再计取湿土排水。

（3）筑拆混凝土管集水井定额，适用于明排水施工。

（4）当沟槽深度 $H > 3\,m$，根据地质钻探和土质分析报告，遇到下列情况可能产生流砂现象时可以采用井点降水。

① 土质组成颗粒中，黏土含量 $< 10\%$，粉砂含量 $> 75\%$。

② 土质不均匀系数 $D60/D10 < 5$（$D60$——限定颗粒，$D10$——有效颗粒）。

③ 土质含水量 $> 30\%$。

④ 土质孔隙率 $> 43\%$ 或土质孔隙比 > 0.75。

⑤ 在黏性土层中夹薄层粉砂，其厚度超过 25 cm。

（5）当开挖深度在 6 m 以内时，采用轻型井点；当开挖深度在 6 m 以上时，采用喷射井点。采用其他类型井点，应按批准的施工组织设计执行。开挖深度是指从原地面至沟槽槽底、基坑底面或沉井刃脚设计标高的距离。

（6）当采用其他技术措施（如树根桩、深层搅拌桩等）起隔水帷幕作用时，不得重复计算井点降水费用。

（7）定额中井管长度包括滤网在内，并已包括观测孔。定额中未包括挖槽工作内容，可另行计算。

二、工程量计算规则

1. 明沟排水

一般在沟槽深度 $H \leqslant 3\,m$ 时采用明沟排水，见图 6-16。

（1）湿土排水（m^3）。

按原地面 1 m 以下的挖土数量计算。

（2）筑拆集水井（座）。

① 定额划分为混凝土管集水井和竹箩滤井两个子目，适用于明排水施工。

② 一般按每个基坑设置一座，大型基坑按批准的施工组织设计确定。

③ 排水管道开槽埋管按 40 m 设置一座集水井。

2. 井点降水

沟槽深度 $H > 3\,m$，且可能产生流砂现象时采用井点降水，见图 6-17。

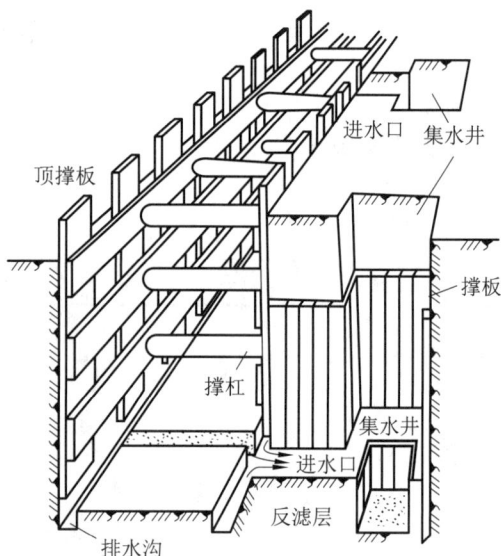

图 6-16　明沟排水结构

（1）井点布置：开槽埋管除特殊情况，根据批准的施工组织设计需要按双排布置外，其余均按单排布置。

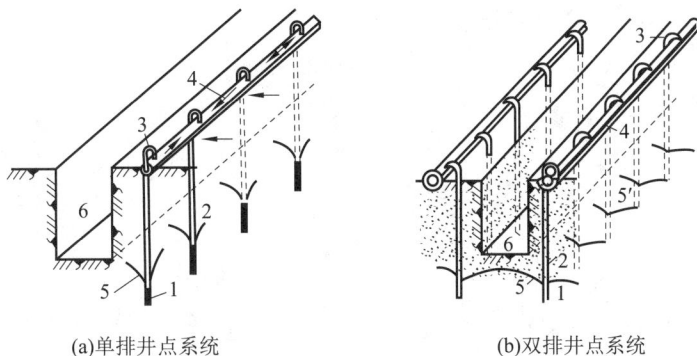

(a)单排井点系统　　　　　　　(b)双排井点系统

图 6-17　井点降水结构

1—滤水管；2—井管；3—弯联管；4—总管；5—降水曲线；6—沟槽

（2）每套井点设备规定如下，见表 6-2。

表 6-2　每套井点设备相关规定

类型	井点管间距/m	井点管数量/根	总管长度/m	
轻型井点	1.2	50	60	抽水设备
喷射井点	2.5	30	75	
大口径井点	10	10	100	

（3）井点使用定额单位为套·天，累计尾数不足一套者计作一套，一天按 24 小时计算。

（4）排水管道井点使用周期，见表 6-3。

表 6-3　井点使用周期

管径/mm	开槽埋管/(套·天)	管径/mm	开槽埋管/(套·天)
Φ300～Φ600	22	Φ2000	40
Φ800	25	Φ2200	42
Φ1000	27	Φ2400	42
Φ1200	28	Φ2700	44
Φ1350	30	Φ3000	47
Φ1650	32	Φ3500	50
Φ1800	34	Φ4000	53

注：① 采用喷射井点时，按上表减少 5.4 套·天计算。

② 承插式钢筋混凝土管及企口式钢筋混凝土管开槽埋管，按上表使用量乘以 0.8 系数计算。

③ 硬聚氯乙烯加筋管（PVC-U）、增强聚丙烯管（FRPP 管）、玻璃纤维增强塑料夹砂管（FRPM）及高密度聚乙烯双壁缠绕管（HDPE）开槽埋管，按上表使用量乘以 0.6 系数计算。

④ 开槽埋管采用同沟槽施工时，井点降水使用周期可按 2 根管道中最大管径的 1 根增加 1 档后的管径计算。

例 6-8　某排水管道工程，管径规格为 $\Phi450$，$109^\#\sim110^\#$ 井之间的沟槽深度为 2.39 m，$110^\#\sim111^\#$ 井之间的沟槽深度为 2.44 m，窨井规格见图 6-18。假设窨井坑的尺寸为 2 m，试计算湿土排水、集水井(竹箩滤井)的工程量。

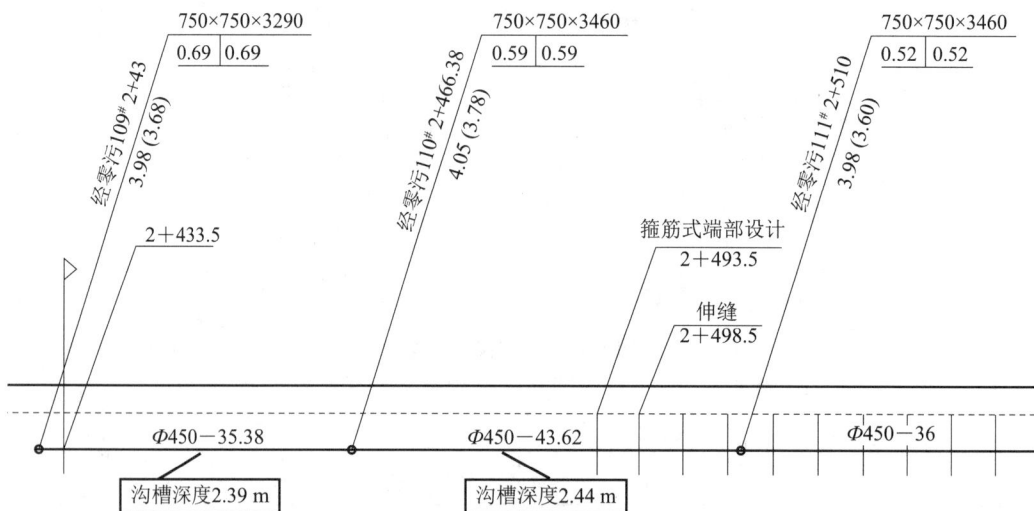

图 6-18　窨井规格

解　(1)湿土排水：53-9-1-1

根据定额计算规则可知，湿土排水的工程量按原地面 1 m 以下的土方量计算。查定额可知，沟槽开挖宽度为 1.75 m，则计算如下：

$$V=长\times宽\times(沟槽深-1)$$

$109^\#\sim110^\#$ 井之间：$V_1=(35.38+1)\times1.75\times(2.39-1)=88.49(\text{m}^3)$

$110^\#\sim111^\#$ 井之间：$V_2=(43.62+1)\times1.75\times(2.44-1)=112.44(\text{m}^3)$

所以，湿土排水工程量 $=88.49+112.44=200.93(\text{m}^3)$

此外，窨井加宽加深部分的湿土排水工程量按沟槽湿土排水工程量的 5% 计算，为 $200.93\times5\%=10.05(\text{m}^3)$

所以，合计湿土排水工程量 $=200.93+10.05=210.98(\text{m}^3)$

(2)集水井(竹箩滤井)：53-9-1-5

排水管道开槽埋管按 40 m 设置一座集水井，

$$(35.38+1+43.62+1)/40=2.025，取 2 座。$$

例 6-9　某开槽埋管工程，管径为 $\Phi1350$，管材为钢筋混凝土承插管，采用单排轻型井点降水，不包括抽槽内容，排水管道长度为 288 m，计算井点降水工程量。

解　根据定额计算规则，轻型井点的井点管间距为 1.2 m，以 50 根为一套；安装、拆除均以根为单位，使用以套·天为单位，累计尾数不足一套者计作一套。

(1)轻型井点安装(53-9-1-5)：$288/1.2=240(根)$，进一法取整。

(2)轻型井点拆除(53-9-1-6)：同上。

(3)轻型井点使用(53-9-1-7)：查表得，$\Phi1350$ 开槽埋管的井点使用周期为 30 天，如采用 PH-48 管(即钢筋混凝土承插管)，按表 6-3 乘以 0.8 系数计算，故计算如下：

井点使用套数＝288/60＝4.8(套)，或者240/50＝4.8(套)，进一法取整为5套。

使用轻型井点：5×30×0.8＝120(套·天)

例 6-10 某开槽埋管工程，管径为 DN600，管材为玻璃纤维夹砂管(FPMP)，采用单排喷射井点降水，降水深度 10 m 以内，不包括抽槽内容，排水管道长度为 1400 m，计算井点降水工程量。

解 根据定额计算规则，喷射井点的井点管间距为 2.5 m，以 30 根为一套；安装、拆除均以根为单位，使用以套·天为单位，累计尾数不足一套者计作一套。

(1) 喷射井点安装(53-9-1-8)：1400/2.5＝560(根)

(2) 喷射井点拆除(53-9-1-9)：同上。

(3) 喷射井点使用(53-9-1-10)：查表得，DN600 开槽埋管的井点使用周期为 22 天，如采用玻璃纤维夹砂管(FPMP)，按表 6-3 乘以 0.6 系数计算。采用喷射井点时，按表 6-3 减少 5.4 套·天计算，故计算如下：

井点使用套数＝1400/75＝18.67(套)，或者 560/30＝18.67(套)，进一法取整为 19 套。

使用：19×(22－5.4)×0.6＝189.24(套·天)。

任务 6

大型机械设备安拆及场外运输

一、定额知识

（1）大型机械设备安装及拆除费是指机械在施工现场进行安装、拆卸所需的人工费、材料费、机械费、试运转费及安装所需辅助设施的费用（辅助设施费包括安置机械的基础、底座、固定锚桩、行走轨道、枕木等折旧费及其搭设、拆除等费用）。

（2）大型机械设备场外运输费是指机械整体或分体自停放点运至施工现场或由一个施工地点运至另一个施工地点所发生的进出场运输和转移的费用，包括进出场往返一次的费用，装卸、护送车辆、附具及退库等费用。机械运输途中的台班费，不另计取。

（3）机械运输途中，如发生桥梁和道路加固费，经建设单位签证认可后，费用另行计算。

二、工程量计算规则

（1）大型机械设备安装及拆除费按"台"计算。

（2）大型机械设备场外运输费按"台·次"计算。

项目 7

建设工程工程量清单计价规范

JIANSHE GONGCHENG GONGCHENGLIANG QINGDAN JIJIA GUIFAN

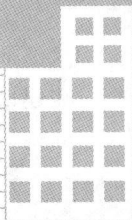

任务 1
工程量清单编制

工程量清单计价是一种主要由市场定价的计价模式。为适应我国工程投资体制改革和建设管理体制改革的需要,加快我国建筑工程计价模式与国际接轨的步伐,自 2003 年起开始在全国范围内逐步推广工程量清单计价方法。使用国有资金投资的建设工程,必须采用工程量清单计价;非国有资金投资的建设工程,宜采用工程量清单计价;不采用工程量清单计价的建设工程,应执行本规范除工程量清单等专门性规定外的其他规定。

学习活动 1　工程量清单的作用和编制方法

一、工程量清单的作用

工程量清单是指建设工程的分部分项工程项目、措施项目、其他项目、规费项目和税金项目的名称和相应数量等的明细清单。工程量清单是工程量清单计价的基础,贯穿于建设工程的招投标阶段和施工阶段,是编制招标控制价、进行投标报价、计算工程量、支付工程款、调整合同价款、办理竣工结算以及处理工程索赔等的依据。工程量清单的作用如下。

1. 工程量清单为投标人的投标竞争提供了一个平等和共同的基础

工程量清单是由招标人负责编制,将要求投标人完成的工程项目及其相应工程实体数量全部列出,为投标人提供拟建工程的基本内容、实体数量和质量要求等的基础信息。这样在建设工程的招标投标中,投标人的竞争活动就有了一个共同基础,投标人机会均等,受到的待遇是公正和公平的。

2. 工程量清单是建设工程计价的依据

在招标投标过程中,招标人根据工程量清单编制招标工程的招标控制价;投标人按照工程量清单所表述的内容,依据企业定额计算投标报价,并自主填报工程量清单所列项目的单价和合价。

3. 工程量清单是工程付款和结算的依据

在施工阶段,发包人根据承包人完成的工程量清单中规定的内容以及合同单价支付工程款。工程结算时,承发包双方按照工程量清单计价表中的序号对已实施的分部分项工程或计价项目,按合同单价和相关合同条款来核算并确定最终的结算价款。

4. 工程量清单是调整工程价款、处理工程索赔的依据

在发生工程变更和工程索赔时,可以选用或者参照工程量清单中的分部分项工程或计价项目及合同单价来确定变更价款和索赔费用。

二、工程量清单的编制方法

招标工程量清单必须作为招标文件的组成部分,由招标人提供,并对其准确性和完整性负责。招标工程量清单是工程量清单计价的基础,应作为编制招标控制价、进行投标报价、计算或调整工程量、处理索赔等的依据之一,一经中标签订合同,招标工程量清单即为合同的组成部分。招标工程量清单应由具有编制能力的招标人或受其委托、具有相应资质的工程造价咨询人进行编制。

招标工程量清单应以单位(单项)工程为对象编制,应由分部分项工程量清单、措施项目清单、其他项目清单、规费和税金项目清单组成。招标工程量清单编制的依据有:

(1)《建设工程工程量清单计价规范》(GB 50500—2013)和相关工程的国家计量规范;

(2)国家或省级、行业建设主管部门颁发的计价定额和办法;

(3)建设工程设计文件及相关材料;

(4)与建设工程有关的标准、规范、技术资料;

(5)拟定的招标文件;

(6)施工现场情况、地勘水文资料、工程特点及常规施工方案;

(7)其他相关资料。

学习活动 2　分部分项工程量清单的编制

分部分项工程项目工程量清单应按建设工程工程量计量规范的规定,确定项目编码、项目名称、项目特征、计量单位,并按不同专业工程量计量规范给出的工程量计算规则,进行工程量的计算。2013 年版清单计量规范分为 9 种不同的专业,有各自不同的计算规则。这 9 种专业分别是:房屋建筑与装饰工程、仿古建筑工程、通用安装工程、市政工程、园林绿化工程、矿山工程、构筑物工程、城市轨道交通工程、爆破工程。以上 9 个计量规范中工程量清单的编制规则是一致的,以下统称为《计量规范》。

一、项目编码的设置

项目编码是分部分项工程量清单项目名称的数字标识。分部分项工程量清单项目编码以五级编码设置,采用十二位阿拉伯数字表示。一至九位应按《计量规范》的规定设置,十至十二位应根据拟建工程的工程量清单项目名称和项目特征设置,同一招标工程的项目编码不得有重码。各级编码代表的含义如下:

(1)第一级为工程分类顺序码(分二位):房屋建筑与装饰工程为01、仿古建筑工程为02、通用安装工程为03、市政工程为04、园林绿化工程为05、矿山工程为06、构筑物工程为07、城市轨道交通工程为08、爆破工程为09;

(2)第二级为附录分类顺序码(分二位);

(3)第三级为分部工程顺序码(分二位);

(4)第四级为分项工程顺序码(分三位);

(5)第五级为工程量清单项目顺序码(分三位)。

项目编码结构如下所示(以房屋建筑与装饰工程为例)。

01-01-01-003-×××

01:第一级为工程分类顺序码,01 表示房屋建筑与装饰工程。

01:第二级为附录分类顺序码,01 表示土石方工程。

01:第三级为分部工程顺序码,01 表示土方工程。

003:第四级为分项工程顺序码,003 表示挖沟槽土方。

×××:第五级为工程量清单项目顺序码,由工程量清单编制人编制,从 001 开始。

二、项目名称的确定

分部分项工程量清单的项目名称应根据《计量规范》的项目名称,并结合拟建工程的实际情况确定。《计量规范》中规定的"项目名称"为分项工程项目名称,一般以工程实体命名。编制工程量清单时,应以附录中的项目名称为基础,考虑该项目的规格、型号、材质等特征要求,并结合拟建工程的实际情况,对其进行适当的调整或细化,使其能够反映影响工程造价的主要因素。如《房屋建筑与装饰工程工程量计算规范》(GB 50854—2013)中编号为"010502001"的项目名称为"矩形柱",可根据拟建工程的实际情况写成"C30 现浇混凝土矩形柱 400×400"。

三、项目特征的描述

项目特征是指构成分部分项工程量清单项目、措施项目自身价值的本质特征。分部分项工程量清单项目特征应按《计量规范》的项目特征,结合拟建工程项目的实际予以描述。分部分项工程量清单的项目特征是确定一个清单项目综合单价的重要依据,在编制的工程量清单中必须对其项目特征进行准确和全面的描述。工程量清单项目特征描述的主要意义在于:

(1)项目特征是区分清单项目的依据。工程量清单项目特征是用来表述分部分项清单项目的实质内容,用于区分计价规范中同一清单条目下各个具体的清单项目。没有项目特征的准确描述,对于相同或相似的清单项目名称,就无从区分;

（2）项目特征是确定综合单价的前提。由于工程量清单项目的特征决定了工程实体的实质内容,必然直接决定了工程实体的自身价值。因此,工程量清单项目特征描述的准确与否,直接关系到工程量清单项目综合单价的准确确定;

（3）项目特征是履行合同义务的基础。实行工程量清单计价时,工程量清单及其综合单价则构成施工合同的组成部分。因此,如果工程量清单项目特征描述不清甚至漏项、错误,就会引起在施工过程中的变更,从而引起分歧、导致纠纷。

由此可见,清单项目特征的描述应根据现行计量规范中有关项目特征的要求,同时结合技术规范、标准图集、施工图纸,按照工程结构、使用材质及规格或安装位置等,予以详细而准确的表述和说明。一旦离开了清单项目特征的准确描述,清单项目也将没有生命力。

清单项目特征主要涉及项目的自身特征（材质、型号、规格、品牌）、项目的工艺特征以及对项目施工方法可能产生影响的特征。例如,这些特征对投标人的报价影响很大。特征描述不清,将导致投标人对招标人的需求理解不全面,达不到正确报价的目的。对清单项目特征不同的项目应分别列项,如基础工程,仅混凝土强度等级不同,就足以影响投标人的报价,故应分开列项。

四、计量单位的选择

分部分项工程量清单的计量单位应按《计量规范》的计量单位确定。当计量单位有两个或两个以上时,应根据所编工程量清单项目的特征要求,选择最适宜表述该项目特征并方便计量的单位。

（1）以重量计算的项目——吨或千克（t 或 kg）。

（2）以体积计算的项目——立方米（m³）。

（3）以面积计算的项目——平方米（m²）。

（4）以长度计算的项目——米（m）。

（5）以自然计量单位计算的项目——个、套、块、组、台等。

（6）没有具体数量的项目——宗、项等。

以"吨"为计量单位的应保留小数点后三位数字,第四位小数四舍五入;以"立方米""平方米""米""千克"为计量单位的应保留小数点后二位数字,第三位小数四舍五入;以"项""个"等为计量单位的应取整数。

五、工程量的计算

分部分项工程量清单中所列工程量应按《计量规范》的工程量计算规则计算。工程量计算规则是指对清单项目工程量进行计算的规定。除另有说明外,所有清单项目的工程量均以实体工程量为准,并以完成后的净值来计算。因此,在计算综合单价时应考虑施工中的各种损耗和需要增加的工程量,或在措施费清单中列入相应的措施费用。采用工程量清单计算规则,工程实体的工程量是唯一的。统一的清单工程量为各投标人提供了一个公平竞争的平台,也方便招标人对各投标人的报价进行对比。

六、补充项目

编制工程量清单时如果出现《计量规范》附录中未包括的项目,编制人应补充,并报省级或行业工程造价管理机构备案。补充项目的编码由对应计量规范的代码×(即 01～09)与 B 和三位阿拉伯数字组成,并应从×B001 起顺序编制,同一招标工程的项目不得重码。工程量清单中需附有补充项目的项目编码、项目名称、项目特征、计量单位、工程量计算规则、工作内容。

道路基层的分部分项工程量清单表见表 7-1。

表 7-1　道路基层的分部分项工程量清单表(编码:040202)

项目编码	项目名称	项目特征	计量单位	工程量计算规则	工作内容
040202001	路床(槽)整形	1.部位 2.范围	m²	按设计道路底基层图示尺寸以面积计算,不扣除各种井所占的面积	1.放样 2.整修路拱 3.碾压成型

学习活动 3　措施项目清单的编制

措施项目费是指完成工程项目施工,用于发生在该工程施工准备和施工过程中技术、生活、安全、环境保护等方面的非工程实体项目所支出的费用。

《建设工程工程量清单计价规范》(GB 50500—2013)规定:措施项目清单必须根据现行国家计量规范的规定编制,规范中将措施项目分为能计量和不能计量的两类。

(1) 对可以计算工程量的措施项目,如混凝土模板及支架的单价措施项目(见表 7-2),同分部分项工程量一样,编制措施项目清单时应列出项目编码、项目名称、项目特征、计量单位、工程量计算规则、工作内容,并按现行计量规范规定,采用对应的工程量计算规则计算其工程量,如混凝土模板及支架费、脚手架费、大型机械进出场及安拆费、围堰、便道及便桥、洞内临时设施、施工排水降水等项目。

表 7-2　混凝土模板及支架的单价措施项目(编码:041102)

项目编码	项目名称	项目特征	计量单位	工程量计算规则	工作内容
041102001	垫层模板	构件类型	m²	按混凝土与模板接触面的面积计算	1.模板制作、安装、拆除、整理、堆放 2.模板黏接物及模内杂物清理、刷隔离剂 3.模板场内外运输及维修

（2）对不能计算工程量的措施项目，如安全文明施工及其他措施的总价措施项目（见表7-3），措施项目是仅列出了项目编码、项目名称、工作内容及包含范围的项目。编制措施项目清单时，应按现行计量规范附录（措施项目）的规定执行，包括除规费、税金以外的全部费用，如安全文明施工措施费（包括环境保护费、文明施工费、临时设施费、安全施工费）、夜间施工费、二次搬运费、冬雨季施工增加费、行车行人干扰费、地上地下建筑物的临时保护费、已完工程及设备保护费等。其中安全文明施工措施费按照国家或省级、行业建设主管部门的规定计价，不得作为竞争性费用。由于工程建设的施工特点和承包人组织施工采用的施工措施有时并不完全一致，因此，《建设工程工程量清单计价规范》（GB 50500－2013）规定：措施项目清单应根据拟建工程的实际情况列项。

表7-3　安全文明施工及其他措施的总价措施项目（编码：041109）

项目编码	项目名称	工作内容及包含范围
041109002	夜间施工	1. 夜间固定照明灯具和临时可移动照明灯具的设置、拆除 2. 夜间施工时，施工现场交通标志、安全标牌、警示灯等的设置、移动、拆除 3. 包括夜间照明设备及照明用电、施工人员夜班补助、夜间施工劳动效率降低等

（3）措施项目清单的编制应考虑多种因素，除了工程本身的因素外，还要考虑水文、气象、环境、安全和施工企业的实际情况。措施项目清单的设置，需要确定下列五项：

① 参考拟建工程的常规施工组织设计，以确定环境保护、安全文明施工、临时设施、材料的二次搬运等项目；

② 参考拟建工程的常规施工技术方案，以确定大型机械设备进出场及安拆、混凝土模板及支架、脚手架、施工排水、施工降水、垂直运输机械、组装平台等项目；

③ 参阅相关的施工规范与工程验收规范，以确定施工方案没有表述的但为实现施工规范与工程验收规范要求而必须发生的技术措施；

④ 确定设计文件中不足以写进施工方案，但要通过一定的技术措施才能实现的内容；

⑤ 确定招标文件中提出的某些需要通过一定的技术措施才能实现的要求。

学习活动 4　其他项目清单的编制

其他项目清单是指分部分项工程量清单、措施项目清单所包含的内容以外，因招标人的特殊要求而发生的与拟建工程有关的其他费用项目和相应数量的清单。工程建设标准的高低、工程的复杂程度、工程工期的长短、工程的组成内容以及发包人对工程管理的要求等都直接影响其他项目清单的具体内容。因此，其他项目清单应根据拟建工程的具体情况，参照《建设工程工程量清单计价规范》（GB 50500—2013）提供的下列四项内容列项。

一、暂列金额

暂列金额是招标人暂定并包括在合同中的一笔款项。用于施工合同签订时尚未确定或者不可预见的所需材料、设备、服务的采购,施工中可能发生的工程变更、合同约定调整因素出现时的工程价款调整以及发生的索赔、现场签证确认等的费用。

二、暂估价

暂估价是指招标人在工程量清单中提供的,用于支付必然发生但暂时不能确定价格的材料价款、工程设备价款以及专业工程金额。暂估价是在招标阶段预见肯定要发生,但是由于标准尚不明确或者需要由专业承包人来完成,暂时无法确定价格时所采用的一种价格形式。

三、计日工

计日工是为了解决现场发生的零星工作的计价而设立的。计日工以完成零星工作所消耗的人工工时、材料数量、机械台班进行计量,并按照计日工表中填报的适用项目单价进行计价支付。所谓零星工作,一般是指合同约定以外的或者因变更而产生的工程量清单中没有相应项目的额外工作,尤其是那些不允许事先商定价格的额外工作。

编制工程量清单时,计日工表中的人工应按工种,材料和机械应按规格、型号详细列项。其中人工、材料、机械数量,应由招标人根据工程的复杂程度、工程设计质量的优劣及设计深度等因素,按照经验估算一个比较贴近实际的数量,并作为暂定量写到计日工表中,纳入有效投标竞争,以期获得合理的计日工单价。

四、总承包服务费

总承包服务费是为了解决招标人在法律、法规允许的条件下进行专业工程发包以及自行采购供应材料、设备时,要求总承包人对发包的专业工程提供协调和配合服务(如分包人使用总包人的脚手架、水电接驳等);对供应的材料、设备提供收、发和保管服务以及对施工现场进行统一管理;对竣工资料进行统一汇总整理等发生并向总承包人支付的费用。招标人应当预计该项费用,并按投标人的投标报价向投标人支付该项费用。

若出现《建设工程工程量清单计价规范》(GB 50500—2013)未列的项目,可根据工程实际情况补充。

学习活动5　税金项目清单的编制

税金项目清单编制时,税金指增值税,其税率为9%。

任务 2
工程量清单计价

学习活动 1　工程量清单计价的基本过程

工程量清单计价过程分为两个阶段：工程量清单编制和工程量清单应用。工程量清单编制程序见图 7-1，工程量清单计价应用过程见图 7-2。

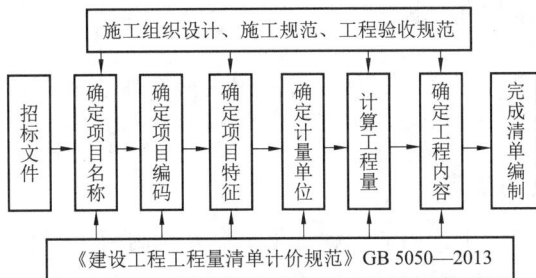

施工组织设计、施工规范、工程验收规范

招标文件 → 确定项目名称 → 确定项目编码 → 确定项目特征 → 确定计量单位 → 计算工程量 → 确定工程内容 → 完成清单编制

《建设工程工程量清单计价规范》GB 5050—2013

图 7-1　工程量清单编制程序

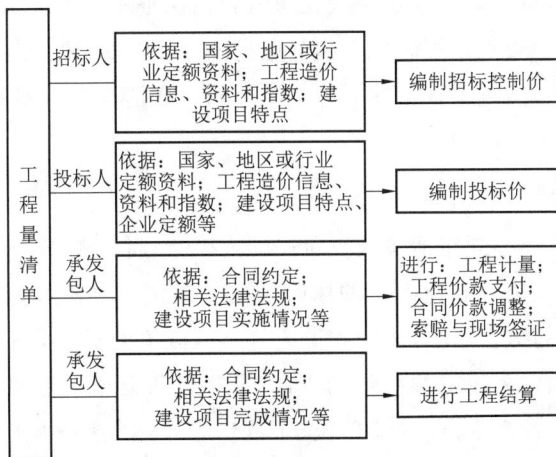

工程量清单

招标人　依据：国家、地区或行业定额资料；工程造价信息、资料和指数；建设项目特点 → 编制招标控制价

投标人　依据：国家、地区或行业定额资料；工程造价信息、资料和指数；建设项目特点、企业定额等 → 编制投标价

承发包人　依据：合同约定；相关法律法规；建设项目实施情况等 → 进行：工程计量；工程价款支付；合同价款调整；索赔与现场签证

承发包人　依据：合同约定；相关法律法规；建设项目完成情况等 → 进行工程结算

图 7-2　工程量清单计价应用过程

学习活动 2　工程量清单计价的方法

一、工程造价的计算

工程量清单计价是按照工程造价的构成分别计算各类费用,再经过汇总而得到总价。计算方法如下。

(1) 分部分项工程费 $= \sum$ 分部分项工程量 $\times$ 分部分项工程综合单价。

(2) 措施项目费 $= \sum$ 单价措施项目工程量 $\times$ 单价措施项目综合单价 $+ \sum$ 总价措施项目费。

(3) 单位工程造价 $= \sum$ 分部分项工程费 $+$ 措施项目费 $+$ 其他项目费 $+$ 税金。

(4) 单项工程造价 $= \sum$ 单位工程造价。

(5) 建设项目总造价 $= \sum$ 单项工程造价。

二、分部分项工程费的计算

利用综合单价法计算分部分项工程费需要解决两个核心问题,即确定各分部分项工程的工程量及其综合单价。

1. 分部分项工程量的确定

招标文件中的工程量清单标明的工程量是招标人编制招标控制价和投标人进行投标报价的共同基础,它是工程量清单编制人按施工图图示尺寸和清单工程量计算规则计算得到的工程净量。但该工程量不能作为承包人在履行合同义务中应予完成的实际和准确的工程量,发承包双方进行工程竣工结算时的工程量应按发、承包双方在合同中约定应予计量且实际完成的工程量确定,当然该工程量的计算也应严格遵照清单工程量计算规则,以实体工程量为准。

2. 综合单价的编制

综合单价是指完成一个规定清单项目所需的人工费、材料和工程设备费、施工机具使用费和企业管理费、利润以及一定范围内的风险费用。该定义并不是真正意义上的全费用综合单价,而是一种狭义的综合单价,规费和税金等不可竞争的费用并不包括在项目单价中。

综合单价的计算通常采用定额组价的方法,即以计价定额为基础进行组合计算。由于清单与定额中的工程量计算规则、计量单位、工程内容不尽相同,因此综合单价的计算不是简单地将其所含的各项费用进行汇总,而是要通过具体计算后综合而成。其计算可以概括为以下步骤。

1）确定综合定额子目

清单项目一般以一个综合实体考虑，包括了较多的工程内容，计价时可能出现一个清单项目对应多个定额子目的情况。因此计算综合单价的第一步就是将清单项目的工程内容与定额项目的工程内容进行比较，结合清单项目的清单描述，确定拟组价清单项目应该由哪几个定额子目来组合。如"预制预应力C20混凝土空心板"项目，计价规范规定此项目包括制作、运输、吊装及接头灌浆，若定额分别列有制作、安装、吊装及接头灌浆，则应用这四个定额子目来组合综合单价；又如"人行道块料铺设"项目，按计价规范不仅包括主项"预制块铺筑"子目，还包括附项"碎石基础""混凝土基础"等子目。

2）计算定额子目工程量

由于一个清单项目可能对应几个定额子目，而清单工程量计算的是主项工程量，与各定额子目的工程量可能并不一致；即便一个清单项目对应一个定额子目，也可能由于清单工程量计算规则与所采用的定额工程量计算规则之间的差异，而导致二者的计价单位和计算出来的工程量不一致。因此，清单工程量不能直接用于计价，在计价时必须考虑施工方案等各种影响因素，根据所采用的计价定额及相应的工程量计算规则重新计算各定额子目的施工工程量。定额子目工程量的具体计算方法，应严格按照与所采用的定额相对应的工程量计算规则计算。

3）测算人、材、机消耗量

人、材、机的消耗量一般参照定额进行确定。在编制招标控制价时一般参照政府颁发的消耗量定额；编制投标报价时一般采用反映企业水平的企业定额，投标企业没有企业定额时可参照消耗量定额进行调整。

4）确定人、材、机单价

人工单价、材料价格和施工机械台班单价，应根据工程项目的具体情况及市场资源的供求状况进行确定，采用市场价格作为参考，并考虑一定的调价系数。

5）计算清单项目的人、材、机总费用

按确定的分项工程人工、材料和机械的消耗量及询价获得的人工单价、材料单价、施工机械台班单价，与相应的计价工程量相乘得到各定额子目的人、材、机总费用，将各定额子目的人、材、机总费用汇总后算出清单项目的人、材、机总费用。

6）计算清单项目的企业管理费和利润

企业管理费及利润通常根据各地区规定的费率乘以规定的计价基础得出。

$$企业管理费和利润＝人工费×企业管理费和利润的费率$$

7）计算清单项目的综合单价

将清单项目的人、材、机总费用、企业管理费及利润汇总得到该清单项目合价，将该清单项目合价除以清单项目的工程量即可得到该清单项目的综合单价。

$$综合单价＝（人、材、机总费用＋企业管理费＋利润）/清单工程量$$

综合单价计算表的格式见表7-4。

表 7-4　工程量清单综合单价分析表

工程名称：　　　　　　　　　　　　　标段：　　　　　　　　　　　　第　页　共　页

项目编码		项目名称		工程数量				计量单位		

清单综合单价组成明细										
定额编号	定额名称	定额单位	数量	单价/元				合价/元			
				人工费	材料费	机械费	管理费和利润	人工费	材料费	机械费	管理费和利润
人工单价			小计								
元/工日			未计价材料费								
清单项目综合单价											

三、措施项目费的计算

措施项目费是指为完成工程项目施工，用于发生在该工程施工准备和施工过程中的技术、生活、安全、环境保护等方面的非工程实体项目所支出的费用。措施项目清单计价应根据建设工程的施工组织设计，可以计算工程量的措施项目，应按分部分项工程量清单的方式采用综合单价计价；不能计算工程量的措施项目，则采用总价项目的方式，以"项"为单位的方式计价，应包括除规费、税金外的全部费用。措施项目清单中的安全文明施工费应按照国家或省级、行业建设主管部门的规定计价，不得作为竞争性费用。

四、其他项目费的计算

其他项目费由暂列金额、暂估价、计日工、总承包服务费等内容组成。

暂列金额和暂估价由招标人按估算金额确定。招标人在工程量清单中提供暂估价的材料、工程设备和专业工程，若属于依法必须招标的，由承包人和招标人共同通过招标确定材料、工程设备单价与专业工程分包价；若材料、工程设备不属于依法必须招标的，经发承包双方协商确认单价后计价;若专业工程不属于依法必须招标的,由发包人、总承包人与分包人按有关计价依据进行计价。

计日工和总承包服务费由承包人根据招标人提出的要求,按估算的费用确定。

五、风险费用的确定

风险是一种客观存在的、可能会带来损失的、不确定的状态。工程风险是指一项工程在设计、施工、设备调试以及移交运行等项目全寿命周期全过程可能发生的风险。这里的风险具体指工程建设施工阶段承发包双方在招投标活动和合同履约及施工中所面临的涉及工程计价方面的风险。建设工程发承包必须在招标文件、合同中明确计价中的风险内容及其范围,不得采用无限风险、所有风险或类似语句规定计价中的风险内容及其范围。

例7-1　某道路人行道结构层如下:非连锁型彩色预制块(方形、长方形)6 cm,黄砂连接层3 cm,C20混凝土基础(石料粒径5～20 mm)10 cm,碎石基础10 cm,人行道路基整修工程量为993.59 m²,侧平石长度为503.08 m,侧石宽度为12 cm。假设人行道两侧共有行道树100棵,每个树穴的面积为1 m²,企业管理费和利润率为28.39%,人工材料机械的单价采用2023年11月的市场信息价,试根据下列资料(见表7-5～表7-7)计算人行道块料铺设的综合单价。

表7-5　人行道碎石基础(10 cm)定额明细及单价表

项目名称:碎石基础(10 cm)04-2-4-5　　　　　　　　　　　　　　　　　　　　　单位:100 m²

编码	名称	单位	单价/元	数量	合价/元
100100	综合人工	工日	237	1.6830	
209050	碎石(5～15 mm)	t	150.485	3.0355	
209060	碎石(5～25 mm)	t	150.485	17.3400	
217380	水	m³	5.82	0.3065	
301270	手扶振动压路机	台班	76.16	0.3333	

表7-6　人行道C20混凝土基础(10 cm)定额明细及单价表

项目名称:C20混凝土基础(10 cm)04-2-4-3　　　　　　　　　　　　　　　　　　　单位:100 m²

编码	名称	单位	单价/元	数量	合价/元
100100	综合人工	工日	237	2.4820	
203060	非泵送商品混凝土 (5～20 mm) C20	m³	592.233	10.1000	
217040	涤纶针刺土工布 200 g/m²	m²	10.36	35.0000	
217380	水	m³	5.82	4.4100	
306220	平板式混凝土振动器	台班	10.19	0.3333	

表 7-7　人行道非连锁型彩色预制块（黄砂连接层）定额明细及单价表

项目名称：非连锁型彩色预制块（黄砂连接层）04-2-4-11

单位：100 m²

编码	名称	单位	单价/元	数量	合价/元
100100	综合人工	工日	237	9.1808	
208080	非连锁型彩色预制块	m²	54.901	102.0000	
209010	黄砂（中粗）	t	178.641	5.4794	

解　根据 2013 清单计算规则可知，人行道块料铺设按设计图示尺寸以面积计算，不扣除各类井所占面积，但应扣除侧石和种植树穴所占面积。

人行道块料铺设的清单量＝993.59－503.08×0.12－100×1＝833.22（m²）

该清单项对应的定额项如下：

（1）非连锁型彩色预制块：993.59－503.08×0.12－100×1＝833.22（m²）。

（2）黄砂连接层不需要单独列项，其消耗量已包括在非连锁型彩色预制块定额子目中了。

（3）C20 混凝土基础：833.22 m²。

（4）碎石基础：833.22 m²。

工程量清单综合单价分析表见表 7-8，表中的数量 0.01 为定额工程量/清单工程量，即 8.3322/833.22＝0.01。

企业管理费和利润的计算基数为人工费，如 398.87×28.39％＝113.24。

人工费合价为人工费单价×数量，即 398.87×0.01＝3.99。其余以此类推。

表 7-8　工程量清单综合单价分析表

工程名称：　　　　　　　　　　　标段：　　　　　　　　　　　第 页 共 页

项目编码	040204002001	项目名称	人行道块料铺设	工程数量	833.22	计量单位	m²

清单综合单价组成明细

定额编号	定额名称	定额单位	数量	单价/元				合价/元			
				人工费	材料费	机械费	管理费和利润	人工费	材料费	机械费	管理费和利润
04-2-4-5	人行道碎石基础厚 10 cm	100 m²	0.01	398.87	3067.99	25.38	113.24	3.99	30.68	0.25	1.13
04-2-4-3	人行道基础混凝土厚 10 cm 预拌混凝土（非泵送型）C20 粒径 5~20	100 m²	0.01	588.23	6369.82	3.4	167	5.88	63.7	0.03	1.67
04-2-4-11	铺筑非连锁型彩色预制块黄砂	100 m²	0.01	2175.85	6578.75		617.72	21.76	65.79		6.18
人工单价		小计						31.63	160.17	0.28	8.98
237 元/工日		未计价材料费									
清单项目综合单价								201.06			

任务 3
《市政工程工程量计算规范》

2012 年 12 月 25 日中华人民共和国住房和城乡建设部批准发布了《市政工程工程量计算规范》(GB 50857—2013),自 2013 年 7 月 1 日起施行,其中第 1.3、4.2.1、4.2.2、4.2.3、4.2.4、4.2.5、4.2.6、4.3.1 条为强制性条文,必须严格执行。以下内容为该规范的各条规定。

1 总则

1.1 为规范市政工程造价计量行为,统一市政工程工程量计算规则、工程量清单的编制方法,制定本规范。

1.2 本规范适用于市政工程发承包及实施阶段计价活动中的工程计量和工程量清单编制。

1.3 市政工程计价,必须按本规范规定的工程量计算规则进行工程计量。

1.4 市政工程计量活动,除应遵守本规范外,尚应符合国家现行有关标准的规定。

2 术语

2.1 工程量计算

工程量计算是指建设工程项目以工程设计图纸、施工组织设计或施工方案及有关技术经济文件为依据,按相关工程国家标准的计算规则、计量单位等规定,进行工程数量的计算活动,在工程建设中简称工程计量。

2.2 市政工程

市政工程是指市政道路、桥梁、广场、隧道、管网、污水处理、生活垃圾处理、路灯等公用事业工程。

3　工程计量

3.1　工程量计算除依据本规范各项规定外,尚应依据以下文件:

① 经审定通过的施工设计图纸及其说明;

② 经审定通过的施工组织设计或施工方案;

③ 经审定通过的其他有关技术经济文件。

3.2　工程实施过程中的计量应按照现行国家标准《建设工程工程量清单计价规范》(GB 50500)的相关规定执行。

3.3　本规范附录中有两个或两个以上计量单位的,应结合拟建工程项目的实际情况,确定其中一个为计量单位。同一工程项目的计量单位应一致。

3.4　工程计量时,每一项目汇总的有效位数应遵守下列规定:

① 以"t"为单位,应保留小数点后三位数字,第四位小数四舍五入;

② 以"m""m²""m³""kg"为单位,应保留小数点后两位数字,第三位小数四舍五入;

③ 以"个""件""根""组""系统"为单位,应取整数。

3.5　本规范各项目仅列出了主要工作内容,除另有规定和说明外,应视为已经包括完成该项目所列或未列的全部工作内容。

3.6　市政工程涉及房屋建筑和装饰装修工程的项目,按现行国家标准《房屋建筑与装饰工程工程量计算规范》(GB 50854)的相应项目执行;涉及电气、给排水、消防等安装工程的项目,按现行国家标准《通用安装工程工程量计算规范》(GB 50856)的相应项目执行;涉及园林绿化工程的项目,按现行国家标准《园林绿化工程工程量计算规范》(GB 50858)的相应项目执行;采用爆破法施工的石方工程的项目,按现行国家标准《爆破工程工程量计算规范》(GB 50862)的相应项目执行。

3.7　由水源地取水点至厂区或市、镇第一个储水点之间距离 10 km 以上的输水管道,按本规范附录 E"管网工程"相应项目执行。

4　工程量清单编制

4.1　一般规定

4.1.1　编制工程量清单应依据:

① 本规范和现行国家标准《建设工程工程量清单计价规范》(GB 50500);

② 国家或省级、行业建设主管部门颁发的计价依据和办法;

③ 建设工程设计文件;

④ 与建设工程项目有关的标准、规范、技术资料;

⑤ 拟定的招标文件;

⑥ 施工现场情况、工程特点及常规施工方案;

⑦ 其他相关资料。

4.1.2　其他项目、规费和税金项目清单应按现行国家标准《建设工程工程量清单计价规范》(GB 50500)的相关规定编制。

4.1.3　编制工程量清单出现附录中未包括的项目,编制人应做补充,并报省级或行业工程造价管理机构备案,省级或行业工程造价管理机构应汇总并报住房和城乡建设部标准定额研究所备案。

补充项目的编码由本规范的代码04与B和三位阿拉伯数字组成,并应从04B001起顺序编制,同一招标工程的项目不得重码。

补充的工程量清单需附有补充项目的项目名称、项目特征、计量单位、工程量计算规则、工作内容。不能计量的措施项目,需附有补充项目的项目名称、工作内容及包含范围。

4.2　分部分项工程

4.2.1　工程量清单应根据附录规定的项目编码、项目名称、项目特征、计量单位和工程量计算规则进行编制。

4.2.2　工程量清单的项目编码,应采用十二位阿拉伯数字表示,一至九位应按附录的规定设置,十至十二位应根据拟建工程的工程量清单项目名称和项目特征设置,同一招标工程的项目编码不得有重码。

4.2.3　工程量清单的项目名称应按附录的项目名称,结合拟建工程的实际确定。

4.2.4　工程量清单的项目特征应按附录中规定的项目特征,结合拟建工程项目的实际予以描述。

4.2.5　工程量清单中所列工程量应按附录中规定的工程量计算规则计算。

4.2.6　工程量清单的计量单位应按附录中规定的计量单位确定。

4.2.7　本规范现浇混凝土工程项目"工作内容"中包括模板工程的内容,同时又在"措施项目"中单列了现浇混凝土模板工程项目。因此,由招标人根据工程实际情况选用,若招标人在措施项目清单中未编列现浇混凝土模板项目清单,即表示现浇混凝土模板工程项目不单列,现浇混凝土工程项目的综合单价中应包括模板工程项目。

4.2.8　本规范对预制混凝土构件按现场制作编制项目,"工作内容"中包括模板工程,不再单列。若采用成品预制混凝土构件时,构件成品价(包括模板、钢筋、混凝土等所有费用)应计入综合单价中。

4.2.9　金属结构构件按成品编制项目,构件成品价应计入综合单价中,若采用现场制作,包括制作的所有费用。

4.3　措施项目

4.3.1　措施项目中列出了项目编码、项目名称、项目特征、计量单位、工程量计算规则的项目,编制工程量清单时,应按本规范4.2分部分项工程的规定执行。

4.3.2　措施项目中仅列出项目编码、项目名称,未列出项目特征、计量单位和工程量计算规则的项目,编制工程量清单时,应按本规范附录L措施项目规定的项目编码、项目名称确定。

5　上海市补充(调整)清单项目计算规范说明

5.1　上海市补充(调整)清单项目计算规范(以下简称"本计算规范")是依据《房屋建筑与装饰工程工程量计量规范》(GB 50854)、《市政工程工程量计算规范》(GB 50857)、《通用安装工程工程量计算规范》(GB 50856)、《仿古建筑工程工程量计算规范》(GB 50855)、《园林绿化工程工程量计算规范》(GB 50858)、《城市轨道交通工程工程量计算规范》(GB

50861)、《构筑物工程工程量计算规范》(GB 50860)、《爆破工程工程量计算规范》(GB 50862)等计算规范的要求,结合本市工程量清单项目计量的实际情况,在国家各专业工程工程量计算规范的基础上进行补充和完善,"本计算规范"未包括的内容应按国家标准各专业工程工程量计算规范执行。

5.2 将《房屋建筑与装饰工程工程量计量规范》(GB 50854)、《市政工程工程量计算规范》(GB 50857)、《通用安装工程工程量计算规范》(GB 50856)、《仿古建筑工程工程量计算规范》(GB 50855)、《园林绿化工程工程量计算规范》(GB 50858)、《城市轨道交通工程工程量计算规范》(GB 50861)、《构筑物工程工程量计算规范》(GB 50860)、《爆破工程工程量计算规范》(GB 50862)等专业工程项目涉及现浇混凝土清单项目的"工作内容"中模板制作、安装、拆除部分调整列入各专业工程措施项目清单中,各专业工程现浇混凝土清单项目的"工作内容"不再包括模板制作、安装、拆除的内容。

5.3 房屋建筑与装饰工程清单项目涉及电气、给排水、消防等安装工程的项目,按国家标准《通用安装工程工程量计算规范》(GB 50856)和"本计算规范"的相应项目执行;涉及仿古建筑工程的项目,按现行国家标准《仿古建筑工程工程量计算规范》(GB 50855)的相应项目执行;涉及室外地(路)面、室外给排水等工程的项目,按国家标准《市政工程工程量计算规范》(GB 50857)和"本计算规范"的相应项目执行。采用爆破法施工的石方工程的项目,按现行国家标准《爆破工程工程量计算规范》(GB 50862)的相应项目执行。

5.4 市政工程清单项目涉及房屋建筑和装饰装修工程的项目,应按《房屋建筑与装饰工程工程量计量规范》(GB 50854)和"本计算规范"的相应项目执行;涉及电气、给排水、消防等安装工程的项目,按国家标准《通用安装工程工程量计算规范》(GB 50856)和"本计算规范"的相应项目执行;涉及园林绿化工程的项目,按国家标准《园林绿化工程工程量计算规范》(GB 50858)和"本计算规范"的相应项目执行;采用爆破法施工的石方工程的项目,按国家标准《爆破工程工程量计算规范》(GB 50862)的相应项目执行。具体划分界限确定如下。

① 管网工程与现行国家标准《通用安装工程工程量计算规范》(GB 50856)中工业管道的界定:给水管道以厂区入口水表井为界;排水管道以厂区围墙外第一个污水井为界;热力和燃气管道以厂区入口第一个计量表(阀门)为界。

② 管网工程与国家标准《通用安装工程工程量计算规范》(GB 50856)中给排水、采暖、燃气工程的界定:室外给排水、采暖、燃气管道以与市政管道碰头井为界;厂区、住宅小区的庭院喷灌及喷泉水设备安装,按现行国家标准《通用安装工程工程量计算规范》(GB 50856)的相应项目执行;市政庭院喷灌及喷泉水设备安装按本规范的相应项目执行。

③ 水处理工程、生活垃圾处理与国家标准《通用安装工程工程量计算规范》(GB 50856)中设备安装工程的界定:本规范只列了水处理工程和生活垃圾处理工程专用设备的项目,各类仪表、泵、阀门等标准、定型设备应按现行国家标准《通用安装工程工程量计算规范》(GB 50856)的相应项目执行。

④ 路灯工程与国家标准《通用安装工程工程量计算规范》(GB 50856)中电气设备安装工程的界定:市政道路路灯安装工程、市政庭院艺术喷泉等电气安装工程的项目,按本规范路灯工程的相应项目执行;厂区、住宅小区的道路路灯安装工程、庭院艺术喷泉等电气设备安装工程按现行国家标准《通用安装工程工程量计算规范》(GB 50856)附录D电气设备安装工程的相应项目执行。

⑤ 由水源地取水点至厂区或市、镇第一个储水点之间距离10 km以上的输水管道,按

现行国家标准《市政工程工程量计算规范》(GB 50857)附录 E"管网工程"的相应项目执行。

⑥ 市政工程清单项目桩基陆上、水上工作平台搭拆的工作内容包括在相应清单项目中。水上桩基础工作平台拆搭不再按措施项目单独编码列项。

5.5　《通用安装工程工程量计算规范》(GB 50856)中电气设备安装工程适用于 10 kV 以下的工程。

5.6　通用安装工程清单项目与国家标准《市政工程工程量计算规范》(GB 50857)的相关内容在执行上的分界线如下。

① 电气设备安装工程与市政工程路灯工程的界定:厂区、住宅小区的道路路灯安装工程、庭院艺术喷泉等电气设备安装工程的项目,按通用安装工程"电气设备安装工程"的相应项目执行;涉及市政道路、庭院等电气安装工程的项目,按市政工程"路灯工程"的相应项目执行。

② 工业管道与市政工程管网工程的界定:给水管道以厂区入口水表井为界;排水管道以厂区围墙外第一个污水井为界;热力和煤气以厂区入口第一个计量表(阀门)为界。

③ 给排水、采暖、燃气工程与市政工程管网工程的界定:给水、采暖、燃气管道以与市政碰头点为界;厂区、住宅小区的庭院喷灌及喷泉水设备安装按本规范的相应项目执行;公共庭院喷灌及喷泉水设备安装按现行国家标准《市政工程工程量计算规范》(GB 50857)管网工程的相应项目执行。

④ 涉及管沟、坑及井类的土方开挖、垫层、基础、砌筑、抹灰、地沟盖板预制安装、回填、运输、路面开挖及修复、管道支墩的项目,按国家标准《房屋建筑与装饰工程工程量计算规范》(GB 50854)和《市政工程工程量计算规范》(GB 50857)及"本计算规范"的相应项目执行。

5.7　通用安装工程清单项目安装高度若超过基本高度时,应在"项目特征"中描述。现行国家标准《通用安装工程工程量计算规范》(GB 50856)各附录基本安装高度为:附录 A 机械设备安装工程 10 m;附录 D 电气设备安装工程 5 m;附录 E 建筑智能化工程 5 m;附录 G 通风空调工程 6 m;附录 J 消防工程 5 m;附录 K 给排水、采暖、燃气工程 3.6 m;附录 M 刷油、防腐蚀、绝热工程 6 m。

5.8　城市轨道交通工程涉及通信、通风空调、给排水及消防等安装工程项目,按现行国家标准《通用安装工程工程量计算规范》(GB 50856)和"本计算规范"的相应项目执行;涉及装修、房建等工程的项目,按现行国家标准《房屋建筑与装饰工程工程量计算规范》(GB 50854)和"本计算规范"的相应项目执行;涉及室外管网等工程的项目,按现行国家标准《市政工程工程量计算规范》(GB 50857)和"本计算规范"的相应项目执行;涉及爆破法施工的石方工程的项目,按现行照国家标准《爆破工程工程量计算规范》(GB 50862)的相应项目执行。

5.9　园林绿化工程(另有规定者除外)涉及普通公共建筑物等工程的项目以及垂直运输机械、大型机械进出场及安拆等项目,按现行国家标准《房屋建筑与装饰工程工程量计算规范》(GB 50854)的相应项目执行;涉及仿古建筑工程的项目,按现行国家标准《仿古建筑工程工程量计算规范》(GB 50855)的相应项目执行;涉及电气、给排水等安装工程的项目,按现行国家标准《通用安装工程工程量计算规范》(GB 50856)和"本计算规范"的相应项目执行;涉及市政道路、路灯等市政工程项目,按现行国家标准《市政工程工程量计算规范》(GB 50857)和"本计算规范"的相应项目执行。

5.10　仿古建筑工程涉及土石方工程、地基处理与边坡支护工程、桩基工程、钢筋工程、小区道路等工程项目,按现行国家标准《房屋建筑与装饰工程工程量计算规范》(GB 50854)和"本计算规范"的相应项目执行;涉及电气、给排水、消防等安装工程的项目,按现行国家标准《通用安装工程工程量计算规范》(GB 50856)和"本计算规范"的相应项目执行;涉及市政道路、室外给排水等工程的项目,按现行国家标准《市政工程工程量计算规范》(GB 50857)和"本计算规范"的相应项目执行;涉及园林绿化工程的项目,按现行国家标准《园林绿化工程工程量计算规范》(GB 50858)和"本计算规范"的相应项目执行。采用爆破法施工的石方工程的项目,按现行国家标准《爆破工程工程量计算规范》(GB 50862)的相应项目执行。

5.11　构筑物工程涉及电气、给排水、消防等安装工程的项目,按现行国家标准《通用安装工程工程量计算规范》(GB 50856)和"本计算规范"的相应项目执行;涉及室外给排水等工程的项目,按现行国家标准《市政工程工程量计算规范》(GB 50857)和"本计算规范"的相应项目执行;采用爆破法施工的石方工程的项目,按现行国家标准《爆破工程工程量计算规范》(GB 50862)的相应项目执行;涉及土石方工程、地基处理与边坡支护工程、桩基工程、金属结构工程、防水工程等项目,按现行国家标准《房屋建筑与装饰工程工程量计算规范》(GB 50854)和"本计算规范"的相应项目执行。

5.12　爆破工程涉及人工开挖土方、石方工程以及支护项目,按现行国家标准《房屋建筑与装饰工程工程量计算规范》(GB 50854)和"本计算规范"的相应项目执行;涉及电气、给排水等安装工程的项目,按现行国家标准《通用安装工程工程量计算规范》(GB 50856)和"本计算规范"的相应项目执行。

5.13　房屋修缮工程的适用范围为修缮、翻修、加固工程,涉及现浇钢筋混凝土项目,按现行国家标准《房屋建筑与装饰工程工程量计算规范》(GB 50854)的相应项目执行;涉及园林绿化和仿古建筑工程项目,按现行国家标准《园林绿化工程工程量计算规范》(GB 50858)和《仿古建筑工程工程量计算规范》(GB 50855)的相应项目执行;采用爆破法施工拆除工程的项目,按现行国家标准《爆破工程工程量计算规范》(GB 50862)的相应项目执行。

根据项目 3 任务 6 道路工程实例相应条件,编制某道路工程工程量清单见表 7-9。

表 7-9 某道路工程工程量清单

工程名称:×××道路工程

序号	项目编码	项目名称	计量单位	工程量	单价/元	合价/元
1	040101001001	挖一般土方	m³	1800		
	04-1-1-2	人工挖土方 一、二类土	m³	1800		
	04-1-2-23	土方场内运输 自卸汽车 运距 1 km 以内 装运土	m³	922.78		
2	040103001001	回填方	m³	210		
	04-1-2-1	填人行道土方	m³	210		
3	040103001002	回填方	m³	628		
	04-1-2-2	填车行道土方 密实度为 90%	m³	628		
4	040103002001	余方弃置	m³	877.22		
	04-1-3-1	土方场外运输	m³	877.22		
5	040201023001	盲沟	m	679.5		
	04-2-1-39	路基排水 碎石盲沟	m³	108.72		
6	040202001003	路床(槽)整形	m²	5908.08		
	04-2-2-1	路床(槽)整形 车行道路基整修 一、二类土	m²	5908.08		
7	040201023002	盲沟	m	959		
	04-2-1-39	路基排水 碎石盲沟	m³	153.44		

续表

序号	项目编码	项目名称	计量单位	工程量	单价/元	合价/元
	04-2-1-40	路基排水 铺设 Φ80 软式透水管	m	959		
	04-2-1-35	土工合成材料 铺设土工布 软土	m²	5908.08		
8	040202001004	路床(槽)整形	m²	5908.08		
	04-2-2-1	路床(槽)整形 车行道路基整修 一、二类土	m²	5908.08		
9	040202011001	碎石	m²	5908.08		
	04-2-2-5	碎石垫层 厚 15 cm	100 m²	59.0808		
10	040202015001	水泥稳定碎(砾)石	m²	5908.08		
	04-2-2-23 换	机械摊铺厂拌水泥稳定碎石基层厚 20 cm 厚度(cm):40	100 m²	59.0808		
	04-2-2-24	机械摊铺厂拌水泥稳定碎石基层 ±1 cm 水泥稳定碎石掺入水泥 5%	100 m²	59.0808		
11	040203004001	封层	m²	5739.07		
	04-2-3-3 换	稀浆封层 厚 0.8 cm 厚度(cm):1	100 m²	57.3907		
	04-2-3-4	稀浆封层 ±0.1 cm	100 m²	57.3907		
12	040203006001	沥青混凝土	m²	5739.07		
	04-2-3-8	机械摊铺粗粒式沥青混凝土(AC-25)厚 8 cm 粗粒式沥青混凝土	100 m²	57.3907		
13	040203006002	沥青混凝土	m²	5739.07		
	04-2-3-10 换	机械摊铺中粒式沥青混凝土(AC-20)厚 4 cm 厚度(cm):6 中粒式沥青混凝土	100 m²	57.3907		
	04-2-3-11	机械摊铺中粒式沥青混凝土(AC-20)±1 cm 中粒式沥青混凝土	100 m²	57.3907		
14	040203006003	沥青混凝土	m²	5739.07		
	04-2-3-14	机械摊铺沥青玛蹄脂碎石沥青混凝土(SMA-13)厚 4 cm 改性沥青混凝土	100 m²	57.3907		
15	040204001001	人行道整形碾压	m²	1647.79		
	04-2-4-1	人行道路基整修 一、二类土	m²	1647.79		
16	040202011002	碎石	m²	1580.23		
	04-2-4-5	人行道碎石基础 厚 10 cm	100 m²	15.8023		
17	040203007001	水泥混凝土	m²	1580.23		

续表

序号	项目编码	项目名称	计量单位	工程量	单价/元	合价/元
	04-2-4-3	人行道基础混凝土 厚10 cm 预拌混凝土（非泵送型）C20 粒径5～20	100 m²	15.8023		
18	040204002001	人行道块料铺设	m²	1580.23		
	04-2-4-12	铺筑连锁型彩色预制块 干拌水泥黄砂 干混砌筑砂浆 DM M10.0	100 m²	15.8023		
19	040204004001	安砌侧（平、缘）石	m	563.35		
	04-2-4-26	排砌预制侧平石 预拌混凝土（非泵送型）C20 粒径5～20	m	563.35		

文件资料 1　关于发布本市建设工程概算
相关费率的通知

关于发布本市建设工程概算相关费率的通知

沪建标定联〔2023〕486 号

各有关单位：

为进一步深化本市建设工程造价改革,根据《上海市人民政府关于修改〈上海市建设工程文明施工管理规定〉的决定》(沪府令第 23 号)、《文明施工标准》(DG/TJ 08－2102－2019)及《关于调整本市建设工程规费项目设置等相关事项的通知》(沪建标定联〔2023〕120号)的相关规定,市住房城乡建设管理委、市发展改革委、市财政局对建设工程概算相关费率进行了重新测算,现将有关事项通知如下：

一、本概算费率适用于本市行政区域内政府投资的新建、改建、扩建的建设工程。

二、企业管理费和利润以"概算定额人工费＋零星工程人工费"为基数,乘以相应的费率计算(费率详见附件 1)。

三、安全文明施工费以"直接费中的人工费、材料费、机械费及零星工程费之和"为基数,乘以相应的费率计算(费率详见附件 2)。各专业安全文明施工项目清单内容详见附件 3,具体工作内容及包含范围可在市住房城乡建设管理委网站"上海市建设市场管理信息平台"查询。各行业主管部门应加强建设工程现场安全文明施工措施的监管,加大查处力度,切实提升建设工程施工现场安全文明程度。

四、施工措施费结合项目实际情况,由建设单位编制具体实施方案,经概算审批部门审核后,计入项目概算。

五、其他投资项目可以参考执行。

六、本通知自 2023 年 10 月 1 日起施行。本市现行管理规定与本《通知》不一致的,以本《通知》为准。

  附件:1.企业管理费和利润费率

    2.安全文明施工费费率

    3.安全文明施工项目清单

附件 1

企业管理费和利润费率

工程类别		费率/(%)
房屋建筑与装饰工程		24.70
通用安装工程		30.95
市政工程	土建	28.39
	安装	30.95
城市轨道交通工程	土建	28.39
	安装	30.95
园林绿化工程(种植)		40.73
仿古建筑工程(含小品)		30.60
房屋修缮工程		26.38
燃气工程		28.10
民防工程		24.70
给水管道工程		28.45
排水管道工程		27.81
给排水构筑物工程		27.81

附件 2

安全文明施工费费率

工程类别		费率/(%)
房屋建筑工程		3.05
市政工程	道路工程	2.59
	桥涵及护岸工程	3.00
	隧道工程	1.78
轨道交通工程	车站、区间	2.06
园林工程		1.60

续表

工程类别		费率/(%)
燃气工程		2.43
独立装饰装修工程		2.35
房屋修缮工程	成套改造	3.01
	修缮改造	2.30
民防工程(单建式)		3.00
给水管道工程		2.61
排水管道工程		2.58
给排水构筑物工程		2.20

注:① 房屋建筑工程的费率包含安装工程。

　② 轨道交通工程中的安装工程,不计取安全文明施工费。

　③ 民防工程费率适用单建式民防工程,结建式民防工程参照房屋建筑工程费率。

附件3　安全文明施工项目清单

房屋建筑工程安全文明施工项目清单

序号	实施类别	
1	环境保护	垃圾处理
2		噪声控制
3		扬尘控制
4		光污染控制
5	文明施工	边界设置
6		出入门及两侧设置
7		管线保护
8		施工区域设置
9		工程内临时通风、排烟
10		现场消防设置
11		智能化设置
12	临时设施	办公区设置
13		宿舍设施
14		食堂生活设施
15		现场厕所设施
16		施工现场临时用电
17	安全施工	临边洞口交叉高处作业防护
18		作业人员必要的安全防护

市政工程（道路）安全文明施工项目清单

序号	实施类别	
1	环境保护	垃圾处理
2		噪声控制
3		扬尘控制
4		光污染控制
5	文明施工	边界设置
6		出入门及两侧设置
7		管线保护
8		施工区域设置
9		现场消防设置
10		智能化设置
11	临时设施	办公区设置
12		宿舍设施
13		食堂生活设施
14		现场厕所设施
15		施工现场临时用电
16	安全施工	作业人员必要的安全防护

市政工程（桥涵及护岸）安全文明施工项目清单

序号	实施类别	
1	环境保护	垃圾处理
2		噪声控制
3		扬尘控制
4		光污染控制
5	文明施工	边界设置
6		出入门及两侧设置
7		管线保护
8		施工区域设置
9		现场消防设置
10		智能化设置

序号	实施类别	
11	临时设施	办公区设置
12		宿舍设施
13		食堂生活设施
14		现场厕所设施
15		施工现场临时用电
16	安全施工	临边洞口交叉高处作业防护
17		桥面人行便道
18		作业人员必要的安全防护

市政工程(隧道)安全文明施工项目清单

序号	实施类别	
1	环境保护	垃圾处理
2		噪声控制
3		扬尘控制
4		光污染控制
5	文明施工	边界设置
6		出入门及两侧设置
7		管线保护
8		施工区域设置
9		工程内临时通风、排烟
10		现场消防设置
11		智能化设置
12	临时设施	宿舍设施
13		办公区设置
14		食堂生活设施
15		现场厕所设施
16		施工现场临时用电
17		临时通讯设施
18	安全施工	临边洞口交叉高处作业防护
19		作业人员必要的安全防护

轨道交通工程（车站、区间）安全文明施工项目清单

序号	实施类别	
1	环境保护	垃圾处理
2		噪声控制
3		扬尘控制
4		光污染控制
5	文明施工	边界设置
6		出入门及两侧设置
7		管线保护
8		施工区域设置
9		工程内临时通风、排烟
10		现场消防设置
11		智能化设置
12	临时设施	办公区设置
13		宿舍设施
14		食堂生活设施
15		现场厕所设施
16		施工现场临时用电
17		临时通讯设施
18	安全施工	临边洞口交叉高处作业防护
19		作业人员必要的安全防护

园林工程安全文明施工项目清单

序号	实施类别	
1	环境保护	垃圾处理
2		噪声控制
3		扬尘控制
4		光污染控制

续表

序号	实施类别	
5	文明施工	边界设置
6		出入门及两侧设置
7		管线保护
8		施工区域设置
9		现场消防设置
10		智能化设置
11	临时设施	办公区设置
12		宿舍设施
13		食堂生活设施
14		现场厕所设施
15		施工现场临时用电
16	安全施工	临边洞口交叉高处作业防护
17		作业人员必要的安全防护

燃气工程安全文明施工项目清单

序号	实施类别	
1	环境保护	垃圾处置
2		噪声控制
3		扬尘控制
4		光污染控制
5		其他污染控制
6	文明施工	边界设置
7		出入门及两侧设置
8		占路施工
9		施工区域设置
10		现场消防设置
11		智能化设置
12	临时设施	办公区设置
13		宿舍设施
14		食堂生活设施
15		现场厕所设施
16		施工现场临时用电
17	安全施工	通道口、洞口防护
18		作业人员必要的安全防护

独立装饰工程安全文明施工项目清单

序号	实施类别	
1	环境保护	垃圾处理
2		噪声控制
3		扬尘控制
4		光污染控制
5	文明施工	边界设置
6		出入门及两侧设置
7		施工区域设置
8		现场消防设置
9		智能化设置
10	临时设施	办公区设置
11		宿舍设施
12		食堂生活设施
13		施工现场临时用电
14	安全施工	临边洞口交叉高处作业防护
15		作业人员必要的安全防护

房屋修缮工程(成套改造)安全文明施工项目清单

序号	实施类别	
1	环境保护	垃圾处理
2		噪声控制
3		扬尘控制
4		光污染控制
5	文明施工	边界设置
6		出入门及两侧设置
7		管线保护
8		施工区域设置
9		现场消防设置
10		智能化设置
11	临时设施	办公区设置
12		宿舍设施
13		食堂生活设施
14		现场厕所设施
15		施工现场临时用电
16	安全施工	临边洞口交叉高处作业防护
17		作业人员必要的安全防护

房屋修缮工程(修缮改造)安全文明施工项目清单

序号	实施类别	
1	环境保护	垃圾处理
2		噪声控制
3		扬尘控制
4		光污染控制
5	文明施工	边界设置
6		出入门及两侧设置
7		管线保护
8		施工区域设置
9		现场消防设置
10		智能化设置
11	临时设施	办公区设置
12		宿舍设施
13		食堂生活设施
14		现场厕所设施
15		施工现场临时用电
16	安全施工	临边洞口交叉高处作业防护
17		作业人员必要的安全防护

民防工程(单建式)安全文明施工项目清单

序号	实施类别	
1	环境保护	垃圾处理
2		噪声控制
3		扬尘控制
4		光污染控制
5	文明施工	边界设置
6		出入门及两侧设置
7		管线保护
8		施工区域设置
9		工程内临时通风、排烟
10		现场消防设置
11		智能化设置

序号	实施类别	
12	临时设施	办公区设置
13		宿舍设施
14		食堂生活设施
15		现场厕所设施
16		施工现场临时用电
17	安全施工	临边洞口交叉高处作业防护
18		作业人员必要的安全防护

给水管道工程安全文明施工项目清单

序号	实施类别	
1	环境保护	垃圾处理
2		噪声控制
3		扬尘控制
4		光污染控制
5		其他污染控制
6	文明施工	边界设置
7		出入门及两侧设置
8		管线保护
9		施工区域设置
10		现场消防设置
11		智能化设置
12	临时设施	办公区设置
13		宿舍设施
14		食堂生活设施
15		现场厕所设施
16		施工现场临时用电
17	安全施工	临边洞口交叉高处作业防护
18		作业人员必要的安全防护
19		有限空间防护

排水管道工程安全文明施工项目清单

序号	实施类别	
1	环境保护	垃圾处理
2		噪声控制
3		扬尘控制
4		光污染控制
5		其他污染控制
6	文明施工	边界设置
7		出入门及两侧设置
8		管线保护
9		施工区域设置
10		现场消防设置
11		智能化设置
12	临时设施	办公区设置
13		宿舍设施
14		食堂生活设施
15		现场厕所设施
16		施工现场临时用电
17	安全施工	临边洞口交叉高处作业防护
18		作业人员必要的安全防护
19		有限空间防护

文件资料2　关于调整本市建设工程规费项目设置等相关事项的通知

关于调整本市建设工程规费项目设置等相关事项的通知

沪建标定联〔2023〕120 号

各有关单位：

为贯彻落实《住房和城乡建设部办公厅关于印发工程造价改革工作方案的通知》（建办标〔2020〕38 号）和《上海市住房和城乡建设管理委关于印发〈上海市深化工程造价管理改革实施方案〉的通知》（沪建标定〔2021〕701 号）文件精神，推进工程造价市场化改革，激发建筑

市场活力,保障从业人员合法权益,拟调整本市建设工程规费项目设置等相关事项,现将有关内容通知如下:

一、本市建设工程费用组成中取消规费项目单列。将施工现场作业人员养老保险、医疗保险(含生育保险)、失业保险、工伤保险和住房公积金列入人工单价,管理人员养老保险、医疗保险(含生育保险)、失业保险、工伤保险和住房公积金列入企业管理费。

二、本市建设工程概算费用、施工费用计算顺序表作相应调整,安全文明施工费、施工措施费计算基数调整为直接费中的人工费、材料费、机械费(概算包括零星工程费)之和。计算顺序表详见附件1、附件2。相关费率相应调整后由本市造价管理部门在市住房城乡建设管理委网站的上海市建设市场信息服务平台发布(https://ciac.zjw.sh.gov.cn/)。

三、《上海市建设工程工程量清单计价应用规则(2014)》作相应调整。安全文明施工费、其他措施项目费的计算基数调整为分部分项工程费中的人工费、材料费、机械费与单价措施费中的人工费、材料费、机械费之和。相关清单表式详见附件3。

四、本市造价管理部门及时调整人工信息价,每月在市住房城乡建设管理委网站的上海市建设市场信息服务平台同步发布包含规费和不包含规费的人工价格,供市场各方主体参考。

五、本通知自2023年10月1日起施行。2023年10月1日起发布招标公告的建设工程应执行本通知规定。2023年10月1日前已发布招标公告或签订合同的项目仍按原招标文件或合同条款执行。

特此通知。

附件:1.上海市建设工程概算费用计算顺序表

2.上海市建设工程施工费用计算顺序表

3.上海市建设工程工程量清单相关表式

市住房城乡建设管理委　市发展改革委　市财政局

2023 年 4 月 14 日

(此件公开发布)

附件 1

上海市建设工程概算费用计算顺序表

序号	项目	计算式	计算式	备注
一	直接费	工、料、机费	按概算定额子目规定计算	不包含增值税可抵扣进项税额
二		零星工程费	(一)×费率	
三		其中:人工费	概算定额人工费＋零星工程人工费	零星工程人工费按零星工程费的20%计算
四	企业管理费和利润		(三)×费率	不包含增值税可抵扣进项税额
五	安全文明施工费		[(一)＋(二)]×费率	同上
六	施工措施费		[(一)＋(二)]×费率(或按拟建工程计取)	由双方合同约定,不包含增值税可抵扣进项税额

续表

序号	项目	计算式	计算式	备注
七	小计		（一）+（二）+（四）+（五）+（六）	
八	增值税		（七）×增值税税率	按国家规定计取
九	建筑安装工程费		（七）+（八）	

注：施工措施费是指夜间施工、非夜间施工照明、二次搬运、冬雨季施工、地上、地下设施、建筑物的临时保护设施、已完工程及设备保护等其他措施项目费用。

附件2

上海市建设工程施工费用计算顺序表

序号	项目		计算式	备注
1	直接费		按定额子目规定计算	
其中	人工费		按定额工日耗量×约定单价	
	材料费		按定额材料耗量×约定单价	不包含增值税可抵扣进项税额
	施工机具使用费		按定额台班耗量×约定单价	同上
2	企业管理费和利润		∑人工费×约定费率	同上
3	措施费	安全文明施工费	直接费×约定费率	同上
		施工措施费	报价方式计取	由双方合同约定，不包含增值税可抵扣进项税额
4	人工、材料、施工机具差价		按合同约定	由双方合同约定，材料、施工机具使用费中不含增值税可抵扣进项税额
5	小计		(1)+(2)+(3)+(4)	
6	增值税		(5)×增值税税率	按国家规定计取
7	合计		(5)+(6)	

注：施工措施费是指夜间施工、非夜间施工照明、二次搬运、冬雨季施工、地上、地下设施、建筑物的临时保护设施、已完工程及设备保护等其他措施项目费用。

附件3　上海市建设工程工程量清单相关表式

A.4　分部分项工程量清单表

分部分项工程项目清单与计价表

工程名称：　　　　　　　　　　　　　　标段：　　　　　　　　　　　第　页　共　页

序号	项目编码	项目名称	项目特征描述	工程内容	计量单位	工程量	金额/元				备注
							综合单价	合价	其中		
									人工费	材料及工程设备暂估价	
			本页小计								
			合计								

注：招标人需以书面形式打印综合单价分析表的，请在备注栏内打√。

A.6　措施项目清单与计价相关表格

措施项目清单与计价汇总表

工程名称：　　　　　　　　　　　　　　标段：　　　　　　　　　　　第　页　共　页

序号	项目名称	金额/元
1	整体措施项目（总价措施费）	
1.1	安全文明施工费	
1.2	其他措施项目费	
2	单项措施费（单价措施费）	
	合计	

安全文明施工清单与计价明细表

工程名称：　　　　　　　　　　　标段：　　　　　　　　　　第　页　共　页

序号	项目编码	名称	计量单位	项目名称	工作内容及包含范围	金额/元
		环境保护	项			
		文明施工				
		临时设施				
		安全施工				
合计						

其他措施项目清单与计价表

工程名称：　　　　　　　　　标段：　　　　　　　　　　第　页　共　页

序号	项目编码	项目名称	工作内容、说明及包含范围	金额/元
1		夜间施工费		
2		非夜间施工照明费		
3		二次搬运费		
4		冬雨季施工		
5		地上、地下设施、建筑物的临时保护设施		
6		已完工程及设备保护		
7				
8				
…	…			
		合计		

注：投标报价根据拟建工程实际情况报价。

单价措施项目清单与计价表

工程名称：　　　　　　　　　标段：　　　　　　　　　　第　页　共　页

序号	项目编码	项目名称	项目特征描述	工程内容	计量单位	工程量	金额/元		
							综合单价	合价	其中
									人工费
				本页小计					
				合计					

注：招标人需以书面形式打印综合单价分析表的，请在备注栏内打√。

A.11 计日工表

计 日 工 表

工程名称： 标段： 第 页 共 页

编号	项目名称	单位	数量	综合单价/元	合价/元
一	人工				
1					
2					
3					
…	…				
人工小计					
二	材料				
1					
2					
3					
…	…				
材料小计					
三	施工机械				
1					
2					
3					
…	…				
施工机械小计					
总计					

注：此表由投标人根据以往工程施工案例及工程实际情况填报，综合单价应考虑企业管理费和利润因素，有特殊要求请在备注栏内说明。

A.13 增值税项目清单与计价表

增值税项目清单与计价表

工程名称： 标段： 第 页 共 页

序号	项目名称	计算基础	费率/(%)	金额/元
1	增值税	以分部分项工程费＋措施项目费＋其他项目费之和为基数		

续表

序号	项目名称	计算基础	费率/(%)	金额/元
	合计			

B.4 最高投标限价汇总表

最高投标限价汇总表

工程名称：　　　　　　　　　　标段：　　　　　　　　　　第 页 共 页

序号	汇总内容	金额/元	其中:材料暂估价/元
1	单体工程分部分项工程费汇总		
1.1			
1.2			
1.3			
1.4			
...	...		
2	措施项目费		
2.1	整体措施费(总价措施费)		
2.1.1	安全文明施工费		
2.1.2	其他措施项目费		
2.2	单项措施费(单价措施费)		
3	其他项目费		
3.1	暂列金额		
3.2	专业工程暂估价		
3.3	计日工		
3.4	总承包服务费		
4	增值税		
	合计＝1＋2＋3＋4		

注:单项工程、单位工程也使用本汇总表。

B. 6 最高投标限价分部分项工程量清单计价表

最高投标限价分部分项工程量清单计价表

工程名称：　　　　　　　　　　　　　　　　　　　　　　　　　　　　　页码：

单体工程名称：　　　　　　　　　　　标段：　　　　　　　　第　页　共　页

序号	项目编码	项目名称	项目特征描述	工程内容	计量单位	工程量	金额/元				备注
							综合单价	合价	其中		
									人工费	材料及工程设备暂估价	
			本页小计								
			合计								

注：招标人需以书面形式打印综合单价分析表的，请在备注栏内打√。

B. 8 最高投标限价措施项目清单汇总表

最高投标限价措施项目清单汇总表

工程名称：　　　　　　　　　　标段：　　　　　　　　　　第　页　共　页

序号	项目名称	金额/元
1	整体措施项目（总价措施费）	
1.1	安全文明施工费	
1.2	其他措施项目费	
2	单项措施费（单价措施费）	
	合计	

B.9 最高投标限价总价措施清单计价表

最高投标限价总价措施清单计价表

工程名称： 　　　　　　　　　　　　　　　　　　　　　　　　页码：

单体工程名称： 　　　　　　　　　　标段： 　　　　　　　第　页　共　页

序号	项目编码	名称	计量单位	项目名称	工作内容及包含范围	计算基础	费率/(%)	金额/元
1	安全文明施工措施项目							
		环境保护	项			分部分项工程费中的人工费、材料费和机械费＋单项措施费中的人工费、材料费和机械费		
		文明施工						
		临时设施						
		安全施工						
2	其他措施项目费							
		夜间施工	项			分部分项工程费中的人工费、材料费和机械费＋单项措施费中的人工费、材料费和机械费		
		非夜间施工照明						
		二次搬运						
		冬雨季施工						
		地上、地下设施、建筑物的临时保护设施						
		已完工程及设备保护						
...	...							
			合计					

注：项目编码、项目名称和工作内容及包含范围，按照各专业工程工程量清单计算规范要求填写。

B.16　最高投标限价计日工表

最高投标限价计日工表

工程名称：　　　　　　　　　　　　　标段：　　　　　　　　　　　　第　页　共　页

编号	项目名称	单位	数量	综合单价/元	合价/元
一	人工				
1					
2					
3					
…	…				
	人工小计				
二	材料				
1					
2					
3					
…	…				
	材料小计				
三	施工机械				
1					
2					
3					
…	…				
	施工机械小计				
	总计				

注：此表由编制人根据以往工程施工案例及工程实际情况填报，综合单价应考虑企业管理费和利润因素，有特殊要求请在备注栏内说明。

B.18　最高投标限价增值税项目清单计价表

最高投标限价增值税项目清单计价表

工程名称：　　　　　　　　　　　　　标段：　　　　　　　　　　　　第　页　共　页

序号	项目名称	计算基础	费率/(%)	金额/元
1	增值税	以分部分项工程费＋措施项目费＋其他项目费之和为基数		
	合计			

注：在计算增值税时，应扣除按规不计税的工程设备费用。

C.4　投标报价汇总表

投标报价汇总表

工程名称：　　　　　　　　　　　　　标段：　　　　　　　　　　第　页　共　页

序号	汇总内容	金额/元	其中：材料暂估价/元
1	单体工程分部分项报价汇总		
1.1			
1.2			
1.3			
1.4			
⋯	⋯		
2	措施项目费		
2.1	整体措施费（总价措施费）		
2.1.1	安全文明施工费		
2.1.2	其他措施项目费		
2.2	单项措施费（单价措施费）		
3	其他项目费		
3.1	暂列金额		
3.2	专业工程暂估价		
3.3	计日工		
3.4	总承包服务费		
⋯	⋯		
4	增值税		
	合计＝1＋2＋3＋4		

C.6 投标报价分部分项工程量清单与计价表

投标报价分部分项工程量清单与计价表

工程名称：　　　　　　　　　　　　　　　　　　　　　　　　　　　　　　　页码：

单体工程名称：　　　　　　　　　　　　　标段：　　　　　　　　　第　页　共　页

序号	项目编码	项目名称	项目特征描述	工程内容	计量单位	工程量	金额/元				备注
							综合单价	合价	其中		
									人工费	材料及工程设备暂估价	
					本页小计						
					合计						

注：招标人需以书面形式打印综合单价分析表的，请在备注栏内打√。

C.8 投标报价措施项目清单汇总表

投标报价措施项目清单汇总表

工程名称：　　　　　　　　　　　　　标段：　　　　　　　　　第　页　共　页

序号	项目名称	金额/元
1	整体措施项目（总价措施费）	
1.1	安全文明施工费	
1.2	其他措施项目费	
2	单项措施费（单价措施费）	
	合计	

C.9 投标报价安全文明施工清单与计价明细表

投标报价安全文明施工清单与计价明细表

工程名称： 标段： 第 页 共 页

序号	项目编码	名称	计量单位	项目名称	工作内容及包含范围	金额/元
		环境保护				
		文明施工	项			
		临时设施				
		安全施工				
			合 计			

C.11 投标报价单价措施项目量清单与计价表

投标报价单价措施项目清单与计价表

工程名称：　　　　　　　　　　　标段：　　　　　　　　　　　第 页 共 页

序号	项目编码	项目名称	项目特征描述	工程内容	计量单位	工程量	金额/元		备注
							综合单价	合价	
本页小计									
合计									

注：① 招标人需以书面形式打印综合单价分析表的，请在备注栏内打√。
　　② 单价措施项目费用应考虑企业管理费和利润等因素。

C.17 投标报价计日工表

投标报价计日工表

工程名称：　　　　　　　　　　　标段：　　　　　　　　　　　第 页 共 页

编号	项目名称	单位	数量	综合单价/元	合价/元
一	人工				
1					
2					
3					
…	…				
人工小计					
二	材料				
1					
2					
3					

续表

编号	项目名称	单位	数量	综合单价/元	合价/元
...	...				
材料小计					
三	施工机械				
1					
2					
3					
...	...				
施工机械小计					
总计					

注:此表由投标人根据以往工程施工案例及工程实际情况填报,综合单价应考虑企业管理费和利润因素,有特殊要求请在备注栏内说明。

C.19 投标报价增值税项目清单计价表

投标报价增值税项目清单计价表

工程名称:　　　　　　　　　　　　标段:　　　　　　　　　　　　第　页　共　页

序号	项目名称	计算基础	费率/(%)	金额/元
1	增值税	以分部分项工程费＋措施项目费＋其他项目费之和为基数		
合计				

注:在计算增值税时,应扣除按规不计税的工程设备费用。

D.4　工程竣工结算汇总表

工程竣工结算汇总表

工程名称：　　　　　　　　　　　标段：　　　　　　　　　第　页　共　页

序号	汇总内容	金额/元
1	单体工程分部分项工程费汇总	
1.1		
1.2		
1.3		
1.4		
……	……	
2	措施项目费	
2.1	整体措施费（总价措施费）	
2.1.1	安全文明施工费	
2.1.2	其他措施项目费	
2.2	单项措施费（单价措施费）	
3	其他项目费	
3.1	专业工程结算价	
3.2	计日工	
3.3	总承包服务费	
3.4	索赔与现场签证	
3.5	工、料、机差价调整额	
……	……	
4	增值税	
	合计＝1＋2＋3＋4	

注：单项工程、单位工程也使用本汇总表。

D.6 分部分项工程量清单结算表

分部分项工程量清单结算表

工程名称： 标段： 第 页 共 页

序号	项目编码	项目名称	项目特征描述	工程内容	计量单位	工程量	金额/元			
							综合单价	合价	其中	
									人工费	
本页小计										
合计										

D.8 措施项目清单结算汇总表

措施项目结算汇总表

工程名称： 标段： 第 页 共 页

序号	项目名称	金额/元
1	整体措施项目（总价措施费）	
1.1	安全文明施工费	
1.2	其他措施项目费	
2	单项措施费（单价措施费）	
	合计	

D.9　安全文明施工清单结算费用明细表

安全文明施工清单结算费用明细表

工程名称：　　　　　　　　　　标段：　　　　　　　　　　第　页　共　页

序号	编码	项目名称	项目内容	金额/元
1		环境保护		
1.1				
1.2				
…		…		
		小计		
2		文明施工		
2.1				
2.2				
…		…		
		小计		
3		临时设施		
3.1				
3.2				
…		…		
		小计		
4		安全施工		
4.1				
4.2				
…		…		
		小计		
合计				

D.23　增值税项目清单结算表

增值税项目清单结算表

工程名称：　　　　　　　　　　标段：　　　　　　　　　　　第　页　共　页

序号	项目名称	计算基础	费率/(%)	金额/元
1	增值税	以分部分项工程费＋措施项目费＋其他项目费之和为基数		
		合计		

注：在计算增值税时，应扣除不列入计税范围的工程设备费用和专业工程结算价。

抄送：市审计局、市交通委、市水务局、市绿化市容局、市国动办，市市场管理总站、市燃气事务中心

上海市住房和城乡建设管理委员会办公室 2023 年 4 月 17 日印发

文件资料3　安全文明施工费项目清单

市政工程(道路)安全文明施工费项目清单

市政工程(桥涵及护岸)安全文明施工费项目清单

排水管道工程安全文明施工费项目清单

市政工程(道路)安全文明施工费项目清单

序号	项目编码	项目名称 名称	计量单位 名称	工作内容及包含范围	金额/元
1	041109001001	垃圾处理	环境保护　项	(1) 应按上海市生活垃圾分类相关要求,设置生活垃圾分类收集容器,对生活垃圾进行分类投放,分类投运; (2) 施工厂产生的各类垃圾应由专人负责管理,委托专业单位进行清运,不得擅自倾倒或排放,保杂形成的废弃物,并应按规定收集、清理、处理; (3) 施工现场应设置废油、油污废弃物收集处,统一回收机械设备维修、保杂形成的废油、油污废弃物,并应按规定收集,清理,处理	
2	041109001002	噪声控制		(1) 施工现场应按规定安装扬尘在线监测系统,并确保数据真实,有效; (2) 施工现场或施工工作应点距离住宅、医院、学校等噪声敏感建筑物小于 5 m 时,应采取增高围挡或在围挡上设置隔声屏障等降噪措施; (3) 夜间施工严禁进行捶打、敲击和锯割等易产生高噪声的作业,对确需使用易产生噪声敏感建筑物 10 m 半径内边界处声源应采取有效降噪措施; (4) 施工场界环境噪声排放昼间不应超过 70 dB,夜间施工离高噪声敏感建筑物 10 m 半径内边界处声源应小于 55 dB,10 m 半径外边处噪声源应小于 60 dB; (5) 在噪声集中场所工作的人员应配备耳塞等防护用品; (6) 路面破损的动力设备应采取降噪措施;	
3	041109001003	扬尘控制		(1) 施工现场应在围墙上安装喷雾降尘装置; (2) 在施工现场严禁开堆露天焚烧各类建筑垃圾,在空气重污染预警启动扬尘作业时及时开启,在施工现场切割、加工易扬尘建材时,应采取有效防尘措施。现场使用简仓等易扬尘材料的场所及现场扬尘预制砂浆搅拌作业,应实施全封闭作业; (3) 拆除建(构)筑物,清除建筑垃圾,刨铲破旧路面采取封闭措施。人工拆除作业面,应及时采取简易绿化、防尘网、防尘膜、喷雾保湿等措施。工地内留用的渣土、场地内的裸露地面,应及时采取播撒草籽绿化等措施。建筑渣土 24 h 内不能清运毕的,土应日出日清; (4) 施工现场的裸露地面、绿化种植土等应采取播撒草籽简易绿化。覆草毯防尘纱网或新型固封封尘等措施。工地内留用的渣土、开挖管线的出土应采取遮盖措施。开挖管线的出土 24 h 内不进行绿化种植的应采取遮盖措施	
4	041109001004	光污染控制		(1) 施工工地内灯光或电焊弧光不得射入行人和车辆通行道路。禁止施工工地夜间照明灯光、电焊弧光直射敏感建筑物。因施工需要设置路灯照明时,应在受影响的一侧增设照明灯; (2) 施工现场设置的强光照明灯应配有防眩光罩,照明光束应俯射施工作业面。施工现场进行电焊作业时,应采取有效的弧光遮蔽措施; (3) 施工现场照明宜使用太阳能供电,LED 等节能灯具。照明灯灯架应使用定型化的金属材料制作,拆装方便,并确保安全、坚固	

续表

序号	项目编码	名称	计量单位	项目名称	工作内容及包含范围	金额/元
5	041109001005			边界设置	（1）一般区域围挡高度不应低于2.0 m，重点区域围挡高度不应低于2.5 m； （2）新建围挡采用PVC板、金属板、预制构件等轻型硬质材料，应可拆卸、可重复使用，并满足硬度及耐燃性要求。禁止采用非绿色建材黏土类砖块材料； （3）围挡设置应满足抗御8级风力的要求； （4）围挡设置挺直，整齐划一，清洁美观和无破损，外观应与周围环境协调。应定期对围挡进行护养、维修，保持完好、整洁和美观； （5）围挡顶部禁止设硬质广告牌、标识标牌等存在高空坠物风险的设施； （6）距离住宅、医院、学校等噪声敏感建筑物不足5 m的施工现场应粘贴反光膜； （7）金属架应涂刷黄黑色相间警示漆、圆形金属分割撑挡井盖，清洁美观提升管井盖，涂装刷新、道路养护，隔离带绿化种植等占用道路进行作业时，其作业区边界应设置定型化施工路栏，夜间施工应设置警示灯	
6	041109001006		项	文明施工 出入门及两侧设置	（1）使用围挡的施工工地或异地安置办公（生活）区的应设置出入门，出入门应采用平移或向内开启方式。工地应设置出入门至少2处大门，工地出入门应人车分流，主门宽度应不小于5.0 m，副门宽度应不小于2.0 m，采用全封闭金属材质制作，其上边沿应齐平，各部保持平齐； （2）出入门外侧的大门应部署明有企业特色的单位名称及标识。应保持大门清洁、无锈痕、无破损和开启无障碍； （3）出入门内侧应设置门卫室，其总面积不宜小于4 m²，应配备办公桌椅，悬挂管理制度，建立来（访）客登记台账和车辆进出登记台账。线性类工程可定点设置。出入门内侧门卫室应设置视频监控设备，应确保24 h有效工作，并保持视频的日常监视记录； （4）门卫室临近出入道路的，应在门墩上方设置警示灯； （5）出入门内侧应设置办公分区应设置旗杆，旗杆设置不少于3根且为奇数，材质使用防锈蚀金属材料。居中的旗杆为专用国旗，旗杆应高于其他旗杆0.5 m； （6）旗杆基础应设置坚固，并设置旗杆防护设施； （7）施工现场出入口应设置冲洗系统，对驶出工地的车辆应采用移动式车辆自动冲洗装置及配套的排水设施，并建立冲洗台账； （8）施工现场出入口应采用电动冲洗设备实施全面冲洗；	

续表

序号	项目编码	名称	计量单位	项目名称	工作内容及包含范围	金额/元
6	041109001006	文明施工	项	出入门及两侧设置	(9) 重点区域内施工现场设置的沉淀池应安装循环水利用动力装置,凡冲洗车辆、路面用水,应使用沉淀池清水。一般区域施工现场参照执行; (10) 工地设置的沉淀池应安装循环水利用动力装置,凡冲洗车辆、路面用水,应循环使用沉淀池清水; (11) 出入门内侧应规范设置"五牌一图",具体内容有工程概况牌、管理人员名单及监督电话牌、消防保卫(防火责任)牌、安全生产牌、文明施工牌和施工现场平面图。各图牌离地高度为0.8 m; (12) "五牌一图"的图牌框架及其支撑构件均应采用防锈蚀的金属材料制作,并确保图牌稳定和牢固。图牌规格统一,位置合理,字迹端正,线条清晰,标识明确。施工现场应在围挡外侧固定设置,可分为固定式或移动式。施工现场应在围挡外主要进口处; (13) 施工现场应设置施工铭牌。施工铭牌应设置在围挡外,可分为固定式和可移动式; (14) 设置围挡的工地,在其出门一侧的围挡外侧固定设置施工铭牌。铭牌横向间距离门口墩1.0 m,高度1.2 m,宽度1.8 m,边宽宜为0.03 m。铭牌底色应为白色,边框及文字颜色应使用深红色,文字横向书写; (15) 施工铭牌应标明下列内容:工程名称、建设地址、建设单位、监理单位、总包单位、工程类型、建设面积(规模、造价)、开/竣工日期、设计单位、受监单位及监督电话、项目经理姓名及手机,文明施工专管员姓名等; (16) 施工现场应在围挡内侧醒目位置设置施工许可告示牌。施工许可告示牌经理项目经理姓名及手机,文明施工告示。施工许可告示牌可分为固定式和移动式; (17) 施工许可告示牌内容应包括:施工许可证号、渣土证号、文明施工承诺、夜间施工告示、施工许可经理姓名及手机,维权监督电话,投诉电话等; (18) 施工现场应设置禁烟禁火标志; (19) 在易发伤亡事故或危险处应设置明显的,符合国家标准要求的安全警示标志标牌	
				施工铭牌设置	
7	041109001007			管线保护	施工单位在距离原有地下管线水平半径不大于1 m范围内施工作业时,严禁采用机械开挖。在重要管线或管线复杂地段施工时,应开挖探样沟、样洞,应专人监护,并通知相关管线管理单位到现场确认。施工机械需在地下管线上行走作业时,应敷设厚度不小于0.03 m的钢板、钢板铺设宽度应大于管线铺设及开挖范围,确保地下管线安全	
8	041109001008			施工区域设置	(1) 给水管、阀门和计量表应结合项目实际情况设置; (2) 施工现场、办公区和生活区应设置良好的排水系统并列入临时设施的设计方案、排水系统应确保雨污水分流,疏通便利和排水通畅,确保场地无积水。施工现场围挡内侧、基坑四周、塔吊基础四周均应设置排水槽并连通工地排水系统;	

续表

序号	项目编码	名称	计量单位	项目名称	工作内容及包含范围	金额/元
8	041109001008	文明施工	项	施工区域设置	（3）施工现场应设置排水设施，且排水通畅无积水，施工现场应作硬化的措施； （4）施工现场、办公区和生活区的道路及场地应作硬化处理。场内硬地坪应保持平整。凡各类场地未按规定实施硬化处理的，不得施工。施工现场内人员通道宜与车人性道路结合，宜使用钢板（箱板）或混凝土构件等可重复使用的材料作硬化处理。 （5）用作车辆通行的临时道路应满足车辆行驶和荷载要求。使用混凝土浇捣硬化的，其混凝土厚度及强度须满足荷载要求。工地出入门门口的混凝土厚度不应小于0.2 m，宽度不应小于门墩与门墩外径距离； （6）设置围挡的工地（拆除工程、线性类工程除外），应设置具有三级沉淀功能的沉淀池，并满足以下要求： ① 沉淀池底板应使用商品混凝土。沉淀池的外径尺寸及设置数量应依据工程规模进行设计，并满足排水量需要；② 设置围挡的占用地工地，其沉淀池表面应使用金属网片覆盖；③ 沉淀池四周同应设置围挡，沉淀应与工地排水系统和市政管网连接；④ 沉淀池应与过滤池连接，第一级废水（或清水）进入池的容量应占总容量的30%，第二级沉淀池的溢水口的容量应占总容量的20%，第三级清水循环利用（或清水循环线应与排水管中心线排放）池的容量应占总容量的50%。隔离池壁与第三级使用用水泵相应的除（有，清水排放口与市政排水管相连接，第三级清水排放口应与市政排水管相连接； （7）施工现场应明确设置动火作业区，竹木材料堆放应有效的消防器材。木工车间、木工房及氧气瓶、乙炔气瓶库房等易燃易爆材料仓库，仓库场地租赁结合各项目实际和所在区域综合考虑； （8）卸料平台、移动登高架、钢筋加工棚应采用定型化构件拼接而成，结构应安全、可靠； （9）木加工、切割加工及其他高噪声加工作业的房舍，其四周均应实施封闭，并应按规范设置门、窗； （10）现场材料的堆放应按现场布置图堆放，堆放应整齐、有序、安全。每堆高度不得大于1.5 m。大型玻璃、PC构件、大型管材的堆放应设置放置架，架体应使用定型产品，并进行围挡和安全警示标识，以构件种类及最大重量进行设计和计算，确保架体和构件的稳固； （11）工地内设置办公区的，应与施工作业区明显分离。分隔围挡可采用板材、栏栅、网板等坚固、美观的材料，设置高度为1.8 m； （12）办公区和生活区应定期保养维护，保持清洁卫生，厕所应由专人负责清洁，道路畅通； （13）宿舍区域内应保持环境整洁，道路畅通； （14）门责任区及工地内场均应由专人负责清扫，清扫前应先实施机械喷洒或人工洒水，并应保持排水沟排水畅通，避免路面积水； （15）施工单位应落实人员，对管槽、管井、集水井和沉淀池内的存积物进行清理；重点区域每10 d清理1次，一般区域每30 d清理1次。施工单位的文明施工管理员应定期检查督促。严禁将泥浆或泥浆水直接排入城市管网和河道	

续表

序号	项目编码	名称	计量单位	项目名称	工作内容及包含范围	金额/元
9	041109001010	文明施工	项	现场消防设置	(1) 施工现场应明确设置动火作业区、竹木材料堆放区、木工房及氧气瓶、乙炔气瓶等燃易爆车房等燃易爆材料仓库、宿舍、食堂厨房、仓库等均应配备相应的、有效的消防器材； (2) 施工现场应设置禁烟禁火标志，并配置足够有效的灭火器材。灭火器材应按下列要求设置：① 土建结构阶段，每层100 m² 应设置1组（2 具）灭火器材；② 装饰修缮阶段，每层50 m² 应设置1组（2具）灭火器材；③ 其他工程施工应按相关规定设置灭火器材； (3) 施工现场应设置固定吸烟点并配备灭火器材； (4) 焊割点周围和下方应采用非燃烧材料的隔离板遮盖，在操作部位的下方设置火星接收盘、防止火星喷溅，并应指定专人现场监护及配备灭火器材； (5) 办公区和生活区内除每层办公室、宿舍楼面两端应各安置1组（2具）灭火器材外，其他场所的消防设施安置均应符合《上海市消防条例》规定	
10	041109001011			智能化设置	(1) 在施工现场出入口，主要危险性较大的分部分项工程的作业区、渣土车辆冲洗点等重点部位，应设置建设工程远程视频监控设备。现场影像资料和身份识别系统须支持存储至少30 d视频内容； (2) 人员出入门口应设置门禁装置和身份识别系统，并与施工现场管理人员、劳务人员实名制管理相关联。有条件的宜设置人脸识别系统	
11	041109001012	临时设施		办公区设置	(1) 新搭建的现场办公区临时设施应使用箱式钢结构临时用房，并应符合上海市工程建设规范《临时性建（构）筑物应用技术规程》(DGJ 08-114)的要求； (2) 临时用房应满足以下要求：① 板壁采用金属夹心板材，其芯材的燃烧性能等级应为 A级；② 建筑构件燃烧性能等级应为 A级，其高度应符合相关规定；③ 临时用房应满足牢固、美观、保温、防火等要求；④ 临时用房搭设完工后，应按规定验收合格后投入使用； (3) 办公场地租赁结合合同项目自实际和所在区域综合考虑； (4) 办公区应设置办公室、会议室、医务室、居民投诉接待室。办公区应明确办公场所，相关部门的办公场所，在办公室门框上框上应悬挂名称标牌，标牌要求美观、大方、标牌外径尺寸宜长 0.3 m，宽 0.1 m，字体符合国家要求； (5) 办公场地明确租赁结合合同项目自实际和所在区域综合考虑；办公区应设置饮水点、盥洗池、密闭式垃圾容器。办公区应明确参建单位，相关部门的办公场所，居民投诉场所、居民投诉诉接待室等生活设施； (6) 施工现场宜宜设置医务室、医务室应配备配置药箱、担架等急救器材和止血药等常用急救药品	

续表

序号	项目编码	名称	计量单位	项目名称	工作内容及包含范围	金额/元
12	041109001013	临时设施	项	宿舍设施	(1) 生活区临时设施宜使用符合规范要求的箱式钢结构临时用房； (2) 重点区域内，人均居住面积不应小于 5.0 m²；一般区域内，人均居住面积不应小于 4.0 m²； (3) 宿舍场地租赁结合项目实际和所在区域综合考虑； (4) 宿舍区域内租赁应保持环境整洁、道路畅通，并应在职工宿舍生活区域配置晾晒衣物的场所和设施； (5) 应每人配置一张标准单人床、一个储物柜和生活用品专柜。在宿舍内配置书桌凳、脸盆架、清扫工具、电灯（节能灯）等必要的生活设施，并配置电扇或空调等降温保暖设备	
13	041109001014			食堂生活设施	(1) 食堂应设置独立备餐间、二次更衣室，并安装纱门、纱窗。食堂应设置蔬菜、水产、禽肉、餐用具清洗池，另设一只工具清洗池； (2) 食堂应设置隔油池、隔油池盖宜用钢板制作。隔油池内径不应小于 1.5 m（长）×0.4 m（宽）×0.8 m（深），隔油池内应分隔成三仓，第一仓的分隔壁底部向上 0.5 m 处，第二仓处，第三仓底部向上 0.3 m 处，第三仓外侧面底部向上 0.2 m 处安装直径 0.1 m 的管道，并与市政污水管道连接； (3) 食堂场地租赁结合项目实际和所在区域综合考虑； (4) 用餐设施结合项目实际配置； (5) 食堂厨房制作台、灶台、备餐台面采用不锈钢材质；厨房地面应作防滑处理，并设置良好的排水系统； (6) 有毒有害废弃物的分类处理率应达到 100%。对有可能造成二次污染的废弃物应单独储存，并设置醒目标识	
14	041109001015			现场厕所设施	(1) 施工现场应按规定设置临时厕所。高层施工应在楼层中设置可清洗的临时厕所； (2) 办公区和生活区设置的厕所，应同步设置符合专项设计标准的化粪池，厕所排污管道应连接化粪池，并按规定委托相关环卫单位定时清理化粪池； (3) 厕所应按规定搭建、满足通风和采光要求，配置照明电器。厕所内应安装节能型冲水设备，保证水量供应。厕所内蹲位不应小于 1 m²/人，蹲位之间设置高度不应小于 1.2 m 的隔墙或隔板； (4) 厕所内墙面应铺设面砖，高度不应小于 1.5 m（箱式房除外）。便池、便槽饰面应采用面砖或金属板等材料，饰面高度不应小于 1.5 m	

续表

序号	项目编码	名称	计量单位	项目名称	工作内容及包含范围	金额/元
15	041109001016	临时设施	项	施工现场临时用电	(1) 办公区临时用电应独立设置计量表，与施工现场分开供电，分别计量； (2) 线路及接头应保证机械强度和绝缘强度。线路应设短路、过载保护，导线截面应满足线路负荷电流的要求； (3) 电缆应采用架空埋地敷设并应符合规范要求，严禁沿地面明敷设或沿脚手架、树木等敷设。室内明敷设主干线距地面高度不得小于2.5 m； (4) 电线中必须包含全部工作零线的芯线和用作保护线的芯线，并应按规定连接使用； (5) 施工现场专用的电源中性点直接接地的低压配电系统应采用TN-S接零保护系统； (6) 保护零线应由工作接地线、配电箱电源侧或总漏电保护器电源侧零线处引出，电气设备的金属外壳必须与保护零线连接； (7) 保护零线应单独敷设，线路上严禁装设开关或熔断器，严禁通过工作电流，且保护零线应采用绝缘导线。保护零线的中间处和末端处应做重复接地。规格和颜色标记应符合规范要求； (8) 接地装置的接地线应采用2根及以上导体，在不同点与接地体做电气连接。接地体应采用角钢、钢管或光面圆钢； (9) 工作接地电阻不得大于4 Ω，重复接地电阻不得大于10 Ω； (10) 施工现场起重机、物料提升机、施工升降机、脚手架应采取防雷措施，防雷装置的冲击接地电阻值不得大于30 Ω； (11) 施工现场配电系统应采用三级配电、二级漏电保护系统，用电设备必须有各自专用的开关箱。箱内电器设置及使用应符合规范要求； (12) 总配电箱与开关箱应安装漏电保护器，漏电保护器参数应匹配并灵敏可靠。箱体应设置系统接线图和分路标记，并应有门、锁及防雨措施； (13) 分配电箱与开关箱间的距离不应超过30 m，开关箱与用电设备间的距离不应超过3 m	
16	041109001020	安全施工		作业人员必要的安全防护	(1) 安全帽：进入施工现场的人员必须正确佩戴安全帽，安全帽的质量应符合规范要求； (2) 安全网：在建工程应采用密目式安全网进行封闭，安全网的质量应符合规范要求； (3) 安全带：高处作业人员应按规定系安全带，安全带的系挂和质量均应符合规范要求	

市政工程(桥涵及护岸)安全文明施工费项目清单

序号	项目编码	名称	计量单位	项目名称	工作内容及包含范围	金额/元
1	041109001001	环境保护	项	垃圾处理	(1) 应按上海市生活垃圾分类相关要求设置生活垃圾分类收集容器,对生活垃圾进行分类投放、分类驳运; (2) 施工现场产生的各类垃圾应由专人负责管理、委托专业单位进行清运,不得置自倾倒或排放; (3) 施工现场应设置废油、油污废弃物收集处,统一回收机械设备维修、保养形成的废油、油污废弃物,并应按规定收集、清理、处置。	
2	041109001002			噪声控制	(1) 施工现场应按规定安装扬尘在线监测系统,并确保数据真实、有效; (2) 施工现场或施工工作点距离住宅、医院、学校等噪声敏感建筑物小于5 m时应采取增高围挡或在围挡上设置隔声屏障等降噪措施; (3) 夜间施工严禁进行捶打、敲击和锯割等产生高噪声的作业,对确需使用易产生噪声的机械应采取有效降噪措施; (4) 施工场界环境噪声排放昼间不应超过70 dB,夜间施工在离声敏感建筑物10 m半径内边界处噪声源应小于55 dB、10 m半径外边界处噪声源应小于60 dB; (5) 在噪声集中场内工作的人员应配备耳塞等防护用品; (6) 路面破损的动力设备应采取降噪措施。	
3	041109001003			扬尘控制	(1) 施工现场应在围墙上安装喷雾降尘装置,在空气重污染预警启动或扬尘作业时及时开启; (2) 在施工现场严禁露天敞开易扬尘建材。在施工现场切割、加工易扬尘建材时,应采取有效防尘措施。现场使用筒仓等易扬尘材料的场所及现场预制砂浆搅拌场所,应实施全封闭作业; (3) 拆除建(构)筑物、清除建筑垃圾,人工拆除作业应落实围挡封闭措施。土方开挖等易扬尘作业时,应对作业面采用高压射水雾或喷淋等抑尘方式实施扬尘控制。 (4) 施工现场的裸露地面、绿化种植土等应采取简易绿化、覆盖简易防尘纱网或易绿化、喷雾保湿等措施。工地内留用的渣土、场地内的裸土、绿化种植土等应采取简易绿化、播撒草籽育易绿化。开挖管线的出土应采用新型固封型沙网或覆盖遮盖的应采取盖遮措施,土方24 h不能清运完毕的,土方工程24 h内不进行绿化种植的应采取遮盖措施	
4	041109001004			光污染控制	(1) 施工工地内灯光或电焊弧光光不得直射行人和车辆通行道路。禁止施工工地夜间照明灯光、电焊弧光直射敏感建筑物。因施工现场设置道路灯照明时,应在受影响的一侧增设照明灯; (2) 施工现场设置的强光照明灯应配有防眩光罩,照明光束应附向施工工作面。进行电焊作业时,应采取有效的弧光遮蔽措施; (3) 施工现场照明宜使用太阳能供电,LED等节能灯具。照明灯架使用定型化的金属材料制作,拆装方便,并确保安全、坚固。	

续表

序号	项目编码	名称	项目名称	计量单位	工作内容及包含范围	金额/元
5	041109001005	文明施工	边界设置	项	（1）一般区域围挡高度不应低于2.0 m，重点区域围挡高度不应低于2.5 m； （2）新建围挡应采用PVC板、金属板、预制构件等轻质硬质建材型硬质建材料。预制构件可周转、可拆卸、可重复使用，并满足硬度及耐燃性要求。禁止采用非绿色建材黏土类砖块材料； （3）围挡设置应满足抗御8级风力的要求； （4）围挡设置应挺直、整齐划一，清洁美观和无破损，外观应与周围环境协调。应定期对围挡进行养护、维修，保持完好、整洁和美观； （5）围挡顶部禁止设置硬质广告牌、标识标牌等存在高空坠物风险的设施； （6）距离住宅、医院、学校等噪声敏感建筑物不足5 m的施工现场，应设置具有降噪功能的隔音屏围挡。	
6	041109001006		出入门及两侧设置		（1）使用围挡的施工地或异地安置办公（生活）区的应设置出入门。工地出入门应采用平移或向内开启方式。工地应设置至少2处大门。工地出入门应人车分流，主门宽度应不小于5.0 m，副门宽度应不小于2.0 m，采用全封闭金属材质制作，其上边沿应和围挡顶部保持平齐。出入门外侧的大门应保持大门清洁，无破损和无锈痕。出入门内侧门卫室应设置视频监控设备，应确保无障碍； （2）出入门内侧应设置门卫室，其总面积不宜小于4 m²，应配备办公桌椅，悬挂管理制度。建立来客（访）登记台账和车辆进出登记台账。线性类工程的门卫室可设置。出入门内侧门卫室应设置视频监控设备，并保持视频的日常监视记录，并保持视频24 h有效工作，并在门口以上方设置监视录像； （3）门卫室临近通行道路的，应在门口以上方设置警示灯； （4）出入门内侧应设置旗杆、旗杆设置不少于3根且为奇数，材质使用防锈蚀金属材料。居中的旗杆为国旗专用旗杆，应高于其他旗杆0.5 m； （5）出入门内侧应设置国旗专用旗杆或成国旗专用旗杆，应高于其他的旗杆0.5 m； （6）旗杆基础应设置坚固的旗台，并设置旗杆防护设施； （7）施工现场出入口应设置冲洗台，并建立冲洗台全面冲洗，由专人负责； （8）施工现场应设置冲洗系统，对驶出工地的车辆应采用电动冲洗设备实施； （9）重点区域内施工现场设置的沉淀池应安装循环水利用动力装置，凡冲洗车辆、路面用水，应使用沉淀池清水。一般区域施工现场参照执行； （10）工地设置的沉淀池应安装循环水利用沉淀池清水。出入门内侧应设置"五图一图"，具体内容有工程概况牌、消防保卫（防火责任）牌、安全生产牌、文明施工牌和施工现场平面图。各图牌高度为0.8 m，下沿离地高度为0.8 m； （11）出入门内侧应设置"五牌一图"，具体内容有工程概况牌、管理人员及监督电话牌、消防保卫（防火责任）牌、安全生产牌、文明施工规范设置"五牌、文明施工规范图。各图牌高度为1.2 m，宽度为0.8 m，下沿离地高度为0.8 m；	

续表

序号	项目编码	名称	计量单位	项目名称	工作内容及包含范围	金额/元
6	041109001006	文明施工	项	出入门及两侧设置	(12) "五牌一图"的图牌框架及其支撑构件均应采用防锈蚀的金属材料制作，并确保图牌稳定和牢固，图牌规格统一，位置合理，字迹端正，线条清晰，标识明确。施工铭牌应设置在现场内主要进口处。施工现场应在围挡外侧或主要移动式； (13) 施工现场应设置施工铭牌。施工铭牌应设置在围挡外，可分为固定式和可移动式。 (14) 设置围挡的工地，在其出门一侧的围挡外应为白色，边框采用深红色，文字横向书写；铭牌横向距离门墩1.0 m，高度1.2 m，宽度1.8 m，边宽宜为0.03 m。 (15) 施工铭牌应标明下列内容：工程名称、建设地址、建设单位、工程类型、建设面积（规模、造价）、开/竣工日期，设计单位、受监单位及监理单位，项目经理姓名及手机，文明施工专管员姓名及手机等； (16) 施工现场应在围挡外侧醒目位置设置施工许可告示牌。施工许可告示牌设置可分为固定式和可移动式。宜选用固定式。固定式告示牌高度1.2 m，宽度1.8 m，移动式告示牌高度0.8 m，宽度1.0 m，边宽宜为0.03 m； (17) 施工许可告示牌内容应包括：施工许可手机及手机，渣土告示、文明施工告示，夜间施工承诺，扬尘控制措施，项目经理姓名及手机，维权监督电话，投诉电话等； (18) 施工现场应设置禁烟禁火标志； (19) 在易发伤亡事故和危险处设置明显的，符合国家标准要求的安全警示标志牌	
7	041109001007			管线保护	施工单位在距离原有地下管线半径不大于1 m范围内施工作业时，严禁采用机械开挖。在重要管线或管线复杂地段施工时，应开挖样沟、样洞，派专人监护，并通知相关管线管理单位到现场确认。施工机械需在地下管线上行走作业时，应敷设厚度不小于0.03 m的钢板、钢板铺设及开挖范围宽度应大于管线铺设及地下管线安全	
8	041109001008			施工区域设置	(1) 给水管、阀门和计量表应结合项目实际情况设置； (2) 施工现场、办公区和生活区应设置良好的排水系统并列入临时设施的设计方案，排水系统应确保雨污水分流，疏通便利和排水通畅，确保场地无积水。施工现场围挡四周，基坑四侧，主要交通道路两侧，脚手架基础四周均应设置排水设施，设置排水槽并连通工地排水系统； (3) 施工现场应设置排水设施，且排水通畅无积水，施工现场应有防止泥浆、污水、废水污染环境； (4) 施工现场、办公区的道路及施工现场内人员通道宜进行硬化处理。场内硬地坪应作硬化处理。凡各类场地地坪未按规定实施硬化处理的，不得施工。宜使用钢板（箱板）或混凝土强度及厚度及强度满足荷载要求。 (5) 用作车辆通行时的临时道路材料硬化处理。使用混凝土的临时道路行驶车辆行驶和重复使用的材料硬化处理。施工现场的临时道路须满足车辆行驶道路距离，宽度不应小于门墩与门墩外径距离；	

续表

序号	项目编码	名称	计量单位	项目名称	工作内容及包含范围	金额/元
8	041109001008	文明施工	项	施工区域设置	(6) 设置围挡的工地(拆除工程、线性类工程除外),应设置具有三级沉淀功能的沉淀池,并满足以下要求:① 沉淀池底板应使用商品混凝土,其沉淀池表面应使用金属网片覆盖。沉淀池的外径尺寸及设置数量应依据工程规模进行设计,并满足排水量需要;② 设置围挡的占地与工地,沉淀池设置的外径尺寸可适当减小,但应满足工地排水系统和市政管网连接;③ 沉淀池四周均应设置围挡,沉淀池表面应占总容量的30%,第二级沉淀应占总容量的20%,第三级清水循环利用(或清水进入池)池的容量应占总容量的50%。隔离池的容量应相等(第二级或第三级使用水泵的除外),清水排放口的溢水高度应与市政清水线管相连接;(7) 施工现场应明确设置动火作业区,竹木材料堆放区,木工房及氧气瓶、乙炔气瓶库房等易燃易爆库房、仓库等均应配备相应的、有效的消防器材。仓库租赁结合各项目实际和所在区域综合考虑;(8) 卸料平台、移动登高架、钢筋加工棚应采用定型化构件拼接而成,结构应安全、可靠;(9) 木加工、切割加工及其他高噪声加工的房舍,其四周均应实施封闭;每层高度不得大于1.5 m。大型玻璃、PC构件、大型管件的堆放应按设置堆放架、架体应使用定型化产品,并进行围挡和安全警示标识,按构件种类及最大重量进行设计和计算,确保架体和构件的稳固;(10) 现场材料的堆放应按布置图堆放,堆放应整齐、有序、安全。(11) 工地内设置办公室的,应与施工作业区明显分离。分隔围挡可采用板材、栏栅、网板坚固、美观的材料,设置高度为1.8 m;(12) 办公区和生活区应定期保养维护,保持清洁卫生;(13) 宿舍区域内应保持环境整洁、道路畅通;(14) 门前责任区及工地内场应由专人负责清扫、清扫前应先实施机械洒水或人工洒水,并应保持排水沟畅通,避免路面积水;(15) 施工单位应落实人员、对管槽、管井、集水井和沉淀池内的存积物进行清理;重点区域每10 d清理1次,一般区域每30 d清理1次。施工单位的文明施工管理员应定时检查督促。严禁将泥浆或泥浆水直接排入城市管网和河道	
9	041109001010			现场消防设置	(1) 施工现场应明确设置动火作业区,竹木木材料堆放区,木工房及氧气瓶、乙炔气瓶等易燃易爆库房、仓库等均应配备相应的、有效的消防器材;(2) 施工现场应设置禁烟禁火标志,并配置足够有效的灭火器材。灭火器材应按下列要求设置:① 土建结构阶段:每层100 m²应设置1组(2具)灭火器材;② 装饰修缮阶段:每层50 m²应设置1组(2具)灭火器材;其他工程施工应按相关规定设置灭火器材;(3) 施工现场应设置固定吸烟点并配备灭火器材;	

续表

序号	项目编码	名称	计量单位	项目名称	工作内容及包含范围	金额/元
9	041109001010	文明施工		现场消防设置	(4) 焊割点周围和下方应采用非燃烧材料的隔板遮盖,在操作部位的下方设置火星接收盘,防止火星飞溅,并应指定专人现场监护及配备灭火器材; (5) 办公区和生活区内除每层办公室或宿舍楼面两端应各安置1组(2具)灭火器材外,其他场所的消防设施安置均应符合《上海市消防条例》规定	
10	041109001011			智能化设置	(1) 在施工现场出入口,主要危险性较大的分部分项工程的作业区,渣土车辆冲洗点等重点部位,应设置建设工程远程影像监控设备。现场影像存储设备须支持存储至少30 d视频内容; (2) 人员出入门应设置门禁装置和身份识别系统,并与施工现场管理相关联。有条件的宜设置人脸识别系统	
11	041109001012	临时设施	项	办公区设置	(1) 新搭建的现场办公区临时设施应使用箱式钢结构临时用房,并应符合《临时性建(构)筑物应用技术规程》(DGJ 08-114)的要求; 临时用房应满足以下要求:① 板材采用金属夹心板材,其芯材应为A级,其高度应符合相关规定;② 建筑构件燃烧性能等级应为A级;③ 临时用房应满足美观、保温、防火等要求;④ 临时用房搭建完工后,应按规定验收合格后投入使用; (3) 办公场地租赁结合项目实际和所在区域综合考虑; (4) 办公区应设置办公室、会议室、医务室、居民投诉接待室。办公区应设置饮水点、盥洗池、密闭式垃圾容器 (5) 办公区应明确参建单位,相关部位办公场所,在办公室门口框上应挂置名称标牌,标牌要求美观,大方、标牌外径尺寸宜长0.3 m,宽0.1 m,字体符合国家要求; (6) 施工现场应设置医务室、医务室应配备药箱、担架等急救器材和止血药等常用急救药品	
12	041109001013			宿舍设施	(1) 生活区临时设施宜使用符合规范要求的箱式钢结构临时用房; (2) 重点区域内,人均居住面积不应小于5.0 m²;一般区域内,人均居住面积不应小于4.0 m²; (3) 宿舍场地租赁结合项目实际和所在区域综合考虑; (4) 宿舍区域内应保持环境整洁,道路畅通,并应在职工宿舍工舍区域配置晾晒衣物的场所和设施; (5) 应每人配置一张标准单人床,一个储物柜和生活用品专柜。在宿舍内配置桌凳、脸盆架、清扫工具、电灯(节能灯)等必要的生活设施,并配置电扇或空调等降温保暖设备	

续表

序号	项目编码	名称	计量单位	项目名称	工作内容及包含范围	金额/元
13	04110900014	临时设施	项	食堂生活设施	(1) 食堂应设置独立备餐间、二次更衣室，并安装纱门、纱窗。食堂应设置蔬菜、水产、禽肉、餐用具清洗池，另设一只工具清洗池； (2) 食堂应设置隔油池。隔油池盖板宜用钢板制作。隔油池内应分隔成三仓，第一仓的分隔壁底部向上 0.5 m 处，第二仓壁底部向上 0.3 m 处，第三仓外侧面应向上 0.2 m 处安装直径 0.1 m 的管道，并与市政污水管道连接；隔油池内径应不小于 1.5 m（长）×0.4 m（宽）×0.8 m（深），第一仓的分隔壁底部向上 0.1 m 的管道； (3) 食堂场地租赁结合项目实际配置； (4) 用餐设施结合项目实际配置； (5) 食堂厨房制作台、灶台、备餐台面应采用不锈钢材质；厨房间和备餐间周边墙面应铺贴瓷砖，面砖高度不小于 2 m，地面应作防滑处理，并设置良好的排水系统； (6) 有毒有害废弃物的分类应达到 100%，对有可能造成二次污染的废弃物应单独储存，并设置醒目标识；	
14	04110900015			现场厕所设施	(1) 施工现场应按规定设置临时厕所。高层施工应在楼层中设置临时厕所； (2) 办公区和生活区设置的厕所应同步设置符合专项设计的化粪池，厕所排污管道应连接化粪池，并按规定委托有相关环卫单位定时清理化粪池； (3) 厕所应按规定搭建，满足通风和采光要求，配置照明电器。厕所内应安装节能型冲水设备，保证水量供应。厕所蹲位不应小于 1 m²/人，蹲位之间应设置高度不小于 1.2 m 的隔墙或隔板； (4) 厕所内墙面应铺设面砖，高度不小于 1.5 m（箱式房除外），高度不小于 1.5 m，便池、便槽饰面应采用面砖或金属板，饰面高度不小于 1.5 m	
15	04110900016			施工现场临时用电	(1) 办公区临时用电应独立设置计量表，与施工现场分开计量； (2) 线路及接头应保证机械强度和绝缘强度。线路应设短路、过载保护，导线截面应满足线路负荷电流的要求。线路敷设应符合规范要求，严禁沿地面明设或架空地敷设或埋地敷设。室内明敷设严禁沿脚手架、树木等敷设； (3) 电缆应采用埋地或架空敷设并应符合规范要求，严禁沿脚手架、树木等敷设。室内埋地敷设应采用绝缘导线，电气设备的金属外壳必须与保护零线做电气连接。干线距地面高度不得小于 2.5 m； (4) 电缆中必须包含全部工作芯线和用作保护零线的芯线，并应按规定连接使用； (5) 施工现场专用的电源由工作接地的低压配电系统应采用 TN-S 接零保护系统； (6) 保护零线应由工作接地线、总配电箱电源侧零线或总漏电保护器电源处引出，电气设备的金属外壳应采用保护接零； (7) 保护与保护零线应做零线连接； (8) 保护零线标记应符合规范要求。保护零线上严禁装设开关或熔断器，严禁通过工作电流，且保护零线的中间处和末端处作重复接地。配电系统中同一接地体，在不同点与接地体做电气连接。接地体应采用角钢、管钢或圆钢； (9) 工作接地电阻不得大于 4 Ω，重复接地应采用 2 根及以上导线，在不同点与接地体做电气连接。接地体应采用角钢、管钢或圆钢。工作接地电阻不得大于 10 Ω；	

续表

序号	项目编码	名称	计量单位	项目名称	工作内容及包含范围	金额/元
15	04110900010016	临时设施	项	施工现场临时用电	(10) 施工现场起重机、物料提升机、施工升降机、脚手架及卸料平台、防雷装置的冲击接地电阻值不得大于30Ω； (11) 施工现场配电系统应采用三级配电、二级漏电保护系统，用电设备必须配有各自专用的开关箱。箱体应设置系统接线图和构，箱内电器应符合使用及符合规范要求； (12) 总配电箱与开关箱设置及安装漏电保护器，漏电保护参数应匹配灵敏可靠。箱体应设置系统接线图和分路标记，并应有门、锁及防雨措施； (13) 分配电箱与开关箱间的距离不应超过30m，开关箱与用电设备间的距离不应超过3m	
16	04110900010018	安全施工	项	临边洞口交叉高处作业防护	(1) 施工现场如设置2台及以上塔机，其起重臂旋转半径内会形成相互碰撞的情况，应安装具有远程监控功能的智能化防碰撞装置； (2) 水上作业临边防护应张设安全网； (3) 在坠物危险区域应设张设安全平网； (4) 超过0.5m²的洞口临边，应安装或设置安全设施。临边上下通道或通道栏杆，通道栏杆等部位，应使用标准化、定型化的防护设施。桥梁、高架施工的上下通道或设置符合安全要求的梯笼、坡道或金属爬梯； (5) 临边防护设施的构造、强度应按规范要求设置防护栏杆，作业层外侧应设置高度不小于0.18m高的挡脚板； (6) 在桥梁防撞墙修补、张拉等作业过程中采用的一种高空作业措施； (7) 航运通道水上作业设施，张设钢架设安全网设置安全警示标志； (8) 钢便桥、钢平台两侧必须按设置钢桥便桥通道两侧的高度和强度要求设置相应防护栏杆，安全警示标牌； (9) 适用于定型化钢模立柱施工，操作平台采用定型化栏杆或件拼接而成，结构应安全、可靠； (10) 设置防护隔离或遮挡其他设施； (11) 有悬挂安全带的悬索或其他形式的通道，上下的梯子或定型化脚手架或件拼接而成，结构应安全、可靠； (12) 卸料平台、移动式登高架、钢筋加工棚、钢筋加工棚两侧采用斜拉式钢丝绳，应设置4个经过验算的吊环，钢平台左右两侧必须设置固定的防护栏杆； (13) 悬挑式钢平台两侧边及前后两道边设立栏，尺寸可根据立柱尺寸进行伸缩调节；钢平台左右两侧必须设置固定的防护栏杆。高层建筑施工或者起重设备起重臂回转半径内，按照规范规定应设置安全防护棚	
17	04110900010019			桥面人行便道	桥面人行便道结合各项目实际配置	
18	04110900010020			作业人员必要的安全防护	(1) 安全帽：进入施工现场的人员必须正确佩戴安全帽，安全帽的质量应符合规范要求； (2) 安全网：在建工程应采用密目式安全网进行封闭，安全网的质量应符合规范要求； (3) 安全带：高处作业人员应按规定系挂安全带，安全带的系挂和质量均应符合规范要求	

排水管道工程安全文明施工费项目清单

序号	项目编码	名称	名称	计量单位	项目名称	工作内容及包含范围	金额/元
1	041109001701	环境保护	项		垃圾处理	(1) 施工垃圾、生活垃圾应分类存放，并由专人负责管理； (2) 各类工程的生活垃圾应按上海市垃圾分类要求分别装入各相应封闭式容器。办公（生活）区应保持清洁卫生，生活垃圾应做到日产日清； (3) 工地应做好建筑垃圾的分类工作，分别设置有害垃圾和建筑垃圾收存放点，并由专人负责管理，及时清运	
2	041109001702				噪声控制	(1) 施工现场噪音应控制在有关规定允许范围内； (2) 拆除施工应选择低噪音、低震动的机具和设备； (3) 重点区域拆除工程①点声源工程，应设置不少于1个噪音、扬尘监控点；②线性拆除工程、拆除段应设置1个噪音、扬尘监控点； (4) 在噪音集中场所工作的人员应配备耳塞等防护用品； (5) 高考、中考期间（除抢修抢险外）距离居民住宅和考点小于100 m的施工工地，施工单位应合理安排施工工序，主动避免在此期间实施桩基、基坑开挖和连续浇捣混凝土施工，并应遵守停止施工规定	
3	041109001703				扬尘控制	(1) 道路应防止扬尘，清扫路面时应先洒水后清扫； (2) 施工现场的裸露地面、应及时采取简易绿化、防尘网、防尘膜、喷雾保湿等措施。工地内留用的渣土、场地内的裸露土，应采取简易绿化或简易绿化、简易绿化、播撒草籽，简易绿化或新型固封工艺等措施； (3) 施工现场严禁露天敞开堆放易扬尘建材。在施工现场切割、加工现场易扬尘建材时，应采取有效的防尘措施。施工现场搅拌砂浆时应采取采取封闭、降尘措施； (4) 重点区域及构筑物工程施工现场应按规定安装扬尘监测系统。施工现场宜在围墙上安装喷雾降尘装置	
4	041109001704				光污染控制	(1) 禁止施工夜间照明灯光、电焊弧光直射敏感建筑物。施工现场设置的强光照明灯应配有防眩光罩、照明光束应向俯施工作业面； (2) 进行电焊作业时、应采取有效的弧光遮蔽措施。施工现场照明宜使用太阳能供电，LED等节能灯具。照明灯灯架应使用定型化的金属材料制作、拆装方便，并装牢安全、确保牢固、坚固； (3) 施工现场地面夜间照明灯光照射的水平面应下斜角度不应小于30°；各楼层施工作业面照明，其灯光照射的水平面应下斜角度不应小于20°	

续表

序号	项目编码	名称	计量单位	项目名称	工作内容及包含范围	金额/元
5	041109001705	环境保护		其他污染控制	（1）施工现场、办公区和生活区应设置良好的排水系统并列入临时设施的设计方案。排水系统应确保雨污水实现分流，流通通便利和排水畅通，确保场地无积水。施工现场围挡内侧、基坑四周，主要交通道路两侧、脚手架基础四周、塔吊基础四周均应设置排水槽并连通工地排水系统； （2）施工单位应落实专人，对管槽、管井、集水井和沉淀池内的存积物进行清理，重点区域每10 d一次，一般区域每30 d一次。施工单位的文明施工人员应定时检查督促。严禁将泥浆或泥浆水直接排入城市管网和河道。设置围挡的工地（拆除工程、线性类工程除外）应设置三级沉淀池、沉淀池应与工地排水系统和市政管网连接后，方可排放； （3）施工现场应设置排水沟及沉沙沉淀池。 （4）供水材料应是合格产品，并应有避免二次污染的措施； （5）在有有毒气体可能泄漏的作业场所，应配置必要的防毒护具及测试仪器，以备急用，并应及时检查、维护、更换，保证其始终处在良好的待用状态	
6	041109001706	文明施工	项	边界设置	（1）工程应根据工程地点、规模、施工周期和周边环境，设置与周边环境相协调的实体围挡，围挡应保持整洁、美观； （2）占用道路施工的围挡应在道路交叉路口视距5 m范围内，设置满足强度、刚度要求的金属网板围挡，确保路口围挡不遮挡车辆驾驶员和行人的视线。5 m视距的围挡范围内严禁堆放各类物品。围挡前应设置交通导向标志； （3）围挡应采用可拆卸，周转使用的，能满足强度要求的，满足硬度和耐热性要求的金属制品，预制作，PVC成品材料； （4）构筑物工程应全封闭施工，设置固定围挡，围挡高度不低于2.5 m；工地应设置至少2处大门，工地主门应设置人车分离，宽度大于5.0 m，副门大于2.0 m。大门应采用金属材质； （5）线性工程，可使用定型化施工路栏，高度应高于1.2 m。定型化施工路栏的设置应连续封闭。施工路栏之间连接紧扣牢固，安放整齐划一、垂直平整，并保持整洁，无破损。定型化施工路栏应用金属型材制作，强度满足相关要求	

序号	项目编码	名称	计量单位	项目名称	工作内容及包含范围	金额/元
7	041109001707	文明施工	项	出入门及两侧设置	（1）构筑物工程应设置出入门，应全封闭施工。设置固定围挡，门禁和监控系统，工地应设置至少 2 处大门，工地主门应设置人车分离，宽度不小于 5.0 m，副门不小于 2.0 m，大门应采用金属材质。施工区域应做硬化处理。 （2）施工现场应有完善的施工交通组织，出入口设置门岗，减速带（或阻车墩）等交通安全设施。临时占用施工工地以外道路或者场地的，应设置阻挡予以封闭，增加"车行道"的应挂设限高标志。 （3）工地现场若设置旗杆时，应设置不少于 3 根并为奇数的防锈蚀性金属旗杆。居中的旗杆为中华人民共和国国旗专用旗杆，应高于其他旗杆 0.5 m。旗杆基础应设置坚固的旗台，并应设置旗杆防护设施。 （4）出入口应规范设设置工程概况牌，管理人员名单及监督电话牌，消防保卫（防火责任）牌，安全生产牌，文明施工牌和施工现场平面图等。旗杆尺寸高度宜为 1.2 m，宽度宜为 0.8 m，下沿离地高度宜为 0.8 m； （5）构筑物工程在施工现场出入口应设置固定或移动式车辆自动冲洗装置及配套的排水设施，并建立冲洗台账，由专人进行负责。 （6）出入口应规范设设置工程概况牌，管理人员名单及监督牌，各图牌设施工现场平面图等"五牌一图"。各图牌高度宜为 1.2 m，宽度宜为 0.8 m，下沿离地高度 0.8 m； （7）施工现场应设置施工铭牌。施工铭牌应设置在围挡外一侧的围挡外固定或移动式。具体高度应满足以下要求：① 设置围挡的工地，在其出入门一侧的围挡外固定使用距离门墩 1 m，外径高度；② 设置栏杆的工地，可设置移动式施工铭牌。铭牌外径高度 0.8 m，宽度 1 m，边宽宜为 0.03 m。铭牌底色应为白色，边框和文字颜色应使用深红色。文字横向书写，其支撑体系为直立式金属构架； （8）施工铭牌应标明下列内容：工程名称，建设地址，建设单位，监督单位，监理单位，总包单位，工程类型，建设面积及规模，开/竣工日期，设计单位，受监单位及监督电话，项目经理姓名及手机号，文明施工专管员姓名及手机号。施工许可可告示牌和可告示牌和可分固定式和可移动式，宜选用固定式。固定式高度宜为 1.2 m，宽度宜为 1.8 m。移动式高度 0.8 m，宽度 1 m，边宽宜为 0.03 m； （9）施工现场应在围挡外侧醒目位置设置施工许可牌，宽度 1.8 m。企业设置的广告牌或宣传牌应设计稳固，安装牢固，其材质及刚度应满足抗御 8 级风力的要求。严禁在结构顶部、围挡顶部、塔机机身和平衡臂、塔架等易坠物的场所安装所安装广告牌或宣传牌； （10）施工现场或项目部应设设企业标识。企业设置的广告牌、宣传牌应设计稳固，安装牢固，其材质及刚度应满足抗御 8 级风力的要求。 （11）构筑物工程场区道路及主要施工区域应硬化处理，平整畅通，不得堆放建筑材料等； （12）办公及生活区区域，加工区地面应硬化处理； （13）厂区道路应适时洒水防止扬尘，路面应保持整洁； （14）应设专职或兼职保洁员，负责卫生清扫和保洁	

续表

序号	项目编码	名称	计量单位	项目名称	工作内容及包含范围	金额/元
8	041109001708			管线保护	实施地下管线施工应按规定办理相关手续。施工过程中，在距离原有地下管线半径小于1 m范围内，严禁采用机械开挖。施工机械需在地下管线上行走作业时，应敷设厚度大于0.03 m的钢板。钢板铺设宽度应大于1 m的钢板，确保地下管线安全	
9	041109001709			施工区域设置	(1) 材料、构件、料具等应有序堆放，保证安全，堆放高度应小于1.5 m，并悬挂有名称、品种、规格等内容的标牌； (2) 应建立危险品仓库，设立警示标志，专人看管。易燃、易爆和有毒有害物品应分类存放； (3) 移动操作平台宜采用符合刚度要求的定型化产品拼接，或采用登高车、屈臂车、剪刀车等设备。卸料平台、移动登高平台、钢筋加工棚宜采用定型化构件拼接而成，按专项施工方案搭设，结构安全可靠	
10	041109001710	文明施工	项	现场消防设置	(1) 施工现场应当设有消防通道，宽度应大于3.5 m； (2) 在建工程内设置办公场所的，应当与施工工作区之间采取有效的防火隔离，并设置安全疏散通道，配备应急照明等消防设施； (3) 实施焊接、切割应执行动火审批制度、专人监护、配备消防器材，并对动火作业区域进行动态巡查监督； (4) 施工现场应明确设置动火作业区，竹木材料堆放区，木工房及氧气及乙炔瓶房等易燃易爆库房等专用材料仓库、宿舍、食堂厨房、仓库等均应配备相应的、有效的消防器材；每100 m²区（生活）区每层配备2个灭火器； (5) 脚手架施工通道底板必须采用阻燃或金属材料制成的通道底板；办公（生活）区（隔离步、隔离步（排））一隔离步，隔离步（排）必须采用阻燃或金属材料制成的通道底板；生活区厨房、办公资料室每50 m²应配备2个灭火器； (6) 施工变电所（配电室）的建筑物和构筑物耐火等级应不低于3级，室内应配置砂箱和符合相关要求的灭火器	
11	041109001711			智能化设置	(1) 进场人员应进行实名制登记、证件、证书真齐全。宜运用互联网加技术组织进行安全教育，作业考勤、工资发放等。宜设置门禁装置和人脸识别系统； (2) 施工单位应在施工现场实施现场信息化、智能化管理。宜设置门禁系统； (3) 施工现场出入口应设置门禁系统。主要危险性较大的分部分项工程的作业区、渣土车辆冲洗点等重点部位，应设置视频远程监控及监控设备	

续表

序号	项目编码	名称	计量单位	项目名称	工作内容及包含范围	金额/元
12	041109001712	临时设施	项	办公区设置	(1) 工地内设置办公(生活)区的,应分隔围挡与施工作业区明显分隔。分隔围挡可采用板材、栅栏、网板等坚固美观材料,围挡高度为1.8 m; (2) 新搭建的现场办公区临时设施应使用箱式钢结构临时用房,并应符合现行《临时性建(构)筑物应用技术规程》(DGJ 08-114)的要求。生活区临时用设施宜使用符合规范要求的箱式钢结构。临时用房应满足牢固、美观、保温、防火等要求。 (3) 临时用房内板墙采用金属夹芯板材,其芯材的燃烧性能等级应为A级,其高度应符合相关规定。应按规定验收合格后投入使用; (4) 办公区和生活区应设置宣传栏、宣传横幅及图牌设置醒目; (5) 项目部可配置文体活动设施	
13	041109001713			宿舍设施	(1) 室内净高不应小于2.7 m,重点区域内人均居住面积不应小于5 m²,一般区域人均居住面积不应小于4 m²,宿舍内应设置生活用品专柜; (2) 生活区内应配置作业人员晾晒衣物的场所和设施; (3) 生活区应设置电热水器或饮用水保温桶。施工现场应设饮水棚处,并配置密封式保温桶,专人管理,保持日常清洁卫生。不得使用公共饮水杯; (4) 办公区和生活区应采取灭鼠、蚊、蝇、蟑螂等措施,并应定期投放和喷洒药物; (5) 应配备常用药品及急救用具; (6) 生产、生活区及食堂严格分区,严禁三合一现象	
14	041109001714			食堂生活设施	(1) 在生活区设置食堂的,应遵守食品卫生管理的有关规定。食堂应设置独立备餐间、二次更衣室,并安装纱门、纱窗。食堂应设置蔬菜、水产、禽肉、餐用具四类清洗池,另设一个工具清洗池; (2) 食堂厨房制作台、灶台、备餐台面应采用不锈钢材质,厨房和备餐间周围边墙面应铺贴瓷砖,瓷砖高度不小于2 m;地面应作防滑处理,并设置良好的排水系统; (3) 食堂应设置隔油池、隔油池盖板宜用钢板制作; (4) 食堂、盥洗室、淋浴室、洗浴间下水管线应设置过滤网,并应与市政污水管线连接,如无市政道管的,需采取相关措施,达标后排放; (5) 食堂应配备必要的排风设施和冷藏设施; (6) 食堂外应设置密闭式泔桶,并应及时清运	

续表

序号	项目编码	名称	计量单位	项目名称	工作内容及包含范围	金额/元
15	041109001715			现场厕所设施	（1）厕所应按标准规定搭建，满足通风和采光要求，配置照明电器。厕所内应安装节能型水设备，保证水量供应，高度不应大于1.5 m（箱式房除外），便池、便槽、蹲位之间应设置高度不大于1.2 m的隔墙或隔板，饰面应采用面砖或金属板等材料。厕所内墙应铺设面砖，便槽饰面应采用面砖或金属板等材料。厕所大小应根据作业人员的数量设置。厕所废弃物应由专人负责冲洗和消毒，厕所废弃物应由当地环保部门回收及处理； （2）淋浴间内应设置满足需要的淋浴喷头，应设置储衣柜或挂衣架。淋浴间应保证通风良好、排水畅通、地面应有防滑措施； （3）浴室应设置满足作业人员使用的盥洗池； （4）应设置满足作业人员使用的盥洗池； （5）浴室应每天有专人打扫，保持内外环境整洁	
16	041109001716	临时设施	项	施工现场临时用电	（1）施工现场配电系统必须采用三级配电系统，TN-S接零保护系统和二级漏电保护系统； （2）应按要求设临时用电线路的电杆、横担、瓷夹、瓷瓶等，或将电缆埋地干地沟； （3）对靠近施工现场的外电线路，必须设置木质、塑料等绝缘体的防护设施； （4）按三级配电要求、配备总配电箱、分配电箱，开关箱三类标准电箱。开关箱应符合一机、一箱、一闸、一漏的要求。现场配电箱应配置防护棚； （5）按二级保护要求、应选取符合容量要求和质量要求合格的漏电保护器； （6）施工现场保护零线的重复接地应大于三处，并应按规范操作； （7）办公区临时用电，用水应立独立设置计量表，宜与施工现场分开供应，分别计量	
17	041109001717	安全施工		临边洞口交叉高处作业防护	（1）主要进出口应设置明显的施工警示标志和安全防护，文明施工规范，禁令； （2）管理区域应在易发伤亡事故（或危险）处（危险）处应设置明显的安全警示标牌及危险源告知牌； （3）安全警示标志施工工程，应按规定设置安全警示标志，夜间应设置警示设施； （4）占路施工工程，应按规定设置警示标志，夜间应设置警示设施； （5）防护栏杆由上、中、下三道横杆及栏杆柱组成，上杆离地高度高于1.2 m，栏杆立柱间距宜小于2 m，栏杆立柱下端宜小于2 m，栏杆立柱下端宜保障道路通行的，应采取钢板覆平路面措施； （6）基坑施工现场栏杆下端高度0.3 m； （7）在道路上开挖坑沟或管线沟槽，当日不能修复应采用规范沟槽，沟槽盖板下端应采用金属型材料作支撑加固； （8）临边洞口又高处作业应搭设符合规范规定的防护措施，并用密闭式安全立网封闭；	

续表

序号	项目编码	名称	计量单位	项目名称	工作内容及包含范围	金额/元
17	041109001717	安全施工	项	临边洞口交叉高处作业防护	(9) 临边洞口及高处作业应按作业设置防护隔离棚或其他设施; (10) 脚手架搭设应按有关规范实施; (11) 脚手架通道底板应采用阻燃或金属材料制成的通道底板; (12) 施工单位应对脚手架表面防锈防腐处理情况进行检查、维护,重点区域应每季度一次,一般区域应每半年一次; (13) 各类脚手架或外露临边安全防护构架的外立面,应使用安全网(布)封闭围护或应复核抗贯穿性、阻燃性、光反射控制、毒性控制、抗风荷载强度等相关标准和规定。其封闭高度应高出作业面1.5 m; (14) 使用安全网(布)作封闭时,应严密、美观、平整、牢固,阻燃性能要求的塑制材料围护,固挡、材料覆盖、产品保护等; (15) 严禁使用彩色条布以及其他不符合强度、阻燃性能要求的塑制材料围护、固挡、材料覆盖、产品保护等; (16) 楼层临边,基坑临边,超过0.5 m²的较大的洞口应设置化定型化防护网片,固定安全可靠。深基坑上下通道或楼梯扶手栏杆,电梯井口防护门,施工升降机防护门,施工现场脚手架宜采用承插式盘扣脚手架,应以脚手架立门等位置,应使用标准化定型化防护栏杆,坡道及金属爬梯,杆材代围挡支撑; (17) 凡高度大于2 m的作业面应搭设施工脚手架,设置上下或其他形式的通道; (18) 操作平台面积不应超过10 m²,高度不应超过5 m; (19) 操作平台必须牢固固定,设置防护栏,并应布置登高扶梯; (20) 悬挑式钢平台前后各边设两道固定钢丝绳或钢斜拉杆的防护栏杆; (21) 钢平台左右两侧应装置固定的防护栏杆; (22) 高处作业时应设置悬挂安全带的悬索或其他设施,操作平台、上下梯子或其他形式的通道; (23) 高处临边栏杆处宜设置夜间示警红灯; (24) 高处临边临空作业应设置安全网或相应的安全设施,安全网距工作面的最大高度应低于3.0 m,水平投影宽度应大于2.0 m;安全网应设置安装牢固影响立杆	
18	041109001718			作业人员必要的安全防护	作业人员应配备必要的安全帽、安全带等个人安全防护用品。应进行安全教育及培训	
19	041109001719			有限空间防护	在有限空间作业时,应当严格遵守"先通风,再检测,后作业"的原则,同时应配置必要的防护用具和测试仪器	

文件资料 4　关于调整本市建设工程计价依据
增值税税率等有关事项的通知

关于调整本市建设工程计价依据增值税税率等有关事项的通知

沪建市管（2019）19 号

各有关单位：

根据财政部税务总局海关总署《关于深化增值税改革有关政策的公告》（财政部 税务总局 海关总署公告（2019）39 号）和住房和城乡建设部办公厅《关于重新调整建设工程计价依据增值税税率的通知》（建办标函（2019）193 号），以及市住房和城乡建设管理委员会《关于做好增值税税率调整后本市建设工程计价依据调整工作的通知》（沪建标定（2019）176 号）相关规定，现将本市建设工程计价依据增值税税率调整等有关事项通知如下：

一、自 2019 年 4 月 1 日起，本市按一般计税方法计税的建设工程，计价依据中增值税税率由 10％调整为 9％。

二、已完工程量价款符合以下情形之一的，税金计算不予调整：

1. 2019 年 4 月 1 日前，已开具相应工程价款增值税发票的；

2. 2019 年 4 月 1 日前，已收讫相应工程价款的；

3. 合同确定的相应工程价款付款日期在 2019 年 4 月 1 日前的（从工程价款中扣留的质量保证金除外）。

三、工程预付款在 2019 年 4 月 1 日前已开具税率 10％增值税发票的，扣回预付款时的对应工程价款税金计算不予调整。

四、2019 年 4 月 1 日前未完成工程量价款以及不符合第二条的已完成工程量价款，其计算公式由"工程造价＝税前工程造价×（1＋10％）"调整为"工程造价＝税前工程造价×（1＋9％）"。

五、上海市建筑建材业市场管理总站提供各类材料不含增值税的折算率表，并动态发布不包含增值税可抵扣进项税额的建设工程材料、施工机械台班价格信息，供建设工程相关单位工程计价参考。

六、2019 年 4 月 1 日前在建项目未完工程的材料因增值税税率调整引起价格变化的，发承包双方可以另行协商调整。

七、正在进行施工招标的项目，已发出招标文件未开标的，可按本通知第一条规定以补充招标文件方式修改投标报价税金计算；未发补充招标文件修改的，在项目实施时应按规定做好价格调整工作。

八、本通知所称自某日起，包含某日；所称某日前，不包含某日。

特此通知。

上海市建筑建材业市场管理总站

2019 年 3 月 28 日

参 考 文 献

［1］上海市住房和城乡建设管理委员会.上海市市政工程预算定额［M］.上海:同济大学出版社,2016.

［2］上海市住房和城乡建设管理委员会.上海市城镇给排水工程预算定额 第二册 城镇排水管道工程［M］.上海:同济大学出版社,2016.

［3］上海市住房和城乡建设管理委员会.上海市室外排水管道工程预算组合定额［M］.上海:同济大学出版社,2020.

［4］中华人民共和国住房和城乡建设部.建设工程工程量清单计价规范(GB 50500—2013)［S］.北京:中国计划出版社,2013.

［5］中华人民共和国住房和城乡建设部.市政工程工程量计算规范(GB 50857—2013)［S］.北京:中国计划出版社,2013.

［6］上海市市政工程定额管理站.上海市市政工程预算编制与实例［M］.上海:同济大学出版社,2004.

［7］上海市市政公路行业协会.工程计量与计价实务(市政工程造价专业)［M］.上海:同济大学出版社,2013.

［8］杨玉衡,王伟英.市政工程计量与计价［M］.北京:中国建筑工业出版社,2006.

［9］王伟英.市政工程计量与计价［M］.上海:上海大学出版社,2016.